U0573037

中文社会科学引文索引（CSSCI）来源集刊

邹 华 主 编

中国美学

Chinese Aesthetics
Vol.11

主办单位

首都师范大学
中国美学研究中心

第11辑

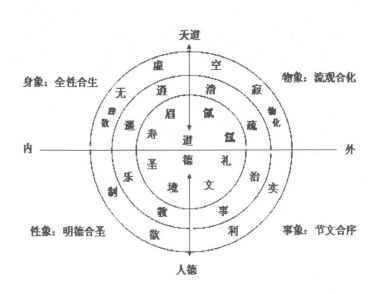

社会科学文献出版社
SOCIAL SCIENCES ACADEMIC PRESS (CHINA)

编 委 会

主　任　王旭晓　刘成纪

委　员　刘成纪　刘清平　〔韩〕闵周植　〔日〕青木孝夫

　　　　陶礼天　王德胜　王锦民　王汶成　王旭晓

　　　　解志熙　徐　良　徐碧辉　张　晶

主　编　邹　华

副主编　杜道明　杨　宁

编辑部主任　廖雨声

编辑部副主任　郑子路　吴　鹏

主编的话

本辑特设了"中国美学的自由与张力"专题栏目。主持人袁济喜教授的《天地之美与文艺书写——西晋成公绥文艺思想研究》一文从成公绥文艺思想与天地之美的关系谈起,探讨魏晋美学如何通过自然之美来追求文艺自由精神。此外程景牧、廉水杰、刘玉叶三位学者分别探讨中国美学"脱化"范畴所彰显的自由精神、陶渊明与心性自由的美学趣味以及佛教对中国美学自由精神的超越。这组文章以中国美学的自由与张力问题为核心,从多角度展开研究,构成了本专题"和而不同"的形态。

在"中国古代美学理论研究"栏目中,张子尧博士重在挖掘"止足"范畴背后的美学意蕴,盛颖涵博士聚焦于嗅觉在中国古代审美经验中的作用,张学炳博士则从学理角度分析张载气学人性论在中国美学演进中的意义。这几篇文章虽侧重点不同,但都有一定的理论深度。

"中国古代审美文化研究"栏目集中了五篇研究中国古代艺术的文章,唐建教授对于汉画中所蕴含的道家思想的研究,资料翔实,论证充分,研究视角独特;孙鹤教授与尹成君教授关于古代画论的研究同样具有启发性。

在"中国现代美学研究"栏目中,王圣和理查德森二位学者关于"别现代主义"的研究论文论述精到,希望引起关注和讨论。

在"海外汉学家美学研究"栏目中,龙红教授与张妍博士的文章为中国美学研究提供了海外视角,值得借鉴。

本辑的"中日韩美学交流"栏目刊发了日本学者小田部胤久和韩国学者朴商焕的两篇文章，同时刊发了青木孝夫教授的书评。在此我们要向本栏目的作者及诸位译者表示感谢，正是他们的辛勤研究和翻译，让本栏目成为沟通中日韩美学研究的学术平台。

"北京审美文化研究"栏目刊发了王宁宁博士对北京群众文艺创作审美倾向的研究论文。作为创刊以来的一个特色栏目，今后如何坚持办下去，还需要我们努力。

本刊入选 C 刊以来，优质稿件逐渐增多，这也对编辑部提出了更高的要求，促使我们不断提升专业水准将刊物办得更好。

邹　华

2022 年 1 月 10 日

目 录

专题：中国美学的自由与张力

主持人语：中国美学的自由张力 …………………………………… 袁济喜 / 3

天地之美与文艺书写

　　—— 西晋成公绥文艺思想研究 …………………………… 袁济喜 / 5

中国美学的脱化与自由 ……………………………………………… 程景牧 / 23

陶渊明"无弦琴"与心性自由

　　—— 从颜延之对陶渊明"无弦琴"的品题谈起 …………… 廉水杰 / 38

论佛学对传统自由精神的圆融超越 ……………………………… 刘玉叶 / 53

中国古代美学理论研究

论中国早期身体审美观的起源、演进与当代意义 ……………… 位俊达 / 71

"止足"：从人生智慧到古代美学思想 …………………………… 张子尧 / 84

中国古代审美经验中的嗅觉功能 ………………………………… 盛颖涵 / 100

从圣境和谐到两极分化

　　—— 美学视域下的张载气学人性论 ……………………… 张学炳 / 112

中国古代审美文化研究

汉画蕴含的道家文化思想 ………………………………………… 唐　建 / 127

书法美学中的骨、骨力与风骨解读 ……………………………… 张树天 / 146

论"诗书画"三位一体文人画的审美特征 ……………………… 孙　鹤 / 157

龚贤画论及其美学思想 ……………………………………… 尹成君 / 174

中国现代美学研究

当代中国美学：从方法论探索到主义建构 ……………………… 王 圣 / 193

折衷主义：对中国现当代艺术中"别现代"境遇的回应

……………………… 〔美〕玛格丽特·理查德森 著 陆蕾平 译 / 207

海外汉学家美学研究

西方汉学家的中国书法观 ………………………… 龙 红 曾强鑫 / 223

论柯马丁对汉大赋自我指涉式声色构建 ……………………… 张 妍 / 241

中日韩美学交流

关于日本近代"古典"概念的成立

……………………… 〔日〕小田部胤久 著 和晓祎 郑子路 译 / 255

韩国传统舞蹈的现代转型

——传统与现代的双重意义

……………… 〔韩〕朴商焕 著 杨 硕 刘 铭 译 / 270

美学视角下"写生"概念的文化张力

——评《东方古典画论研究》 …〔日〕青木孝夫 著 臧新明 译 / 280

北京审美文化研究

"十七年"时期北京群众文艺创作的审美倾向 ……………… 王宁宁 / 289

《中国美学》稿约 / 301

专题：中国美学的自由与张力 ◀

主持人语：中国美学的自由张力

袁济喜*

中国美学有着内在的自由张力，这种自由张力，造成中国美学的生生不息与千姿百态。它来自中华民族的生存方式与民族特性。先民们在农耕文明与河流生态的熏陶下，形成了酷爱自由的民族精神，虽然进入了阶级社会，形成了礼乐制度，但是其自由的天性依然获得生长与彰显。中国古代的思想文化，体现出"一阴一阳之谓道"，"阴阳发散，变动相和"的结构，正是这种矛盾与冲突形成了自由的张力，先秦时的百家争鸣、儒道互补就是这种张力的表现。孔子主张"思无邪"，同时也向往"浴沂舞雩"的自由境界，老庄倡导逍遥游的人生理想。六朝时期的佛教思想为中国美学的自由精神注入了新的活力。魏晋以来，虽然政治动荡不安，但追求自由的精神却始终是魏晋风度的根基。宗白华先生在《论〈世说新语〉和晋人的美》中指出："汉末魏晋六朝是中国政治上最混乱、社会上最苦痛的时代，然而却是精神史上极自由、极解放，最富于智慧、最浓于热情的一个时代。因此也就是最富有艺术精神的一个时代。"同时，两汉修齐治平的人生理想与审美精神，与老庄的自然之道相融合，呈现名教与自然互补的特点，自由与教化既互相冲突又互相补充的趋势，成为中国美学发展的重要特征。本辑特设专题所收录的四篇文章，从不同的层面对中国美学的自由张力作了探讨。

袁济喜《天地之美与文艺书写——西晋成公绥文艺思想研究》，从成公

---

* 袁济喜，河北大学燕赵文化高等研究院教授、中国人民大学国学院教授。

绥文艺思想与天地之美的关系谈起，探讨魏晋美学如何通过自然之美来追求文艺自由精神。程景牧《中国美学的脱化与自由》一文，则从中国美学脱化范畴彰显的自由精神，探讨了美学中的继承与创新问题。廉水杰的《陶渊明"无弦琴"与心性自由——从颜延之对陶渊明"无弦琴"的品题谈起》一文，从南朝颜延之品题陶渊明"无弦琴"，论述了陶渊明与心性自由的美学趣味，读来别有兴味。刘玉叶的《论佛学对传统自由精神的圆融超越》，论述了佛教对于中国美学自由精神的超越与拓展。这一组文章构成了本专题"和而不同"的形态。

天地之美与文艺书写

—— 西晋成公绥文艺思想研究

袁济喜[*]

摘要：成公绥是西晋著名文士，他对于文艺思想有着独特的见解，主要表现在对于天地自然之美的论述，他通过自己的赋作、书法与音乐创作实践，对文艺问题进行了深入的探讨，他的《天地赋》讴歌天地自然之美，《啸赋》则针对自然与人文的争论提出了自己的观点。他的书学极有见地，而咏物赋则充满蕴意。他在天地书写与文艺思想关系方面的建树，远未受到应有的关注与研究，本文拟对此加以申论。

关键词：成公绥　天地之美　文艺书写

The Beauty of Heaven and Earth and the Writing of Literature and Art

—A Study on Chenggong Sui's Literary Thought in the Western Jin Dynasty

Yuan Jixi

Abstract：Chenggong Sui is a famous scholar in the Western Jin Dynasty. He has unique views on literature and artistic thought, mainly reflected in

---

* 袁济喜，河北大学燕赵文化高等研究院教授、中国人民大学国学院教授。

his discussion on the beauty of nature in heaven and earth. He has conducted an in-depth discussion on literary and artistic issues through his Fu writing, calligraphy and music creation practice. His heaven and earth Fu eulogizes the beauty of nature in heaven and earth, and Xiao Fu puts forward his own views on the debate between nature and humanity. His calligraphy is very insightful, his Object-chanting Fu is full of implication. His contribution to the relationship between heaven and earth writing and literary thought is far from the due attention and research of researchers.

Keywords：Chenggong Sui；Beauty of Heaven and Earth；Writing of Literature and Art

　　中国古代的文艺思想，在魏晋之际发生了重大的变化，从两汉的强调政教，走向重视文艺自身的审美特点，"晋人向外发现了自然，向内发现了自己的深情"①。从哲学思想来说，由先前独尊儒术，变为兼收并蓄，文艺思想的气象走出了狭隘的器局，走向更加恢宏的天地。魏晋易代之际的文士成公绥可谓这种变化的代表人物，他的美学讴歌自然界的事物，彰显了魏晋人对于自然之美的热爱，体现出魏晋美学的自由魅力。以往对于他的成就重视不够，对于成公绥在魏晋美学中的地位未能给予恰当的评价，本文拟对此加以申论。

一　"天地之盛，可以致思矣"

　　成公绥，字子安，东郡白马人。生于魏明帝太和五年（231），卒于晋武帝泰始九年（273），年四十三岁。《旧唐书》列有晋著作郎《成公绥集》九卷；《新唐书·艺文志》列有《成公绥集》十卷。《晋书》将其列入《文苑传》第二，可见其在晋代文坛上的地位。《文选》卷 18 收录成公绥《啸赋》，李善注引臧荣绪《晋书》曰："成公绥，字子安，东郡人也。少有俊才，辞赋壮丽，征为博士，历中书郎。"②

　　成公绥是三国时由魏入晋的士人，具有魏晋易代之际士人的许多特点，

---

① 宗白华：《美学散步》，上海人民出版社，1981，第 183 页。
② （梁）萧统编，（唐）李善注《文选》，中华书局，1977，第 262 页。

也是一个思想和性格颇为复杂的士人。《晋书·成公绥传》记载："成公绥字子安，东郡白马人也。幼而聪敏，博涉经传。性寡欲，不营资产，家贫岁饥，常晏如也。少有俊才，词赋甚丽，闲默自守，不求闻达。"① 这段记载，说明成公绥与西晋许多出身名门贵族的士人不同，他家贫好学，聪明富才，辞赋甚丽，闲默自守，不求闻达。

成公绥的人生又明显地带有魏晋之际文人分化的特点。成公绥在曹魏时，经过大臣张华的推荐，步入仕途。历秘书郎，转丞，迁中书郎，拜骑都尉。在这期间，他开始与宣王司马昭接近，受到司马氏集团中人的赏识。司马昭死后，成公绥写了《魏相国舞阳宣文侯司马公诔》，可见其对司马昭充满景仰之情。如果说当时的阮籍、嵇康因为与曹魏有着故交与姻亲关系，或与司马昭集团虚与委蛇，或直接对抗，那么，成公绥则与司马昭等人相交甚笃，他们对其有知遇之恩。但成公绥在司马氏集团以残暴手段代替曹魏政权时，并没有助纣为虐，而是保留着对于时势的清醒判断，对于当时政治的险恶，以及世风的败坏，成公绥是持批判态度的。

魏晋时代，无论是曹魏的曹爽集团，还是西晋一朝的君臣，莫不以骄奢淫逸、贪污受贿而著称，上行下效，造成世风的恶浊，明清之际的王夫之在《读通鉴论》中对此有过深刻的揭示与批判。成公绥在《钱神论》中揭露当时的现状："路中纷纷，行人悠悠。载驰载驱，唯钱是求。朱衣素带，当途之士。爱我家兄，皆无能已。执我之手，说分终始。不计优劣，不论能否。宾客辐辏，门常如市。谚言：'钱无耳，何可闇使？'岂虚也哉？"② 后来鲁褒的《钱神论》大体上也同此。

成公绥在西晋建立后，与贾充等一起参与制定律令，还受皇帝诏令制定太乐，今存的乐府郊庙歌辞，便反映了他的音乐审美理念。成公绥的文艺思想与他的人生哲学一致，儒道因素兼而有之。《晋书·成公绥传》记载："时有孝鸟，每集其庐舍，绥谓有反哺之德，以为祥禽，乃作赋美之，文多不载。"③ 这段记载表明，成公绥对于儒家孝道十分信仰，见到乌雀集于庐舍而有感于乌雀反哺之德，以为祥鸟而作赋美之。

成公绥关于美学与文艺学的观点，凝聚于《天地赋》中，他申明历代

---

① （唐）房玄龄等：《晋书》卷 92，中华书局，1974，第 2371 页。
② （清）严可均校辑《全上古三代秦汉三国六朝文·全晋文》卷 59，中华书局，1958，第 3595 页。
③ （唐）房玄龄等：《晋书》卷 92，第 2371 页。

赋家没有专门创作这类赋，于是感慨：

> 天地之盛，可以致思矣。历观古人未之有赋，岂独以至丽无文，难以辞赞，不然，何其阙哉？①

成公绥提问，天地之盛，可以致思，但是古人未之有赋，难道是因为天地至丽，难以辞赞，不然，为什么缺失呢？这一设问，触及秦汉以来文学发展中天地与人文的关系问题，故而有必要加以回顾与论述。

其实，对于天地自然的观察古已有之，早在《诗经》与《楚辞》中，对于天地自然的思考与描绘就取得了丰硕的成就。但是任何时代人们对于天地自然的看法，都离不开当时的世界观。在远古时代，天地自然被笼罩在神灵的氛围之中，人们被神鬼与灵异所支配，其审美意识也受到这种因素的影响，商周以来的文学艺术带有浓厚的宗教色彩，文艺创作也染有这样的色彩。两汉的思想文化以儒学为主流意识形态，这种儒学是董仲舒、班固等人解释过的儒学，带有谶纬神学的意味，其特点之一，便是将天地自然作为人格神天的附庸。天地自然在两汉赋家笔下，往往成为帝王威权的附庸，两汉大赋以京都苑猎为主要题材，天地自然并没有成为独立的描写对象，也是题中应有之义。

从帝王角度来说，文士们无非"倡优之所蓄，主上之所戏"，对于文士们来说，赋的创作，是为了所谓"润色鸿业"，这种观念指导下的两汉大赋，即使有天地自然，也往往是作为帝王威权的陪衬，刘勰《文心雕龙·诠赋》中提出的"夫京殿苑猎，述行序志，并体国经野，义尚光大"②也指出了汉赋的这种特点与创作宗旨。

迄至魏晋，随着儒学思想的式微与老庄、玄学的兴起，以及魏晋以来地理环境的变化，山水审美活动的兴起，世族庄园的开发与经济的发展，天地自然与山川田园价值的独立，人们对于天地与自然的看法也慢慢发生了变化，成公绥《天地赋》的价值，就在于顺应了这一潮流并付之笔端，表现了文学自觉的意识。成公绥通过《天地赋》，首先描写了天地自然的生成：

---

① （唐）房玄龄等：《晋书》卷92，第2371页。
② （南朝梁）刘勰著，范文澜注《文心雕龙注》卷2，人民文学出版社，1958，第135页。

惟自然之初载兮，道虚无而玄清，太素纷以溷淆兮，始有物而混成，何元一之芒昧兮，廓开辟而著形。尔乃清浊剖分，玄黄判离。太极既殊，是生两仪，星辰焕列，日月重规，天动以尊，地静以卑，昏明迭照，或盈或亏，阴阳协气而代谢，寒暑随时而推移。三才殊性，五行异位，千变万化，繁育庶类，授之以形，禀之以气。色表文采，声有音律，覆载无方，流形品物。鼓以雷霆，润以庆云，八风翱翔，六气氤氲。蚑行蠕动，方聚类分，鳞殊族别，羽毛异群，各含精而镕冶，咸受范于陶钧。何滋育之罔极兮，伟造化之至神！①

这段文字以赋文的形式，彰显了天地生成的过程与形态之美，蕴含着哲学思想，主要是秦汉以来的《周易》思想，以及两汉的宇宙生成论。汤用彤先生指出，两汉哲学的重心是宇宙生成论，从董仲舒到王充的哲学，热衷于探讨的是天地宇宙的生成与演化的过程，以及天人感应的问题。例如《淮南子·天文训》中指出："天坠未形，冯冯翼翼，洞洞灂灂，故曰太昭。道始于虚霩，虚霩生宇宙，宇宙生气。气有涯垠，清阳者薄靡而为天，重浊者凝滞而为地。"② 文中描述了天地化生万物的过程与形态。东汉班固等人编修的《白虎通》指出："天者身也，天之为言，镇也，居高理下，为人镇也。"③ 张衡《灵宪》曰："道干既育，万物成体，于是刚柔始分，清浊异位，天成于外而体阳，故圆以动，斯谓天元，道之实也，天有元位。"④ 这些关于天地生成的描绘，可谓五花八门。成公绥的《天地赋》，既传承了以往的说法，又加以变创，此赋通过描绘天地的生成到形态的纷繁万状，讴歌了自然的神明。

此赋有两个值得注意的地方，一个是强调作为人文的音声与文采正是天地之美的彰显，"色表文采，声有音律，覆载无方，流形品物"，另一个是认为这种天地之美是自然而有序的，"何滋育之罔极兮，伟造化之至神"。

成公绥的《天地赋》文辞瑰丽，对于天地之美的赞颂令人心动："若夫悬象成文，列宿有章，三辰烛燿，五纬重光。河汉委蛇而带天，虹蜺偃蹇

---

① （唐）房玄龄等：《晋书》卷92，第2372页。
② 刘文典撰，冯逸、乔华点校《淮南鸿烈集解》卷3，中华书局，2013，第94～95页。
③ （唐）欧阳询：《宋本艺文类聚》卷1，上海古籍出版社，2013，第33页。
④ （唐）欧阳询：《宋本艺文类聚》卷1，第33页。

于昊苍。望舒弥节于九道，羲和正辔于中黄。众星回而环极，招摇运而指方。"① 赋中认为天象与人间存在一种神秘的互动现象。

这篇赋还描写了疆域之广与人民之众，以及风俗的多元与物产的多样，表现出成公绥对于民生的关注与对疆土的热爱："万国罗布，九州并列。青冀白壤，荆衡涂泥，海岱赤埴，华梁青黎，兖带河洛，扬有江淮。辩方正土，经略建邦，王圻九服，列国一同，连城比邑，深池高墉，康衢交路，四达五通。东至旸谷，西极泰蒙。南暨丹炮，北尽空同。"② 这些文采斐然的描绘，表现出成公绥的观察力与文辞素养，气势磅礴，上天下地，周览宇宙。宗白华先生指出："艺术家要模仿自然，并不是真去刻划（画）那自然的表面形式，乃是直接去体会自然的精神，感觉那自然凭借物质以表现万相的过程，然后以自己的精神、理想情绪、感觉意志，贯注到物质里面制作万形，使物质而精神化。"③ 成公绥的《天地赋》从热爱天地自然的情态出发，经过他优美的辞赋描述，激活了天地之美与人类之间的共通之处，使天地之美通过文艺书写，成为独立而崇高的审美对象，魏晋南北朝的情物交融的美学正是这一审美观的结晶。陆机《文赋》慨叹："遵四时以叹逝，瞻万物而思纷。"钟嵘在《诗品序》中指出："气之动物，物之感人，故摇荡性情，形诸舞咏。"强调天地万物与四时景物对于诗歌与文学的感染关系，这些都可以与成公绥《天地赋》中的美学观互相印证。

二　"乃慷慨而长啸"

成公绥关于天地之美的思想呈放射之状，通过各个方面获得彰显。他对于自然之美的抒写，呈现一种举本统末、万取一收的体势。

在魏晋思想中，本与末、一与多、道与器是对应而互补的思想体系。王弼在他的《周易注》《老子注》中，反复强调举本统末、以一总万的思想观念。天地与具体的事物就表现出这种关系。刘勰《文心雕龙·原道》先从天地之美推广到自然万物，"傍及万品，动植皆文：龙凤以藻绘呈瑞，虎豹以炳蔚凝姿；云霞雕色，有逾画工之妙；草木贲华，无待锦匠之奇；夫

---

① （唐）房玄龄等：《晋书》卷 92，第 2372 页。
② （唐）房玄龄等：《晋书》卷 92，第 2372 ~ 2373 页。
③ 宗白华：《美学散步》，第 231 页。

岂外饰？盖自然耳"①。成公绥对于天地自然之美的赞美也体现出这样的观点。他表现自然之美的作品，除了《天地赋》之外，较有代表性的还有《云赋》，其中描写云彩之美，十分细腻华丽：

> 去则灭轨以无迹，来则幽暗以杳冥。舒则弥纶覆四海，卷则消液入无形。或狎猎鳞次，参差交错。上捷业以梁倚，下垒砢而相薄。状崴嵬其不安，吁可畏而欲落。或粲烂绮藻，若画若规。繁缛成文，一续一离。龙伸蠖屈，蜿蝉透迤。连翩凤飞，虎转相随；或绣文锦章，依微要妙。②

这篇专门描写云彩的赋文，如同《天地赋》一样，具有原创的价值，它以华丽的文辞，刻画了云彩舒卷自如、飘忽不定、游移无踪的韵致，可谓独创。后来西晋陆机的《浮云赋》踵事增华，写成了相关的赋作。东晋时候，人们用飘如游云，矫若惊龙来形容王羲之的风姿与书法之美。

再如他的《大河赋》也是写得气势磅礴："览百川之宏壮兮，莫尚美于黄河！潜昆仑之峻极兮，出积石之嵯峨。登龙门而南游兮，拂华阴与曲阿。凌砥柱而激湍兮，逾洛汭而扬波。体委蛇于后土兮，配灵汉于穹苍。贯中夏之畿甸兮，经朔狄之遐荒。历二周之北境兮，流三晋之南乡。秦自西而启壤兮，齐据东而画壃。殷徒涉而求固，卫迁济而遂强。赵决流而却魏，嬴引沟而灭梁。思先哲之攸叹，何水德之难量！"③ 这篇赋从黄河的发源谈起，再写到春秋战国以来黄河在各国交争中的作用，将自然与人文融为一体，读来有一种历史沧桑感。

成公绥入晋后，受命典乐，他重视音乐的教化作用，其所作《四厢乐歌》中《正旦大会行礼歌》歌咏："乐哉！天下安宁。道化行，风俗清。箫《韶》作，咏九成。年丰穰，世泰平。至治哉，乐无穷。元首聪明，股肱忠。树丰泽，扬清风。……泰始建元，凤凰龙兴。龙兴伊何，享祚万乘。奄有八荒，化育黎蒸。图书既焕，金石有征。德光大，道熙隆。被四表，格皇穹。奕奕万嗣，明明显融，高朗令终。保兹永祚，与天比崇。"④ 从这

---

① （南朝梁）刘勰著，范文澜注《文心雕龙注》卷1，第1页。
② （清）严可均校辑《全上古三代秦汉三国六朝文·全晋文》卷59，第3588页。
③ （清）严可均校辑《全上古三代秦汉三国六朝文·全晋文》卷59，第3589页。
④ （唐）房玄龄等：《晋书》卷22，第686页。

些资料来看，他十分重视乐教，殚精竭虑地为西晋初年的统治者制礼作乐，缘饰其统治。但成公绥深知，乐教必须顺其自然，天地之道才是音乐的本体与存在的依据，这也是三国时魏国阮籍与嵇康音乐美学的基本观念。阮籍《乐论》中指出："夫乐者，天地之体，万物之性也。合其体，得其性，则和；离其体，失其性，则乖。昔者圣人之作乐也，将以顺天地之体，成万物之性也。故定天地八方之音，以迎阴阳八风之声，均黄钟中和之律，开群生万物之情。"① 阮籍的《乐论》强调以和为美，认为音乐具备调和阴阳的作用，成公绥的音乐思想与阮籍有相似之处，但他与阮籍相比，更加赞成音乐自然之美的属性，与《天地赋》中呈现的美学观念有相通之处。

成公绥倡导自然美，还表现在他的《啸赋》中。这是一篇同样具有原创性的赋作。《文选》收录此赋，可知此赋的重要性。啸是东汉晚期至魏晋时代出现的一种现象，极具文化蕴意。它是人声与天籁结合的产物，当时往往用来发泄内心的郁闷，交流情感，是名士的表征。据《宋本艺文类聚》所引："《魏略》曰：诸葛亮在荆州游学，每晨夜，常抱膝长啸。《竹林七贤论》曰：阮籍，性乐酒，善啸，声闻数百步。又曰：籍常箕踞啸歌，酣放自若。"② 从这些文献资料来看，啸在汉以来，被赋予了很深的社会内容，尤其是阮籍善于长啸，与隐士孙登以啸相交。东晋李充《吊嵇中散文》："凌晨风而长啸，托归流而永吟。"③ 他们的作品都欣赏竹林名士善啸与不甘时流的风度。

当时，对于名士嗜啸、不遵礼度，一些礼法之士甚为疾恶，例如与阮籍同时代的"礼法之士"伏义在《与阮嗣宗书》中指责阮籍："而闻吾子乃长啸慷慨，悲涕潺湲……动与世乖，抗风立侯，蔑若无人。"④ 再如，东晋袁豹《答桓南郡书》中指出："啸有清浮之美，而无控引之深，歌穷测根之致，用之弥觉其远。至乎吐辞送意，曲究其奥，岂唇吻之切发，一往之清泠而已哉！若夫阮公之啸，苏门之和，盖感其一奇，何为征此一至，大疑啸歌所拘邪？"⑤ 袁豹对于桓玄推崇啸的观点甚不以为然，批评阮籍等名士好啸是追求清浮之美。桓玄则在《与袁宜都书论啸》中反驳他："读卿歌赋

① （魏）阮籍著，陈伯君校注《阮籍集校注》卷上，中华书局，2012，第 78 页。
② （唐）欧阳询：《宋本艺文类聚》卷 19，第 547 页。
③ （三国魏）嵇康著，戴明扬校注《嵇康集校注》，中华书局，2014，第 626 页。
④ （清）严可均校辑《全上古三代秦汉三国六朝文·全三国文》卷 53，第 2700 页。
⑤ （清）严可均校辑《全上古三代秦汉三国六朝文·全三国文》卷 53，第 3565~3566 页。

序咏，音声皆有清味，然以啸为仿佛有限，不足以致幽旨，将未至耶？夫契神之音，既不俟多赡而通其致，苟一音足以究清和之极，阮公之言，不动苏门之听，而微啸一鼓，玄默为之解颜，若人之兴逸响，惟深也哉！"① 可见，魏晋时对于啸的看法也是见仁见智，甚至是大异其趣的，反映出不同的人生哲学与审美趣味。

成公绥既好音律，又善啸。他对于啸的看法另辟蹊径。《晋书·成公绥传》记载：

> 绥雅好音律，尝当暑承风而啸，泠然成曲，因为《啸赋》曰：逸群公子，体奇好异，敖世忘荣，绝弃人事，希高慕古，长想远思，将登箕山以抗节，浮沧海以游志。于是延友生，集同好，精性命之至机，研道德之玄奥，愍流俗之未悟，独超然而先觉，狭世路之厄僻，仰天衢而高蹈，邈跨俗而遗身，乃慷慨而长啸。②

从这段文字来看，成公绥笔下的逸群公子"体奇好异，敖世忘荣，绝弃人事，希高慕古，长想远思，将登箕山以抗节，浮沧海以游志"，这正是成公绥心志的表现。魏晋以来，出现了丝不如竹，竹不如肉，渐近自然的说法，成公绥的《啸赋》彰显了这种渐近自然的音乐观点。魏晋以来，音乐作为心声之表征的观点颇为流行，而成公绥则将啸作为心志的自然抒发，与器乐相比，啸作为人声的自然表达，更能抒发人的心志，是天地之籁与音声的融合。《世说新语·栖逸》注引戴逵《竹林七贤论》："籍归，遂著《大人先生论》，所言皆胸怀间本趣，大意谓先生与己不异也。观其长啸相和，亦近乎目击道存矣。"③ 戴逵认为阮籍与孙登长啸相和，乃是目击道，是道的传递。成公绥的观点亦同此，他在《啸赋》中赞曰：

> 良自然之至音，非丝竹之所拟。是故声不假器，用不借物，近取诸身，役心御气。动唇有曲，发口成音，触类感物，因歌随吟。大而不洿，细而不沈，清激切于笋笙，优润和于瑟琴，玄妙足以通神悟灵，精微足以穷幽测深，收激楚之哀荒，节北里之奢淫，济洪灾于炎旱，

---

① （清）严可均校辑《全上古三代秦汉三国六朝文·全三国文》卷53，第4284页。
② （唐）房玄龄等：《晋书》卷92，第2373页。
③ 徐震堮：《世说新语校笺》，中华书局，1984，第355页。

反亢阳于重阴。唱引万变，曲用无方，和乐怡怿，悲伤摧藏。时幽散而将绝，中矫厉而慨慷，徐婉约而优游，纷繁骛而激扬。情既思而能反，心虽哀而不伤。总八音之至和，固极乐而无荒。①

赋中赞美啸为"良自然之至音，非丝竹之所拟"，丝不如竹，竹不如肉，它的特点是"声不假器，用不借物，近取诸身，役心御气。动唇有曲，发口成音，触类感物，因歌随吟"，这一描写，揭示了啸与器乐相比的优势是渐近自然，这是器乐不曾有的优势，啸的最高境界乃是幽缈无形的精神之道的彰显，"玄妙足以通神悟灵，精微足以穷幽测深"。《文选》李善注："《老子》曰：'玄之又玄，众妙之门。'《礼记》曰：'夫礼乐通乎鬼神，穷高远而测深厚。'"② 成公绥还赞叹"情既思而能反，心虽哀而不伤。总八音之至和，固极乐而无荒"，具有中和之美，啸与吼不同，是士人表达情感的方式。赋中写啸与天地相呼应，士人往往在山岭中啸，这成了他们高情远趣的表达。

若乃游崇岗，陵景山，临岩侧，望流川，坐盘石，漱清泉，藉皋兰之猗靡，荫修竹之蝉蜎。乃吟咏而发散，声骆驿而响连，舒蓄思之悱愤，奋久结之缠绵。心涤荡而无累，志离俗而飘然。③

赋以美丽的文字刻画出了啸的形象，赋中强调，这种天籁之音具有移风易俗的功能与美德。最后赞叹："随口吻而发扬，假芳气而远逝。音要妙而流响，声激曜而清厉。信自然之极丽，羌殊尤而绝世，越《韶夏》与《咸池》，何徒取异乎郑卫！于时绵驹结舌而丧精，王豹杜口而失色。虞公辍声而止歌，宁子检手而叹息，钟期弃琴而改听，孔父忘味而不食。百兽率舞而抃足，凤凰来仪而拊翼。乃知长啸之奇妙，盖亦音声之至极。"④《文选》李善注引《晋书》曰："阮籍，字嗣宗，陈留尉氏人。容兒环杰，志气宏放，尤好庄老，嗜酒，能啸。籍尝于苏门山遇孙登，与商略终古栖神道气之术，登皆不应，籍因长啸而退。至于半岭，闻有声若鸾凤之音，响乎

---

① （梁）萧统编，（唐）李善注《文选》，第 262～263 页。
② （梁）萧统编，（唐）李善注《文选》，第 262 页。
③ （梁）萧统编，（唐）李善注《文选》，第 263 页。
④ （梁）萧统编，（唐）李善注《文选》，第 263～264 页。

岩谷，乃登之啸也。"这段赋文及其注释，显示出成公绥继承阮籍嗜啸的趣味，通过长啸超轶世俗的精神境界。

同时，这段赋文又表达了成公绥在音乐领域将名教与自然融为一体的观念。他赞叹："信自然之极丽，羌殊尤而绝世，越《韶夏》与《咸池》，何徒取异乎郑卫！"赋中强调越是自然之极丽，就越能超越《韶夏》与《咸池》这样的雅乐，遑论郑卫之音？《文选》"变阴阳之至和，移淫风之秽俗"，李善注引《礼记》曰："夫礼乐行乎阴阳。又曰：移风易俗。郑玄曰：乐，用之则正人，和阴阳。"[①] 表明成公绥的《啸赋》同样强调啸移风易俗的功能。三国时魏国的嵇康写有《琴赋》，突出琴乐的自然之质："若论其体势，详其风声，器和故响逸，张急故声清，间辽故音痹，弦长故徽鸣。性洁静以端理，含至德之和平。诚可以感荡心志，而发泄幽情矣。"[②] 成公绥赋中则将啸置于琴乐之上，可见他的音声观念善于调和自然与名教的关系。《文选》卷18《音乐下》将成公绥的《啸赋》与马融的《长笛赋》、嵇康的《琴赋》、潘岳的《笙赋》置于一栏，可见对于成公绥此赋特点的认同。

三　天地之道与书法美学

成公绥崇尚天地自然的美学思想，还体现在他的《隶书体》这篇著名的书学论文中。

成公绥多才多艺，他的书法理论在当时独树一帜。魏晋以来，书法艺术取得了巨大的成就，书法名家层出不穷，就书法名家名作而言，此期名家辈出，创作出了光彩夺目、五色缤纷的书法作品，从而开拓了汉魏以来书法艺术鼎盛局面。先是崔瑗、杜操、王次仲、张芝、蔡邕、刘德升、师宜官、梁鹄等导其源，其后钟繇、韦诞、皇象、索靖、卫夫人等扬其波，最后王羲之、王献之等在承继的基础上开拓创新，将书法创作推向艺术高峰，世人尊称父子二人为"二王"，特别是王羲之，后人对其推崇备至，敬送"书圣"雅号。陆机、郗愔、庾翼、谢安等也是一时名家圣手，是两晋时期书法世家中的代表性人物。隶书在魏晋时期，还甚为流行，在秦隶、

---

① （梁）萧统编，（唐）李善注《文选》，第263页。
② （三国魏）嵇康著，戴明扬校注《嵇康集校注》，第144页。

汉隶的基础上，它一改古雅雄逸、典雅蕴藉的特点，在笔画和结体方面都甚为矜持凝重，向方严整丽的真书方向发展，世称"晋隶"。相比于汉代，此期隶书获得了全面肯定。

中国书法艺术中形成的这种审美观照方式，是从《周易》"仰观俯察""观物取象"哲学思维方式发展而来的。《周易·系辞上》："仰以观于天文，俯以察于地理，是故知幽明之故。"① 《周易·系辞下》："古者包牺氏之王天下也，仰则观象于天，俯则观法于地，观鸟兽之文与地之宜，近取诸身，远取诸物，于是始作八卦，以通神明之德，以类万物之情。"② 《周易·系辞上》："圣人有以见天下之赜，而拟诸其形容，象其物宜，是故谓之象。"③ 刘勰《文心雕龙·原道》中指出："仰观吐曜，俯察含章，高卑定位，故两仪既生矣。惟人参之，性灵所钟，是谓三才。为五行之秀，实天地之心。心生而言立，言立而文明，自然之道也。"④ 刘勰所说的"文"是一个广义的"文"，包括文学艺术在内，书法与文学相通，是用造型艺术的形态来摹写客观世界，抒写主观情志，中国古代的书论，一贯强调书法与天地之间的联系，汉魏以来的书法理论，有一个共同的趋向，就是强调书法艺术是对天地自然的描绘与传达。古代无名氏的《字势》云："是故远而望之，若翔风厉水，清波漪涟；就而察之，有若自然。"⑤ 东晋卫恒《隶势》云："远而望之，若飞龙在天；近而察之，心乱目眩。奇姿谲诡，不可胜原。"⑥ 蔡邕《篆势》云："远而望之，若鸿鹄群游，络绎迁延。迫而视之，湍漇不可得见，指挢不可胜原。"⑦ 传为东汉晚期士人崔瑗作《草书势》云："是故远而望之，漼焉若沮岑崩崖；就而察之，一画不可移。"⑧ 这些书法理论一是主张书法对于天地万物的反映，二是倡导书法的自然书写。其中经常强调的"远望""俯察"，既有对客观事物的摹仿、师法和反映，同时又是主体联想、想象、创造意象的结果。

正是在传承前人书法思想的基础之上，成公绥提出了自己的书学观点，

---

① （清）阮元校刻《十三经注疏·周易正义》卷第 7，中华书局，2009，第 160 页。
② （清）阮元校刻《十三经注疏·周易正义》卷第 8，第 179 页。
③ （清）阮元校刻《十三经注疏·周易正义》卷第 7，第 163 页。
④ （南朝梁）刘勰著，范文澜注《文心雕龙注》卷 1，第 1 页。
⑤ （唐）房玄龄等：《晋书》卷 36，第 1062 页。
⑥ （唐）房玄龄等：《晋书》卷 36，第 1065 页。
⑦ （清）严可均校辑《全上古三代秦汉三国六朝文·全后汉文》卷 80，第 1799 页。
⑧ （唐）房玄龄等：《晋书》卷 36，第 1066 页。

他的书学坚持天地书写的观点，倡导自然与人文融为一体的美学思想。《隶书体》是成公绥专门记述和褒扬隶书书体的一篇论文。此文一开头指出："皇颉作文，因物构思，观彼鸟迹，遂以成意，阅之后嗣，存载道义，□□□□纲纪万事。俗所传述，实由书记，时变巧易，古今各异。虫篆既繁，草藁近伪，适之中庸，莫尚于隶。规矩有则，用之简易，随便适宜，亦有弛张。操笔假墨，抵押毫芒，彪焕磊落，形体抑扬，芬葩连属，溢分罗行。"① 成公绥首先肯定了圣人"观天法地、构思文字"的功劳，这种认识乃承袭东汉许慎《说文解字》、崔瑗《草书势》、蔡邕《篆势》和钟繇《隶书势》《用笔法》中陈说，强调隶书的来源受到天地自然的启示。成公绥批评"虫篆既繁，草藁近伪"，篆书过繁，草书近伪，尽管当时草书与行书已经兴起，但是成公绥对此持批评态度，他赞美隶书适合中庸之度，规矩有度，用之简易，书写起来亦有章法可循，这种书法理论，也是成公绥中和为美的文艺思想在书法理论方面的彰显。他进而描写了隶书的书写过程与形态之美："烂若天文之布曜，纬若锦绣之有章。或轻拂徐振，缓案急挑，挽横引从，左牵右绕，长波郁拂，微势缥缈。工巧难传，善之者少，应心隐手，必由意晓。"② 成公绥对隶书拂、振、按、挑、横、纵、牵、绕、波等笔法有所认识，并且把握了与之相生相应的轻、徐、缓、急、挽、引、左、右、郁拂、缥缈等美感状态和写作心理，从而生动形象地描述了创作过程，揭示了创作主体书写时的灵动和随性。

成公绥这篇书学论文除论及笔法外，还说"分白赋墨""棋布星列""缠绵结体"，涉及墨法、章法及结体等，较为系统地阐释和总结出了隶书创作的基本技法和书写规律："或若虬龙盘游，蛇蝉轩翥，鸾凤翱翔，矫翼欲去；或若鸷鸟将击，拜体仰怒，良马腾骧，奔放向路。仰而望之，郁若宵雾朝升，游烟连云；俯而察之，凛若清风属水，漪澜成文。垂象表式，有模有楷，形功难详，聊举大体。"③ 成公绥强调书法肇自天地自然及万物的启示，同时，他又强调主体之意的判断与再造作用："工巧难传，善之者少，应心隐手，必由意晓。尔乃动纤指，举弱腕，握素纨，染玄翰，彤管电流。"魏晋书法家围绕"意在笔先"进行了讨论，出现了许多书法学说。后来东晋的卫恒在其《隶势》中赞美隶书之美："厥用既弘，体象有度。焕

---

① （清）严可均校辑《全上古三代秦汉三国六朝文·全晋文》卷59，第3596页。
② （清）严可均校辑《全上古三代秦汉三国六朝文·全晋文》卷59，第3596页。
③ （清）严可均校辑《全上古三代秦汉三国六朝文·全晋文》卷59，第3596页。

若星陈，郁若云布。其大径寻，细不容发。随事从宜，靡有常制。或穿窬恢廓，或栉比针列，或砥平绳直，或蜿蜒胶庣，或长邪角趣，或规旋矩折。修短相副，异体同势。奋笔轻举，离而不绝。纤波浓点，错落其间。若钟簴设张，庭燎飞烟。崭岩巇嵯，高下属连，似崇台重宇，增云冠山。远而望之，若飞龙在天；近而察之，心乱目眩。奇姿谲诡，不可胜原。"① 这都是在成公绥论隶书的基础之上加以申论的。

成公绥的《故笔赋》也体现出这种观点。

> 治世之功，莫尚于笔，能举万物之形，序自然之情，即圣人之心，非笔不能宣，实天地之伟器也。有仓颉之奇生，列四目而兼明，慕羲氏之画卦，载万物于五行。乃发虑于书契，采秋毫之颖芒，加胶漆之绸缪，结三束而五重，建犀角之玄管，属象齿于纤锋，染青松之微烟，著不泯之永踪。则象神仙，人皇九头，式范群生，异体怪躯。注玉度于七经，训河洛之谶纬，书日月之所躔，别列宿之舍次。乃皆是笔之勋。人日用而不寤。佝尽力于万机，卒见弃于行路。②

赋中提出笔不仅是书写工具，而且也是序自然之情，即圣人之心，这是将名教与自然融为一体的文艺思想的表现。东汉蔡邕进行过更直接地表述。其《笔论》言："为书之体，须入其形，若坐若行，若飞若动，若往若来，若卧若起，若愁若喜，若虫食木叶，若利剑长戈，若强弓硬矢，若水火，若云雾，若日月，纵横有可象者，方得谓之书矣。"③ 蔡邕认为书法必须"入其形"，"纵横有可象者，方得谓之书"，强调书法必须像自然物象，即"书肇于自然"，强调书法从自然出发，自然是书法创造的基础。《文心雕龙·原道》提出"心生而言立，言立而文明，自然之道也"，这是从文章的生成与功用角度去说的，而成公绥则进一步提出，作为文章书写工具的笔同样具有这样的功能，这是对于中国古代书写文化的彰显与论述。在中国古代书写文明中，书法中的用笔至为重要，它既是书写的器物，亦是独立的书写形态的构建，故而魏晋以来，《笔阵图》这类书法理论层出不穷，传为东晋卫夫人（卫铄）的《笔阵图》提出："善笔力者多骨，不善笔力者

① （唐）房玄龄等：《晋书》卷 36，第 1065 页。
② （清）严可均校辑《全上古三代秦汉三国六朝文·全晋文》卷 59，第 3592 页。
③ （清）刘熙载撰，袁津琥校注《艺概注稿》卷 5，中华书局，2009，第 659 页。

多肉；多骨微肉者谓之筋书，多肉微骨者谓之墨猪；多力丰筋者，圣；无力无筋者，病；一一从其消息而用之。"① 这里提出了以"骨""肉""筋"等为核心去品评书法作品的优劣。成公绥提出："治世之功，莫尚于笔，能举万物之形，序自然之情，即圣人之心，非笔不能宣，实天地之伟器也。"② 这是从书法用笔角度彰显了自然与圣教合为一体的美学思想。

四　咏物以寄慨

成公绥文艺思想的另一个方面，从他的咏物赋中可以见出，汉魏以来，咏物小赋大量出现，刘勰《文心雕龙·诠赋》中指出："至于草区禽族，庶品杂类，则触兴致情，因变取会，拟诸形容，则言务纤密；象其物宜，则理贵侧附；斯又小制之区畛，奇巧之机要也。"③ 刘勰指出了咏物赋的体制特点与所含意蕴。汉末魏晋以来的咏物赋，大抵寄托着作者的情志，通过咏物而抒发出特定的思想感情。成公绥对于咏物小赋的"触兴致情"有着自己的理解。他在《鸿雁赋》中指出：

> 余尝游乎河泽之间。是时鸿雁应节而群至，望川以奔集。夫鸿渐著羽仪之叹，《小雅》作于飞之歌，斯乃古人所以假象兴物，有取其美也。余又奇其应气而知时。故作斯赋。④

这里强调小赋的咏物取法《诗经》的假象兴物，通过特定的事物咏叹，寄托一定的思想内容。赋中写道："辰火西流，秋风厉起，轩鬐鼓翼，抗志万里。起寒门之北垠兮，集玄塞以安处，宾弱水之阴岸兮，有沙漠之绝渚。奔巫山之阳隅兮，趋彭泽之逶裔。过云梦以娱游兮，投江湘而中憩。昼顾眺以候远，夜警巡而相卫。上挥翮于丹霞兮，下濯足于清泉。经天地之逶极兮，乐和气之纯暖。"⑤ 赋中咏叹鸿雁"轩鬐鼓翼，抗志万里"，应气知时，其乐融融。在《诗经》中，鸿雁常常作为流离失所的象征，寄托着诗

---

① （清）刘熙载撰，袁津琥校注《艺概注稿》卷5，第788～789页。
② （清）严可均校辑《全上古三代秦汉三国六朝文·全晋文》卷59，第3592页。
③ （南朝梁）刘勰著，范文澜注《文心雕龙注》卷2，第135页。
④ （清）严可均校辑《全上古三代秦汉三国六朝文·全晋文》卷59，第3593页。
⑤ （清）严可均校辑《全上古三代秦汉三国六朝文·全晋文》卷59，第3593页。

人的凄凉心境："鸿雁于飞，肃肃其羽。之子于征，劬劳于野。爰及矜人，哀此鳏寡。鸿雁于飞，集于中泽。之子于垣，百堵皆作。虽则劬劳，其究安宅？鸿雁于飞，哀鸣嗷嗷。维此哲人，谓我劬劳。维彼愚人，谓我宣骄。"①（《诗经·小雅·鸿雁》）因之后世常用来形容流离失所。《后汉书·刘陶传》记载刘陶上书："臣尝诵《诗》，至于鸿雁于野之劳，哀勤百堵之事，每喟尔长怀，中篇而叹。近听征夫饥劳之声，甚于斯歌。"②魏晋以来，鸿雁更是成为南渡士人寄寓流寓他乡之情的咏叹。沈约《宋书·乐志》记载："自戎狄内侮，有晋东迁，中土遗氓，播徙江外，幽、并、冀、雍、兖、豫、青、徐之境，幽沦寇逆。自扶莫而裹足奉首，免身于荆、越者，百郡千城，流寓比室。人伫鸿雁之歌，士蓄怀本之念，莫不各树邦邑，思复旧井。"③但成公绥此赋却吟咏鸿雁应气知时、抗志万里的特性，从中可以看出他随顺天道的观念。

他的《乌赋》，则表现出儒家孝道的浸润。在咏物中融进特定的道德观念："有孝乌集余之庐，乃喟然而叹曰：余无仁惠之德，祥禽曷为而至哉！夫乌之为瑞久矣，以其反哺识养，故为吉乌，是以《周书》神其流变，诗人寻其所集，望富者瞻其爱止，爱屋者及其增叹，兹盖古人所以为称。若乃三足德灵，国有道则见，国无道则隐，斯乃凤鸟之德，何以加焉！鵩恶鸟而贾生惧之，乌善禽而吾嘉焉，惧恶而作歌，嘉善而赋之，不亦可乎！"④这首咏物赋融入了比德的审美观念。他赞叹反哺识养的孝乌，称之为"吉乌"，认为这是善禽，故加以咏叹。从这里也可以看出成公绥受到儒家思想的影响，他的咏物赋具备鲜明的比德蕴意，是其人格思想的寄托。

成公绥的咏物小赋具有鲜明的针对世情的特点，反映出他所处年代政治的险恶与人事的复杂，魏晋之际，政治风云诡谲，社会上充满了陷阱。曹植有《蝙蝠赋》，赋中以蝙蝠比喻那些邪恶的小人："吁何奸气，生兹蝙蝠。形殊性诡，每变常式。行不由足，飞不假翼。明伏暗动，□□□□，尽似鼠形。谓鸟不似，二足为毛，飞而含齿。巢不哺鷇，空不乳子。不容毛群，斥逐羽族。下不蹈陆，上不冯木。"⑤曹植在政治生涯上深受那些奸佞小人的谗害，

---

① （清）阮元校刻《十三经注疏·毛诗正义》卷第 11，第 923～924 页。

② （宋）范晔撰，（唐）李贤等注《后汉书》卷 57，中华书局，1965，第 1847 页。

③ （梁）沈约：《宋书》卷 11，中华书局，1974，第 205 页。

④ （清）严可均校辑《全上古三代秦汉三国六朝文·全晋文》卷 59，第 3593 页。

⑤ （三国魏）曹植著，赵幼文校注《曹植集校注》卷 2，中华书局，2016，第 448 页。

因而通过咏物的形式，痛斥那些小人。成公绥的《蜘蛛赋》以蜘蛛比喻那些险恶的构陷之人："独高悬以浮处，遂设网于四隅。南连大庑，北接华堂，左冯广厦，右依高廊。吐丝属绪，布网引纲，纤罗络漠，绮错交张。云举雾缀，以待其方。于是苍蚊夕起，青蝇昏归，营营群众，薨薨乱飞。挂翼绕足，鞘丝置围。冲突必获，犯者无遗。"① 这首赋与曹植的《蝙蝠赋》相比，更加形象地写出了小人构陷犹如蛛网一样严密，令人防不胜防，也反映出成公绥对于当时政坛之祸的畏惧，折射出魏晋士人特定的政治心理。

成公绥的《螳螂赋》也是一篇别有深意的咏物赋。

> 仰乃茂阴，俯缘条枝。冠角峨峨，足翅岐岐。寻乔木而上缀，从蔓草而下垂。戢翼鹰峙，延颈鹄望。推臂徐翘，举斧高抗。乌伏蛇腾，鹰击隼放。俯飞蝉而奋猛，临螇咕而逞壮，距车轮而轩蓄，固齐侯之所尚。乃有翩翩黄雀，举翮高挥，连翔枝干，或鸣或飞。睹兹螳螂，将以疗饥，厉嘴胁翼，其往如归。②

赋中先刻画了螳螂的悍猛，"冠角峨峨，足翅岐岐"，"俯飞蝉而奋猛，临螇咕而逞壮"，却不料黄雀在后，"睹兹螳螂，将以疗饥"，这实际上是暗喻险恶的时局与社会环境。东汉以来，咏物赋不断发展与成熟，成公绥的咏物赋将自然之物与深沉的意蕴融为一体，在魏晋咏物赋中自成一体。

小　结

成公绥的文艺思想在西晋时代具有重要的价值，彰显出六朝美学的自然之道与自由精神。东汉晚期以来，儒学的一统地位开始有所变化，老庄自然之道兴起，政治情形复杂多变，政坛之祸频仍，造成人们对于自然的敬畏，以及对于天地宇宙与人类社会关系的重新思考，与此同时，哲学思想与美学、文学思想也产生了转变。在建安文学阶段，人们已经对自然界与人类社会的关系进行了反思，在文学创作与文艺思想上提出了一些新的观点。但是像成公绥那样，通过赋作、书法、音乐等文艺样态，对天地自然之美进行赞颂与

---

① （清）严可均校辑《全上古三代秦汉三国六朝文·全晋文》卷59，第3594页。
② （清）严可均校辑《全上古三代秦汉三国六朝文·全晋文》卷59，第3594页。

表现，将自然之美与教化之道相融会，创作出《啸赋》《天地赋》这样的优秀作品，从文艺创作的层面来对天地自然之美进行描绘与探讨的人物，还未曾有过。但由于种种原因，他的美学与文论思想，虽然也有所论述与收录，①但是远未受到系统的研究，其价值远未得到肯定。有鉴于此，本文作了初步的论述，希冀对于他的美学与文艺学思想的研究有所推进。

---

① 叶朗先生主编的《中国历代美学文库》（魏晋南北朝卷）仅收录了成公绥的《啸赋》，郁沅先生编选的《魏晋南北朝文论选》、穆克宏先生主编的《魏晋南北朝文论全编》也只收录了《天地赋序》，其他方面的篇章没有收录。

中国美学的脱化与自由

程景牧[*]

摘要："脱化"既是中国美学的一个重要范畴，也是一种寓意深刻的美学智慧，脱化智慧的美学意蕴是以追求超越的自由精神为核心的，因此脱化精神在中国美学领域占有极其重要的地位。在唐宋时期，以自由为核心的脱化精神不但促成了书法美学由尚法到尚意的转向，也促成了绘画美学从兼顾形神到独重神似、崇尚意韵的转向。在古代文学批评中，追求自由的脱化智慧则表现为一种主张超越定法、追求活法、奇正合一、因革相成以及意变与法变合一、模拟与创新合一、有法与无法合一的美学理想。是故，中国美学的自由张力即借助脱化智慧得到了固化与强化。

关键词：美学　脱化　自由　书画美学　文学批评

Detachment and Freedom of Chinese Aesthetics

Cheng Jingmu

Abstract："Detachment" is not only an important category of Chinese Aesthetics, but also a profound aesthetic wisdom. The aesthetic meaning of Detachment wisdom is centered on the spirit of freedom in pursuit of tran-

---

* 程景牧，宁波大学人文与传媒学院讲师。

scendence. Therefore, Detachment spirit occupies an extremely important place in the field of Chinese Aesthetics. In the Tang and Song Dynasties, the Detachment spirit with freedom as the core not only contributed to the transformation of calligraphy aesthetics from advocating law to advocating meaning, but also contributed to the transformation of painting aesthetics from giving consideration to form and spirit to emphasizing Spiritual Similarity and advocating implication. In ancient Literary criticism, the pursuit of freedom is a kind of aesthetic ideal which advocates transcending the fixed law, pursuing the living law, the unity of Qi and Zheng, the unity of Meaning change and Law change, and the unity of Simulation and Innovation. Therefore, the free tension of Chinese Aesthetics has been solidified and strengthened with the help of deionization wisdom.

Keywords：Aesthetics；Detachment；Freedom；Calligraphy and Painting Aesthetics；Literary Criticism

中国美学有着极其强烈的自由精神，古代文人往往在美学中实现真正的自由，而脱化智慧是古人实现精神自由的一大利器。脱化是中国美学的重要智慧之一，其美学特质蕴含着极其鲜明的自由精神。无论是在古代书画美学之中，还是在古代文学批评之中，脱化智慧均发挥着极大的作用，这是因为其不但蕴含着理论的深度和广度，而且包蕴着超越形迹、出神入化、追求自由的美学精神。是以，在中国美学语境中探究脱化的学理意蕴，考察脱化与自由的密切关联，既可以进一步揭示脱化这一美学范畴的学理意义与价值底蕴，又可以更深入地体认中国美学的自由张力。

一　美在自由：脱化精神的美学意涵

"脱化"既是一个文化术语，又是一个美学范畴，既有因革相成、遗形取神之意蕴，又有尸解羽化之意涵，这一概念根植于中国传统历史文化的土壤之中，渊源于以儒释道为主流思潮的学术文化场域之中。脱化这一术语虽然最早出现于东晋，但其之远源则可以追溯至先秦时期的道家思想，蕴含着追求超越、崇尚自由的美学精神。

《庄子·逍遥游》开篇即通过描述鲲鹏之变来宣扬追求自由无待的思想

精神，文中说："北冥有鱼，其名为鲲。鲲之大，不知其几千里也；化而为鸟，其名为鹏。鹏之背，不知其几千里也；怒而飞，其翼若垂天之云。是鸟也，海运则将徙于南冥。南冥者，天池也。……'鹏之徙于南冥也，水击三千里，抟扶摇而上者九万里，去以六月息者也'。"① 在这里，鲲鹏既是动物之名，又代表着人们的精神追求。鲲虽大，但只是水中之鱼，鱼不能离开水，这就昭示着人离不开自己赖以生存的物质世界，鹏由鲲脱化而来，是可以直击长空、远翔南冥的大鸟，这就象征着我们的思想精神可以挣脱物质环境的束缚，像天马行空一样扶摇千里、任意驰骋。由鲲到鹏的转换即体现了人的肉身与思想精神的转化。肉身需要依赖物质环境而生存，但思想精神则不需要依傍，可以自由逍遥。鲲鹏之变即蕴含了以自由精神为底蕴的脱化，鲲鹏之"道"与"名"寓意深刻，发人深省，借用老子的话说，即是"道可道，非常道；名可名，非常名"。

　　"脱化"这一思想文化术语最早见于《法苑珠林》所引干宝《搜神记》之佚文："晋献公二年，周惠王居于郑，郑人入王府多脱化为蜮，射人。"②此中之脱化有变幻、幻化之义，充满了玄怪色彩，《搜神记》是一部杂糅佛道、记载灵异的志怪小说，是以，脱化这一术语的产生与老庄、佛学、道教思潮密切相关。脱化的尸解羽化之义衍生于道教与佛教语境。如宋代大儒朱熹指出，道教徒"炼得气清，皮肤之内，肉骨皆已融化为气，其气又极其轻清，所以有'飞升脱化'之说"③。明人笔记小说中也有记载得道高僧"脱化尘寰"④之事。尸解羽化是人的精魂挣脱肉体的束缚而获得绝对自由的过程，可见，自由是脱化的主体精神，当然，在道教的哲学语境中，脱化也寄寓着极其强烈的自由精神，如道教南宗的创立者张伯端在词中说："法本空，空有法，不实不虚，不有不无，圆明不昧，久自脱化。"⑤ 可见脱化精神的内蕴在不实不虚、不有不无之间，即不滞于万物，不囿于法度，体现出明晰的自由精神。

　　脱化概念的产生不仅仅源于佛教与道教，亦源于儒家思想。《周易》中的通变思想即脱化概念的重要来源。《周易·系辞上》云："极数知来之谓

① （清）郭庆藩撰，王孝鱼点校《庄子集释·内篇》，中华书局，2013，第2、5页。
② （唐）释道世著，周叔迦、苏晋仁校注《法苑珠林校注》，中华书局，2003，第1009页。
③ （宋）黎靖德编《朱子语类》，中华书局，1986，第1545页。
④ （明）周绍濂撰，于文藻点校《鸳渚志余雪窗谈异·帙上》，中华书局，2008，第149页。
⑤ （宋）张伯端撰，王沐浅解《悟真篇浅解》，中华书局，1990，第196页。

占，通变之谓事。"孔颖达正义："物之穷极，欲使开通，须知其变化，乃得通也。"① 通变，意思是通晓变化之理，也就是主张不拘常规，顺时变化，这也就蕴含了脱化之义。司马迁在《报任安书》中提到自己创作《史记》的终极目标是："欲以究天人之际，通古今之变，成一家之言。""通古今之变"强调的是继承与革新的统一，其目的是"成一家之言"，这就体现出了史迁积极追求自由的修史精神，蕴含着脱化意识。南朝史家沈约论前代礼仪制度云："任己而不师古，秦氏以之致亡，师古而不适用，王莽所以身灭。然则汉、魏以来，各揆古今之中，以通一代之仪。"② 他认为，礼制的建设必须师古与趋新统一，通达古今之变，这种"揆古今之中，以通一代之仪"的礼制思想即蕴含着脱化精神。

由上可见，脱化概念发端于儒释道多元学术文化的思潮，而且蕴含着十分强烈的自由的美学精神。而脱化精神从哲学领域到美学场域，从文化术语到美学范畴，则是得益于古代诗文评的助力。《文心雕龙》的通变思想、《二十四诗品》的"高古"品均蕴含着追寻自由的脱化精神。

《文心雕龙·通变》指出诗赋文章："名理有常，体必资于故实；通变无方，数必酌于新声。"③ 这就是主张文章的体制规格必须因袭前人，而文辞风格则要富于变化，通过参酌当代的新作以求通变。这就是强调文学创作要将因袭与创新合一，所以刘勰又说："参伍因革，通变之数也。""变则其久，通则不乏。……望今制奇，参古定法。""参古定法"即是因、通，"望今制奇"即是革、变。所以他感叹道："凭情以会通，负气以适变，采如宛虹之奋鬐，光若长离之振翼，乃颖脱之文矣。"这就是说会通与适变相统一的文章即是颖脱之文，"颖脱"即寓有脱化之义。可见，通变这一创作理念蕴含着脱化精神，刘勰虽强调因袭的必要性，但更强调革新的重要性，望今制奇、革新适变体现了绍承并超越前人、追寻自由的创作理念。

司空图《二十四诗品》阐释第五品"高古"的美学风格云："畸人乘真，手把芙蓉。泛彼浩劫，窅然空踪。月出东斗，好风相从。太华夜碧，人闻清钟。虚伫神素，脱然畦封。黄唐在独，落落玄宗。"④ 这一段的最后四句即蕴含着追寻内在身心自由的脱化精神，"虚伫神素"即归复虚静真素

① （清）阮元校刻《十三经注疏·周易正义》，中华书局，2009，第 162 页。
② （梁）沈约：《宋书》，中华书局，1974，第 327 页。
③ （南朝梁）刘勰著，范文澜注《文心雕龙注》，人民文学出版社，1958，第 519 页。
④ （唐）司空图撰，陈玉兰评注《二十四诗品》，中华书局，2019，第 22 页。

之心，"脱然畦封"即超脱世俗尘世的欲望、习性、知识、思想格局等畛域界限。"黄唐在独，落落玄宗"即澄净的心灵可以使人忘却一切，从而融入玄奥大道之中，获得怡然自得的高古之风。这几句就是说如果心灵能够超越世俗尘世之外，自然能够浑然无迹，达到玄妙的高古境界。司空图在"雄浑"品中所说的"超以象外，得其环中"也是这个意思，这两句的意思是超出迹象之外，仍得环中之妙，也就是通过超脱外在的表象而达到内在的浑成自然之道。可见，"高古"与"雄浑"均蕴含着超脱尘世，以臻化境的美学意蕴，与追寻自由的脱化精神在美学追求上体现出高度的一致性。朱良志先生指出："'高'与'古'分别强调时间和空间的无限性。人不可能与时逐'古'、与天比'高'，但通过精神的提升，可以膺有此一境界。精神的超越可以'泛彼浩劫'（时间超越性），'脱然畦封'（空间性挣脱），完成精神性的腾踔，从而直达'黄唐'——中国人想象中的时间起点，至于'太华'——空间上最邈远的世界，粉碎时空的分别性见解，获得性灵的自由。"[1] 可见，高古这一美学境界追求的即是精神对时空的超越，从而获得心灵的自由之境，这样一种美学境界自然孕育了脱化的美学精神。

　　总的说来，以儒释道为主流的传统思想文化场域孕育出了以追求自由为宗旨的脱化精神，在《文心雕龙》《二十四诗品》这类诗文评著作的阐释推衍下，脱化精神由哲学进入美学，由思想文化术语变为美学范畴，彰显出极其明显的超越性，体现的是一种高层次之美。张世英先生将美的层次由低到高分为感性美、理性美与超理性之美三重境界，并指出："高层次之美如果不'超过'低层次之美，便不能提升自由；但如果不'通过'低层次之美，则高层次之美变成为抽象的。"[2] 可以说，脱化精神所追寻的即是一种通过并超过低层次之美的自由之美。脱化精神对自由的诉求在中国美学中体现得淋漓尽致，尤其表现在书画美学之中。

二　自由的诉求：书画美学中的脱化精神

　　追寻自由的脱化精神在唐宋时期的书画美学中发挥得淋漓尽致，唐宋书画美学尚意重神的美学诉求即体现了追求自由的脱化精神。唐宋时期的

---

①　朱良志：《〈二十四诗品〉讲记》，中华书局，2017，第49页。

②　张世英：《美在自由——中欧美学思想比较研究》，人民出版社，2012，第348页。

书法美学呈现由尚法到尚意的发展趋势，绘画美学则呈现由兼重形神到独重神似的衍变趋向。书法美学与绘画美学的发展具有高度的一致性，它们的这种转向正是以自由为尚的脱化精神的潜移默化所促成的。

清代书家梁巘纵论历代书法美学风尚云："晋尚韵，唐尚法，宋尚意，元、明尚态。"① "唐尚法"的意思是唐代书法艺术偏重法度。晋代书法尚韵，重视的是神采，而唐代书法理论极为重视法度，偏重的是形质，注重对用笔和结体等问题的探讨。唐人对前人书法经验进行了总结，笔法、结构、章法等理论均趋于系统化和精微化，如释智果《心成颂》即论述了楷书的结构法则，李世民《笔法诀》、欧阳询《用笔论》均阐论了用笔之法，孙过庭《书谱》探讨了各种书体的审美风格和笔法问题，张怀瓘《用笔十法》、颜真卿《述张长史笔法十二意》均讨论了多种笔法的审美特征。这些书论皆体现出唐人尚法的书法美学思想，在这种美学思想的引领下，唐人不但楷书表现得规矩谨严、沉稳浑厚，而且行草书也是结构严整，以中锋用笔为美。

"宋尚意"，意思是宋代书法以表现个人意趣为尚而不拘泥于法度。梁巘指出："晋书神韵潇洒，而流弊则轻散。唐贤矫之以法，整齐严谨，而流弊则拘苦。宋人思脱唐习，造意运笔，纵横有余，而韵不及晋，法不逮唐。"② 可见，宋代书家鉴于唐人书法因尚法而流于拘苦，遂独辟蹊径，不拘法度，以超越唐人书学之樊篱，所谓"思脱唐习，造意运笔"，尚意书风遂悄然兴起。欧阳修即主张学书当"有以寓其意，不知身之为劳也。有以乐其心，不知物之为累也"③。他提出了寓意乐心的尚意书学思想，主张可以随意书写，以资娱心，这体现了崇尚自由的书法美学思想，也体现了意欲挣脱法度束缚，自由挥洒性灵的脱化精神。苏轼《论书》提倡自出新意，以无法为法，他说："吾书虽不甚佳，然自出新意，不践古人，是一快也。"④ "自出新意"即是超越既有的书法范式，自出机杼，独创一格，具体表现即是以无法为法，所以他说："把笔无定法，要使虚而宽。""王荆公书得无法

---

① （清）梁巘：《评书帖》，上海书画出版社、华东师范大学古籍整理研究室选编校点《历代书法论文选》，上海书画出版社，2014，第 575 页。
② （清）梁巘：《评书帖》，《历代书法论文选》，第 581 页。
③ （宋）欧阳修：《试笔》，《历代书法论文选》，第 309 页。
④ （宋）苏轼：《论书》，《历代书法论文选》，第 314~315 页。

之法。"① 当然，以无法为法并不是绝对无法，而是对既成法度的超越，从而达到一种自由的美学境界，例如苏轼极为欣赏颜真卿的书法，他说："颜鲁公书雄秀独出，一变古法。"② "一变古法"既是对颜真卿书法的赞扬，又是对自己的书学理想和书法实践的夫子自道。他在临摹颜真卿的书法作品时，并没有按照颜氏的中锋习惯运笔，而是用自己习惯的侧锋运笔，他所效法的是颜书的精神韵致，而非具体的用笔法式，推崇的是能够自出新意，达到自由之境。正因如此，他赞扬柳公权云："柳少师书本出于颜，而能自出新意。一字百金，非虚语也。"③ 黄庭坚深受苏轼影响，论书亦是以自由、达意为尚，而不拘泥于法式，他强调："学书之法乃不然，但观古人行笔意耳。"④ "老夫之书，本无法也。"⑤ 正是因为对笔意的重视，他赞扬张芝云："伯英书小纸，意气极类章书，精神照人，此翰墨妙绝无品者。"⑥ 他认为张芝的书法富有意气与神韵，所以诚为上乘之作，这也体现出黄山谷崇尚内在的精神气韵之美。董逌书论也重视笔意，提出了重自然的书学观念："书家贵在得笔意，若拘于法者，正以唐经生所传者尔，其于古人极地不复到也。观前人于书，自有得于天然者，下手便见笔意。"⑦ 他认为笔意乃得之于自然，因此反对法度的束缚："书法要得自然，其于规矩权衡各有成法，不可遁也。……若一切束于法者，非书也。"⑧ 可见，董逌追求的是一种不拘成法的自然书风，推崇的是自由之美。晁补之则认为书法之妙不在笔法，而在"胸中之所独得"："学书在法，而其妙在人。法可以人人而传，而妙必其胸中之所独得。书工笔吏，竭精神于日夜，尽得古人点画之法而模之，秋纤横斜，毫发必似，而古人之妙处已亡，妙不在于法也。"⑨ 他认为书法之妙不在法度而在于人内在的心性修为和精神气度。

要之，宋代书学思想积极破除唐人尚法的理论范式，强调无法，不泥

---

① （宋）苏轼：《论书》，《历代书法论文选》，第 314～315 页。
② （宋）苏轼：《评书》，崔尔平选编点校《历代书法论文选续编》，上海书画出版社，2015，第 55 页。
③ （宋）苏轼：《评书》，崔尔平选编点校《历代书法论文选续编》，第 55 页。
④ （宋）黄庭坚：《山谷论书》，崔尔平选编点校《历代书法论文选续编》，第 67 页。
⑤ （宋）黄庭坚：《论书》，《历代书法论文选》，第 356 页。
⑥ （宋）黄庭坚：《山谷论书》，崔尔平选编点校《历代书法论文选续编》，第 61 页。
⑦ （宋）董逌：《广川书跋》，崔尔平选编点校《历代书法论文选续编》，第 131 页。
⑧ （宋）董逌：《广川书跋》，崔尔平选编点校《历代书法论文选续编》，第 137 页。
⑨ （宋）晁补之：《跋谢良佐所收李唐卿篆〈千字文〉》，曾枣庄主编《宋代序跋全编》，齐鲁书社，2015，第 3345 页。

古法，追求活法，宣扬天然自由的创作理念，以个性为中心，以表现意趣为尚，着力提升意趣在书法美学中的审美地位，这种着力摆脱唐法之束缚的"尚意"的书学理念正是追求自由的脱化精神在书法美学中的具体表现。值得注意的是，书画同体，书与画具有天然的密切关联，在唐宋两代的历史文化场域中，在书法美学从尚法转向尚意的同时，绘画美学也从兼顾形神转向独重神似、崇尚意韵，同样体现出强烈的脱化精神。

唐人画论大抵兼重形神，虽有偏重神似的倾向，但还是不废形似的。例如李嗣真的《续画品录》即体现出兼重形神的美学思想，他评郑法士云："邻几睹奥，具体而微，气韵标举，风格遒俊。"[①] 评董伯仁与展子虔云："动笔形似，化外有情。"评王元昌云："天人之姿，博综技艺，颇得风韵，自然超举。"可见，他既重视绘画之气韵、化外之情、自然风韵，又强调形似、技艺之妙。因此他是兼重形似与神似的，而非偏于一隅，所以他对徒有神似，而无形似的绘画是不满的，如他评卫协云："卫之迹虽有神气，观其骨节，无累多矣。"神气即神采气韵，指的是神似；骨节即构图的结构比例，指的是形似。张怀瓘的画论也体现出兼顾形神的绘画美学理念，其评顾恺之、陆探微与张僧繇三人的绘画云："顾公运思精微，襟灵莫测，虽寄出迹翰墨，其神气飘然在烟宵之上，不可以图画间求。象人之美，张得其肉，陆得其骨，顾得其神。神妙亡方，以顾为最。"[②] 评陆探微云："陆公参灵酌妙，动与神会。笔迹劲利，如锥刀焉，秀骨清像，似觉生动，令人懔懔若对神明。虽妙极象中，而思不融乎墨外。夫象人风骨，张亚于顾、陆也。"他指出顾恺之的绘画富有神气，极具神似之妙，因此为三人中成就最高者。陆探微的画"动与神会"，士人"懔懔若对神明"，即具有神似之妙，而且其"笔迹劲利"，因而其画"秀骨清像"。因为顾恺之的画最具传神之妙，所以为三人之首，所谓"象人之美""顾得其神"。陆探微的画有神韵又具形似，比顾画略逊一筹，所以位居第二，所谓"象人之美""陆得其骨"。而张僧繇的画徒具形似之美，所以层次最低，所谓"象人之美""张得其肉"。可见，张怀瓘的画论是兼顾形神，但又偏重神似的。朱景玄论绘画应达到的境界云："伏闻古人云：画者，圣也。……移神定质，轻墨落

---

① （唐）李嗣真：《续画品录》，俞剑华编著《中国历代画论大观》第 1 编，江苏凤凰美术出版社，2015，第 93 页。

② （唐）张怀瓘：《画断》，俞剑华编著《中国历代画论大观》第 1 编，第 107 页。

素，有象因之以立，无形因之以生。……妙将入神，灵则通圣。"① 在他看来，绘画是一件极为神圣的事情，不仅要描绘有象的形体，而且要表达无形的心灵，以此达到神妙通圣的境界，这也同样体现出兼重形神的审美观念。

宋人画论则体现出明显的重神似而轻形似之审美倾向，如《宣和画谱·墨竹叙论》云："绘事之求形似，舍丹青朱黄铅粉则失之，是岂知画之贵乎？有笔不在夫丹青朱黄铅粉之工也。故有以淡墨挥扫，整整斜斜，不专于形似而独得于象外者，往往不出于画史而多出于词人墨卿之所作。……故知不以着色而专求形似者，世罕其人。"②《宣和画谱·人物叙论》云："画人物最为难工，虽得形似，则往往乏韵。"可见，《宣和画谱》的作者也标举气韵，推崇神似，反对以形似为贵，认为只有通过神似才能独得于象外。此书的观点也正代表了宋代官方的绘画审美观念。欧阳修论画极重意趣："古画画意不画形，梅诗咏物无隐情。忘形得意知者寡，不若见诗如见画。"③ 可见，他推崇的是忘形得意的境界，也就是超越形似，达到神似的境界，所以他强调："萧条淡泊，此难画之意，画者得之，览者未必识也。故飞走、迟速、意浅之物易见，而闲和、严静、趣远之心难形。"④ 这就是说，物象的外在形貌容易描绘，但画家内在的心意却是难以表现的。董逌论画也是追求神似，而黜形似，其《书阎立本渭桥图》云："世之论画，谓其形似也。若谓其形似长说假画，非有得于真象者也，若谓得其神明，造其悬解，自当脱去辙迹。"⑤ 在他看来，绘画要超越形似和技法，而以表现神明意趣为尚，所谓"脱去辙迹"是也，此即体现出了明确的脱化精神。韩拙则指出："凡用笔，先求气韵，次采体要，然后精思。……以气韵求其画，则形似自得于其间矣。"⑥ 韩氏认为绘画要以气韵为上，也就是要以神似为目标，画作富有气韵，那么形似自然有之，所以不必刻意追求形似，追求神似即可。邓椿"论远"云："画之为用大矣。……而所以能曲尽者，

① （唐）朱景玄：《唐朝名画录序》，俞剑华编著《中国历代画论大观》第1编，第114页。
② 《宣和画谱》，俞剑华编著《中国历代画论大观》第2编，江苏凤凰美术出版社，2016，第120页。
③ （宋）欧阳修：《盘车图》，《欧阳修全集·居士集》卷6，中华书局，2001，第99~100页。
④ （宋）欧阳修：《鉴画》，《欧阳修全集·试笔一卷》，第1976页。
⑤ （宋）董逌：《广川画跋》，俞剑华编著《中国历代画论大观》第2编，第251页。
⑥ （宋）韩拙：《论用笔墨格法气韵之病》，曾枣庄、刘琳主编《全宋文》卷2973，上海辞书出版社、安徽教育出版社，2006，第102页。

止一法耳。一者何也？曰：'传神而已矣。'世徒知人之有神，而不知物之有神，此若虚深鄙众工，谓：'虽曰画而非画者，盖止能传其形，不能传其神也。'故画法以气韵生动为第一。"① 邓氏指出作画之法即传神而已，要以气韵生动为要务，不能仅仅停留于形似的层面。

苏轼论画继承了欧阳修重视意韵的美学思想，因此，他也鄙薄形似，而揄扬神似，他说："笔墨之迹，托于有形，有形则有弊。"② 又说："论画以形似，见与儿童邻。"③ 因此，他不重有形之迹，而推重无形之理，其《净因院画记》云："余尝论画，以为人禽宫室器用皆有常形。至于山石竹木，水波烟云，虽无常形，而有常理。常形之失，人皆知之。常理之不当，虽晓画者有不知。故凡可以欺世而取名者，必托于无常形者也。虽然，常形之失，止于所失，而不能病其全，若常理之不当，则举废之矣。以其形之无常，是以其理不可不谨也。世之工人，或能曲尽其形，而至于其理，非高人逸才不能辨。"④ 在此文中，苏轼提出了绘画美学中的"形"与"理"的问题，他认为绘画不仅要表现事物之常形，更要表现事物之常理，常理要寄寓于常形之中，常形易得，常理难求。这里所说的"常理"，也就是神采意韵。所以他认为形与理结合的最高境界是"合于天造，厌于人意"。其《又跋汉杰画山（二）》云："观士人画，如阅天下马，取其意气所到；乃若画工，往往只取鞭策皮毛槽枥刍秣，无一点俊发，看数尺许便倦。"⑤ 可见，他强调绘画要重在体现意气，不能只是描绘皮相。所以他在《文与可画筼筜谷偃竹记》中提出画竹的正确方法是"先得成竹于胸中"，也就是要画出胸中之竹，这也体现了其对神韵意气的重视。他在《传神记》中论述了绘画要达到传神境界所需要的义疏技巧，并指出绘画："岂举体皆似，亦得其意思而已。"⑥ 这就是强调要力求神似，而不能拘于形似。

要之，就本质精神而言，在唐宋两代的文化场域中，绘画美学的衍变与书法美学的转向大体一致，也表现出尚意的发展趋势。绘画美学从兼顾形神转向独重神似，表现出遗形取神、崇尚意韵的美学倾向，这其实就是

---

① （宋）邓椿撰，（元）庄肃补遗《画继·画继补遗》，浙江人民美术出版社，2019，第325～326页。
② （宋）苏轼：《题〈笔阵图〉》，曾枣庄主编《宋代序跋全编》，第3014页。
③ （宋）苏轼：《东坡论画》，俞剑华编著《中国历代画论大观》第2编，第227页。
④ （宋）苏轼：《东坡论画》，俞剑华编著《中国历代画论大观》第2编，第227页。
⑤ （宋）苏轼：《东坡论画》，俞剑华编著《中国历代画论大观》第2编，第227页。
⑥ （宋）苏轼：《东坡论画》，俞剑华编著《中国历代画论大观》第2编，第212页。

主张摆脱低层次的曲尽其形的观念之束缚，而以得其神理为要务，从而达到超越形迹、挥洒自如的自由之境，这样的美学转向也同样体现出强烈的脱化精神。

三　自由之境：文学批评中的脱化之美

脱化精神不仅仅被运用于书画美学之中，而且在文学批评领域也发挥着作用。古代文学批评对脱化之美的阐论从不同角度深化了脱化精神的美学意蕴和学理特质，体现出对自由之境的推崇与追寻。

脱化精神的一个重要来源即是古代文学批评，《文心雕龙》《二十四诗品》等均孕育了追寻自由的脱化精神。当然，脱化精神在古代文学批评中的发展演进，主要与黄庭坚及江西诗派的诗学理论密切相关。黄庭坚针对如何更好地继承古人的诗学经验以达到"点铁成金"的艺术效果这一问题，提出了"夺胎"与"换骨"两项具体法则，这也成为江西诗派最重要的理论纲领。这两项具体法则主张将古人诗歌的精华熔铸于自己的作品之中，"换骨"法侧重于文辞上的加工，"夺胎"法侧重于文意上的发挥，夺胎换骨之法其实讲的就是师古与革新的问题，但偏重于师古，因此，江西诗派谨守黄庭坚之诗训，从而导致模拟因袭风气盛行，诗人的个性气质受到束缚。吕本中遂提出"活法"说以矫正江西诗派诗法之弊，他在《远游堂诗集序》中说："所谓活法者，规矩具备，而能出于规矩之外；变化不测，而卒亦不背于规矩也。是道也，盖有定法而无定法，无定法而有定法。"① 他强调既要运用"定法"，又不能为"定法"所囿，既要遵守法度又要超越法度，既要富于变化又不能乖离本宗，要活用诗法，而不能死守诗法。活法是一种升级和进步的夺胎换骨法，江西诗派的诗学活法说与宋人尚意的书学理念与重神似的绘画思想在本质上是高度一致的，均是自由精神的彰显，是脱化精神的体现。元明两代学者也对脱化之美进行了探讨，如元代诗论家韦居安《梅磵诗话》对夺胎换骨法提出了新的要求："夺胎换骨之法，诗家有之，须善融化，则不见蹈袭之迹。"② 他指出运用这一诗法要善于融化，不露痕迹，他强调"化"之意义，这与脱化的审美理念是高度一致的。因

---

① （宋）吕本中撰，韩酉山辑校《吕本中全集·吕居仁文辑·序》，中华书局，2019，第1758页。

② 丁福保辑《历代诗话续编》，中华书局，2006，第544页。

而这一诗学思想也彰显出追求自由之化境的脱化精神。明人邵经邦《艺苑玄机》云："诗贵妙悟超脱，仙家所谓'超凡入圣'，若非功成行满，何由白日上升？……若谓自外得之，固不可。若尽自去苦学，亦复不得；须优游涵养，待得居安资深时，自能脱然有会悟处。"[①] "妙悟超脱""脱然会悟"即是以自由为核心的脱化精神之具体表现。谢肇淛《小草斋诗话》指出："天下岂有无理之文章，又岂有不学之诗人哉！但当亭毒酝酿，融其渣滓，化而出之，使人共知，又使人不知。"[②] "融其渣滓，化而出之"，使人知又不知，此体现出一种自由挥洒的境界，也是脱化精神的彰显。

虽然中国古代美学较早地运用了脱化精神，但是脱化作为专业术语和审美范畴运用于文学批评领域则主要是在清代。清代文学批评家们十分重视脱化的美学内蕴。如徐增在《而庵诗话》中明确将"脱化"作为一种诗法："作诗之道有三：曰寄趣，曰体裁，曰脱化。今人而欲诣古人之域，舍此三者，厥路无由。夫碧海鲸鱼，自别于兰苕翡翠，此古人之体裁也；唐人应制之作，皆合于西方圣教，此古人之寄趣也；少陵诗人宗匠，从'熟精《文选》理'中来，此古人之脱化也。"[③] 他不但将脱化列为作诗之道，同时还用杜甫"熟精《文选》理"的诗学思想来阐释之，这就赋予了脱化范畴以较高的理论价值和深厚的学理意蕴。彭孙遹《金粟词话》"咏物词不易工"条云："咏物词，极不易工，要须字字刻画，字字天然，方为上乘。即间一使事，亦必脱化无迹乃妙。"[④] 在他看来，咏物词之用事必须具有脱化无迹之妙，他推崇的是字字天然之境，彰显出以自由为贵的美学精神。沈祥龙《论词随笔》"用成语贵浑成"条指出："用成语，贵浑成，脱化如出诸已。贺方回'旧游梦挂碧云边，人归落雁后，思发在花前'，用薛道衡句，欧阳永叔'平山栏槛倚晴空。山色有无中'，用王摩诘句，均妙。李易安'清露晨流，新桐初引'，用世说新语，更觉自然。稼轩能合经史子而用之，自其才力绝人处，他人不宜轻效。"[⑤] 沈氏指出化用事典成语所达到的浑成的艺术效果即是一种脱化如出诸已的美学境界，并以贺铸、欧阳修、李清照、辛弃疾等人的诗词为证。而他尤其赞扬李清照，认为其对古语的

① 周维德集校《全明诗话》，齐鲁书社，2005，第 1263 页。
② 周维德集校《全明诗话》，第 3503 页。
③ （清）王夫之等撰，丁福保辑《清诗话》上，上海古籍出版社，2015，第 438 页。
④ 唐圭璋编《词话丛编》，中华书局，2005，第 725 页。
⑤ 唐圭璋编《词话丛编》，第 4059 页。

化用具有自然之美，这也就是说脱化之法以自然为贵，体现出一种追求自由的美学精神。

　　清人不但在诗词批评中阐论脱化精神的美学意蕴，而且在文章批评方面也是如此。如吕留良指出："作家到纯熟脱化时，用意越浓，出手越淡；用力越重，出手越轻；用筋节越老辣，出手越秀嫩。此种境界，强迫取之不得也。"[①] 他从用意、用力、用筋节三个层面来总结脱化的美学特质，用意、用力、用筋节分别与出手的淡、轻、嫩之美成反比，此即体现出一种辩证立体的美学观，而吕氏所强调的脱化的淡、轻、嫩之美即体现出对自然意趣的追寻和对自由之境的推崇。《四库全书总目提要》评叶适的文章云："适文章雄赡、才气奔逸，在南渡卓然为一大宗。其碑版之作、简质厚重，尤可追配作者。适尝自言，譬如人家筵客，虽或金银器照座，然不免出于假借。惟自家罗列者，即仅瓷缶瓦杯，然都是自家物色。其命意如此，故能脱化町畦、独运杼轴。韩愈所谓文必己出者，殆于无忝。"[②] 四库馆臣认为叶适的文章艺术价值极高，这主要是因为其文章立意新颖，能够自出机杼，做到了韩愈所称道的"文必己出"之境界，而这样的创作风格正是脱化之美的集中体现，脱化之美的关键即在于独运杼轴、自由发挥。吴铤论文也极为重视脱化之美，其《文翼》卷 2 云："王介甫论退之叙事，惟《王适》、《张彻墓志》最奇。介甫叙事作意，立间架，实从此二篇脱化，而未能归于自然，所以不及退之堂庑，较永叔则隘矣。"[③] 在他看来，王安石之文虽然脱化于韩愈的《试大理评事王君墓志铭》《故幽州节度判官赠给事中清河张君墓志铭》两篇墓志铭，但是其格局气势不仅远不如此，而且也比欧阳修的文章褊狭，而个中原因即是缺乏自然之美。吴铤认为脱化之美要达到自由之境，不然文章格局就会狭隘。可见，他将自由之境作为脱化之美的终极目标。《文翼》卷 3 云："文章之变化，至难言也。意变，则反言而正论愈伸，翻案而成局愈定；法变，则人详我略，而略转胜于详，人实我虚，而虚仍运夫实。变在意格，则整者离之使散，奇者约之使正；变在色韵，则浓与淡可以相参，疾与徐不妨迭奏。引而伸之，可以得脱化之

————————

　　① 俞国林编《吕留良全集·吕晚村先生文集·补遗》卷 6《杂著》，中华书局，2015，第609页。
　　② （清）永瑢等：《四库全书总目》卷160，中华书局，1965，第1382页。
　　③ 余祖坤编《历代文话续编》，凤凰出版社，2013，第623～624页。

法。"① 他指出脱化为文章变化之法，而文章变化又可分为意变与法变。意变在于反言正论、化整为散、执正约奇；法变在于详略得当、虚实相运、浓淡相参、疾徐相协。意变与法变之旨归即是脱化之法的精髓，可见，吴氏的脱化审美理念既不拘泥于定法，也不偏向于任何一种风格，具有崇尚灵活自由的创作精神，与书法中尚法与尚意的美学精神有相通之处，但更具有辩证性与学理性。姚鼐就模仿与创新的关系来阐释脱化的美学内蕴："文不经摹仿，亦安能脱化？观古人之学前古，摹仿而浑妙者自可法，摹仿钝滞者自可弃。……是入门之始，不能不有所摹仿，以求与古人相似；及其用功之久，又必求脱化，不可但以摹仿相似为工。"② 他指出文章要达到脱化之境就必须经过模仿，要与古人相似，但创作功力达到一定境界之后，就不能仍以模仿相似为工，而要有脱化之美。可见，他所说的脱化是建立在模仿基础上的创新，也就是在形似基础上的神似。脱化之美并不是不要形似，而是不能囿于形似，要基于形似以达到神似，这在本质上即是追求一种富含文化底蕴和超越精神的自由之境。姚鼐的脱化理念与宋代重神似的绘画美学思想是高度一致的。

总之，作为中国美学的一个重要组成部分，古代文学批评对脱化之美进行了多维度、多层面、立体化地阐论，赋予了脱化以体式意义和学理性深度。古代文学批评中的脱化精神体现出对法度形似的超越、对"活法"的追求、对意趣神似的推崇以及对模拟与新变的整合，而这一切美学理想在本质上均是对自由之境的追寻、对自然之美的向往。

结　语

中国美学的脱化智慧蕴含着丰富而深刻的美学意蕴，其美学意蕴的内核是一种追求形迹的内化和精神的超越的自由精神。自由是对现实的超越，只有超越现实才能实现自由，而审美既是自由的存在方式，也是超越的实现方式，以故，中国古代文人的自由精神既不是在江湖中实现，也不是在庙堂上实现，而是在美学中实现。正因为脱化之美是一种自由之美，中国美学的脱化智慧以自由精神为内核，所以古人往往借助脱化智慧以实现真

① 余祖坤编《历代文话续编》，第 649 页。
② 余祖坤编《历代文话续编·文章源流》，第 1351 页。

正的自由，中国美学中的脱化智慧寄寓着去法尚意、遗形取神、约奇为正、因革相成以及意变与法变合一、模拟与创新合一、有法与无法合一的思想理念，提倡的是一种师古而不为其所役，趋新而不畔其规的超越性审美理念。因此，脱化智慧推崇的是一种强调人的主体性和自身创造力的积极的自由精神，这种以自由理念为核心的脱化精神的美学意蕴不仅在古代书画理论中得到了拓展，而且在古代文学批评中也得到了深化。是故，脱化精神所蕴含的丰富而深刻的美学意蕴在很大程度上固化并强化了中国美学的自由张力。

陶渊明"无弦琴"与心性自由[*]

——从颜延之对陶渊明"无弦琴"的品题谈起

廉水杰[**]

摘要：在颜延之品第观下，陶渊明是最高品第的"士"，能够达到心性自由之境。"无弦琴"品题主要有三层内涵：其一，"无弦琴"承载了陶渊明之"文德"，与"贫""意""独"的"心性品题"一样，是主体超越世俗桎梏的心性本体显现；其二，"琴"是陶渊明追寻心性自由的超越方式，从"有弦琴"到"无弦琴"体现了其心性修炼历程；其三，无论是陶渊明诗文中的"清琴""书琴"，抑或"鸣琴""七弦"，都引发了审美共情，在审美接受中都成了蕴含陶公心性自由的"无弦琴"。"无弦琴"因陶公而灵性，又因颜延之及后世文人的雅意而隽永。

关键词：无弦琴 文德 品第观 心性品题 心性自由

On the Canonization of the Freedom of the Mind-Nature of "Stringless Qin"

—On Tao Yuanming's "Stringless Qin" in Pindi's Perspective of Yan Yanzhi

Lian Shuijie

Abstract：In Pindi's perspective of Yan Yanzhi, Tao Yuanming is the

---

* 本文为河北省文化艺术科学规划与旅游研究一般项目"'无弦琴'与中华雅文化品题建构"（项目编号：HB20 - YB074）阶段性成果。

** 廉水杰，河北经贸大学文化与传播学院讲师。

"Scholar" with the highest quality, can achieve the state of the freedom of the mind-nature. "Stringless Qin" includes three points: firstly, "Stringless Qin" indicates Tao Yuanming's "Wende", which is the same meaning as his "poverty", "knowing" and "independence", which is the appearance of mind-nature's noumenon beyond reality; secondly, "Qin" indicates the way of Tao Yuanming's exploring the freedom of the mind-nature from "stringed Qin" to "Stringless Qin". Thirdly, "QingQin", "Shuqin", or "Mingqin" and "Qixian" in Tao Yuanming's poems and essays have aroused aesthetic empathy, which has become a "Stringless Qin" containing the freedom of his spiritual personality for aesthetic receiver. Accordingly, "Stringless Qin" is spiritual and meaningful in the history of classical culture due to the admirers of Tao Yuanming such as Yan Yanzhi.

Keywords: Stringless Qin; Wende; Pindi's Perspective; on Concepts of the Mind-Nature; the Freedom of the Mind-Nature

一 引言：美在"文德"

"无弦琴"是中国美学的一个经典意象，其经典化的历程与陶渊明息息相关。南朝著名文人沈约、萧统在给陶渊明所作的传记中都明确提及其"无弦琴"，沈约《宋书·陶潜传》云："潜不解音声，而蓄素琴一张，无弦，每有酒适，辄抚弄以寄其意。"① 萧统《陶渊明传》云："渊明不解音律，而蓄无弦琴一张，每酒适辄抚弄以寄其意。"② 晋宋之际的文化名家颜延之亦在《陶征士诔》中云："陈书辍卷，置酒弦琴。"③ 颜延之不仅对陶渊明的品格德行给予了至高评价，还观察到了其有书有酒更有"琴"的风雅生活。颜延之存有主体的"品第"观，在其品第观下陶渊明不仅能够达到心性自由之境的最高品第的"士"，其思想还包含着"无弦琴"在内的一系列"心性品题"。"无弦琴"的经典化在昭示陶渊明心性自由历程的同时，离不开颜延之的品评。

---

① 袁行霈：《陶渊明集笺注》附录，中华书局，2011，第418页。
② 袁行霈：《陶渊明集笺注》附录，第421页。
③ （梁）萧统编，（唐）李善等注《六臣注文选》卷57，中华书局，2012，第1062页。

"无弦琴"作为一个"心性品题"，是主体超越世俗桎梏的心性本体显现，体现了主体的心性自由。"无弦琴"品题的经典化呈现了陶渊明的"文德"。南朝文论家刘勰《文心雕龙·原道》篇发论"文之为德也大矣"①，"文德"在古典诗文批评中至关重要。钱锺书先生在《管锥编》中言："昭明太子、简文帝特赏陶潜，而刘勰、钟嵘谈艺，未尝异目相视；皆'不赂贵人之权势'可谓'文德'。"② 刘勰《文心雕龙》不论陶渊明，而钟嵘《诗品》将之列为"中品"，其不慕威权之评被钱锺书先生褒为"文德"。钱锺书先生阐释"文德"之"文"，有时非著书作文之"文"，乃品德之流露为操守言动者，并明确求道为学，都须有"德"。③ "文德"内蕴丰富，但总体上如钱锺书先生所论，以主体德性为内，把人品与文品贯通，不仅诗文批评主体要以之品诗论文，诗文创作主体亦要有之，萧统及后世尊陶者对陶公的称赏正在于其"文德"。

陶渊明的"无弦琴"是名士风雅的标志，"弹琴"是陶渊明归隐之后的生活雅趣所在，"无弦琴"蕴含的精神品格影响深远。唐代大诗人李白《赠临洺县令皓弟》云："陶令去彭泽，茫然太古心。大音自成曲，但奏无弦琴。"④ 唐代诗论家司空图《书怀》云："陶令若能兼不饮，无弦琴亦是沽名。"⑤ 又宋代大文豪苏轼《张安道乐全堂》云："平生痛饮今不饮，无琴不独琴无弦。"⑥ "无弦琴"正是负载了主体不偶于世的"文德"，才逐渐成为中华雅文化史上的经典"品题"。"品题"在古典文化中指"品评的话题、内容"，如《后汉书·许劭传》曰："初，劭与靖俱有高名，好共核论乡党人物，每月辄更其品题，故汝南俗有'月旦评'焉。"⑦ 因此，本文的"心性品题"即对"心性"的品评，涵盖了与"心性"相关的一系列概念；"'无弦琴'品题"亦指与"无弦琴"相关的概念品评。

"无弦琴"品题的经典化与陶渊明的挚友颜延之的"品第"观直接相关。"品第"作为文学批评的术语明确出现在梁代诗论家钟嵘《诗品·序》

① （南朝梁）刘勰著，范文澜注《文心雕龙注》卷 1，人民文学出版社，1958，第 1 页。

② 钱锺书：《管锥编》第 4 册，生活·读书·新知三联书店，2019，第 2343 页。

③ 参见钱锺书《管锥编》第 4 册，第 2341~2343 页。

④ （唐）李白著，（清）王琦注《李太白全集》卷 9，中华书局，2015，第 591 页。

⑤ 祖保泉、陶礼天笺校《司空表圣诗文集笺校》卷 1，安徽大学出版社，2002，第 31 页。

⑥ （清）王文诰辑注，孔凡礼点校《苏轼诗集》第 2 册，中华书局，1982，第 642 页。

⑦ （宋）范晔撰，（唐）李贤等注《后汉书》卷 68，中华书局，1965，第 2235 页。

中，其云："诸英志录，并义在文，曾无品第。"① 值得关注的是，在钟嵘之前的晋宋时期，颜延之在其家训类著作《庭诰》中就体现了 "品第" 观念，有 "通人""通才""庸品""差品"② 的品论。颜延之是风雅大家，对文士有着非凡的识鉴，明代张溥在《汉魏六朝百三家集题辞注》之 "颜光禄集" 题辞注中，褒美其 "远吊屈大夫，近友陶征士"③，颜延之在《陶征士诔》中对陶渊明的评价亦体现了其高远识鉴。到目前为止，对陶潜 "无弦琴" 的研究主要集中在两点：指出陶渊明的 "无弦琴" 体现了一种生命境界④；认为陶渊明 "无弦琴" 故事与儒释道经典中的 "琴喻" 有一定关系⑤。综合已有研究，本文从两方面展开论证：一是从颜延之的品第观出发对陶渊明的 "心性品题" 进行深度发掘；二是研析陶渊明从 "有弦琴" 到 "无弦琴" 的心性自由历程，在追源 "无弦琴" 受青睐缘由的同时，进一步彰显"无弦琴" 心性自由的经典化在中华雅文化史上的独特性。

二　颜延之 "品第" 观下陶渊明的 "心性品题"

儒道佛的发展，都重对人内在 "心性" 的发掘。颜延之思想以儒家人性观为基础，兼综玄佛，有会通趋向，《宋武帝谥议》有云 "爱敬所禀，因心则远"⑥，《颜延之释何衡阳达性论》提出 "与道为心"⑦，"心性" 修为在颜延之品第观中至关重要，其家训类作品《庭诰》云：

> 夫内居德本，外夷民誉，言高一世，处之逾默，器重一时，体之滋冲，不以所能干众，不以所长议物，渊泰入道，与天为人者，士之上也。若不能遗声，欲人出己，知柄在虚求，不可校得，敬慕谦通，畏避矜踞，思广监择，从其远猷，文理精出，而言称未达，论问宣茂，

---

① （梁）钟嵘著，曹旭集注《诗品集注》增订本，上海古籍出版社，2011，第 236 页。
② 李佳校注《颜延之诗文选注》，黄山书社，2012，第 64、65、66 页。
③ （明）张溥著，殷孟伦注《汉魏六朝百三家集题辞注》，中华书局，2007，第 223 页。
④ 参见范子烨《艺术的灵境与哲理的沉思——对陶渊明 "无弦琴" 的还原阐释》，《北京大学学报》（哲学社会科学版）2010 年第 2 期，第 69～76 页。
⑤ 参见李小荣《论陶渊明 "无弦琴" 故事的两种类型及其寓意之异同》，《福建师范大学学报》（哲学社会科学版）2011 年第 3 期，第 91～100 页。
⑥ 李佳校注《颜延之诗文选注》，第 102 页。
⑦ （南朝梁）僧祐撰，李小荣校笺《弘明集校笺》卷 4，上海古籍出版社，2013，第 196 页。

而不以居身，此其亚也。若乃闻实之为贵，以辩画所克；见声之取荣，谓争夺可获。言不出于户牖，自以为道义久立；才未信于仆妾，而曰我有以过人。于是感苟锐之志，驰倾触之望，岂悟已挂有识之裁，入修家之诫乎？记所云"千人所指，无病自死"者也。行近于此者，吾不愿闻之矣。①

颜延之以个体德行修养为主来品鉴人物，赋予个体才性形而上与形而下层面的双重意义，把文士分为三个品第：其一，最高品第的"士"，德性修养极高，与"道"契合，不为外物所累，能达"与天为人"之境；其二，虽追求名声，但有谦德，有才思，不恃才倨傲的人，被称为"士之亚"；其三，有争名夺利之心，但无服众之能，并遭众人指责行径之士。有必要对颜延之明确提出的"与天为人"进行疏解，这里的"天"，与哲学层面的"道"是同义语，《庭诰》中把"富""贫"等而视之可为证，其云："夫既有富厚，必有贫薄，岂其证然？时乃天道。""道者，瞻富贵同贫贱，理固得而齐。"② 颜延之把"天道"与"道"贯通，把"富""贫"无差别看待，所以"与天为人"即"与道为人"。又《庭诰》云"得贵为人，将在含理""含理之贵，惟神与交，幸有心灵"③，颜延之明确了个体性的"含理之贵"在于"心灵"，并在《庭诰》行文中进一步借用嵇康的话明确"所足在内，不由于外"④，表明内在"心性"是个体修炼的关键，"与天为人"亦即"与道为心"。在颜延之品第观中，最高品第的文士能够通过形而下的"不以所能干众，不以所长议物"的"心性"磨砺修炼为"渊泰入道，与天为人"的形而上之境，后两个品第的文士不及最高品第正在于"心性"修炼不足，没有达到"与天为人"的得"道"的心性自由状态。

牟宗三在谈及宋儒"以器知天与人心道心"时说："人心道心之辨，危微之几，精一之工，正是后来自道德实践上言性命天道者，始能正视此心上之工夫。"⑤ 如牟先生所论，在各种思想会通中，颜延之把"天、道"与"人、心"贯通，"与天为人"直击心性本体强调人内在修为的能动性，这

① 李佳校注《颜延之诗文选注》，第64~65页。
② 李佳校注《颜延之诗文选注》，第65、69页。
③ 李佳校注《颜延之诗文选注》，第69页。
④ 李佳校注《颜延之诗文选注》，第69页。
⑤ 牟宗三：《心体与性体》（上），吉林出版集团有限责任公司，2013，第202页。

也是他能够识鉴陶渊明并为之写下《陶征士诔》的关键缘由。在颜延之看来，人的个体性在于"心性"的"工夫"修炼，主张通过后天形而下的修炼而达到能够视"富贵""贫贱"无差别的形而上的完美道德境界，即其所谓"士之上"之境。这种境界无疑是一种逍遥自由的心性之境。

依据颜延之的品第观，陶渊明之"文德"显然符合这种重心性修为之最高标准的品第观。《陶征士诔》之"序"云："弱不好弄，长实素心。学非称师，文取指达。在众不失其寡，处言愈见其默。"① 肯定了陶渊明忠于内心修为的学养及处世态度，俨然与颜延之所界定的"士之上"的标准相契。在颜延之这种品第准则下，陶渊明诗文中呈现了"贫""意""独"等一系列"心性品题"。《陶征士诔》词云：

> 赋诗归来，高蹈独善。亦既超旷，无适非心。汲流旧巘，葺宇家林。晨烟暮霭，春煦秋阴。陈书辍卷，置酒弦琴。居备勤俭，躬兼贫病。人否其忧，子然其命。隐约就闲，迁延辞聘。非直也明，是惟道性。②

这段诔文主要涵盖了三个层面的陶渊明：其一，琴书相伴，生活简朴；其二，贫病交加，拒绝利诱；其三，心性高洁，得之于"道"。《庭诰》云："道可怀而理可从，则不议贫，议所乐尔。或云：贫何由乐？此未求道意。"③ 颜延之看到了"道"与"贫"的关系，肯定了主体求"道"的心性修炼。对陶渊明而言，"贫"亦是主体得"道"的一种心性历练，其不仅著有《咏贫士七首》，还在诗文中多次表达"贫"义。

> 良才不隐世，江湖多贱贫。（《与殷晋安别一首（并序）》）
> 先师有遗训，忧道不忧贫。（《癸卯岁始春怀古田舍二首》其二）
> 贫居乏人工，灌木荒余宅。（《饮酒二十首（并序）》其十五）
> 重华去我久，贫士世相寻。（《咏贫士七首》其三）
> 贫富常交战，道胜无戚颜。（《咏贫士七首》其五）

---

① （梁）萧统编，（唐）李善等注《六臣注文选》卷57，第1060页。
② （梁）萧统编，（唐）李善等注《六臣注文选》卷57，第1062页。
③ 李佳校注《颜延之诗文选注》，第69页。

望轩唐而永叹，甘贫贱以辞荣。(《感士不遇赋（并序)》)①

在陶渊明这里，"贫"有两个层面的含义：一是与"富"相对的贫穷生活，如"贫居""贫富"；二是指一种远离庙堂、怡然自得的生命状态，如"贱贫"（同"贫贱"）、"贫士"。"贫"是陶渊明由现实中的贫穷生活到精神自由生活的呈现，这种"贫"超越了"贫穷"意义，成为主体心性提升的一种方式，也是颜延之称道的由"贫"而"乐"的修为，也符合其诔文中对陶渊明由"置酒弦琴""勤俭""贫病""迁延辞聘"到"是惟道性"的褒赞。陈寅恪先生在《陶渊明之思想与清谈之关系》中褒赞了陶渊明认为"己身亦自然之一部"的"新自然说"，此种思想"无旧自然说形骸物质之滞累"，唯求精神融到大自然之中。② 陈寅恪先生此解，亦可从一个侧面洞见陶渊明专注于内在的心性修为。清人贺贻孙《诗筏》中言："大抵彭泽乃见道者，其诗则无意于传而自然不朽者。"③ 陶渊明由日常生活状态中的"贫"到得"道"之"贫"，体现了主体从形而下向形而上提升的心性修炼，这亦是主体心性本体融入自然的过程。对陶渊明"贫"的分析，有研究者指出，与"固穷守贫"相比，"安贫乐道"是一种更高级、更愉悦的境界。④ 也可以说，"贫"是陶渊明超越世俗桎梏，把生命同化自然的一种心性自由的生命状态。在陶渊明诗文思想中，与之类似的品题还有"意"。

平津苟不由，栖迟讵为拙？寄意一言外，兹契谁能别。(《癸卯岁十二月中作与从弟敬远一首》)

山气日夕佳，飞鸟相与还。此还有真意，欲辩已忘言。(《饮酒二十首（并序)》其六)

夫导达意气，其惟文乎？抚卷踌躇，遂感而赋之。(《感士不遇赋（并序)》)

好读书，不求甚解，每有会意，便欣然忘食。(《五柳先生传》)⑤

---

① 袁行霈：《陶渊明集笺注》，第 109、144、188、298、255、258 页。
② 参见陈寅恪《金明馆丛稿初编》，生活·读书·新知三联书店，2015，第 225～229 页。
③ 郭绍虞编选，富寿荪校点《清诗话续编》第 1 册，上海古籍出版社，2016，第 149 页。
④ 钱志熙：《陶渊明经纬》第 250 页。
⑤ 袁行霈：《陶渊明集笺注》，第 146、173、297、344 页。

在陶渊明这里，“意”有两层含义：一是通过日常的诗文创作或阅读而得“意”，如“寄意”“意气”“会意”；二是主体直接从山川自然中得“意”，如“此还有真意”，这和“贫”一样亦是化解世俗生活的得“道”。无疑，后一种“意”更具形而上的意味，他以虚静之心观赏山川田园，把自我融入天地自然，这也是一种主体“见独”的心性历程。

> 慷慨独悲歌，钟期信为贤。(《怨诗楚调示庞主簿邓治中一首》)
> 自我抱兹独，僶俛四十年。(《连雨独饮一首》)
> 逸想不可淹，猖狂独长悲。(《和胡西曹示顾贼曹一首》)
> 栖栖失群鸟，日暮犹独飞。(《饮酒二十首（并序）》其四)
> 一士长独醉，一夫终年醒。(《饮酒二十首（并序）》其十三)
> 此士胡独然，寔由罕所同。(《咏贫士七首》其六)①

“独”与“贫”“意”一样，呈现了陶渊明由形而下之“独”到形而上“见独”的修炼过程。有研究者在阐释《庄子·大宗师》的“见独”时说：“见（音 xiàn）独，应读为现独，是发现内在的独，发现真实自我。”② 对陶渊明来说，由“猖狂独长悲”的深陷世俗之“士”到“此士胡独然”之“贫士”，就是主体的“见独”，即对摈弃俗世之扰，回归心性本体，发现真实自我的观照。苏轼《欧阳叔弼见访，诵陶渊明事，叹其绝识，既去，感慨不已，而赋此诗》云：“翻然赋归去，岂不念穷独。重以五斗米，折腰营口腹。”③ 苏轼体味到了陶渊明安于“穷独”的生命状态，并褒赞陶公之“绝识”。所以“贫”“意”“独”都是陶渊明诗文中心性本体呈现的文化品题，在至高的心性追寻上都反映了主体得“道”的生命深度，即颜延之所谓“与天为人”的自由之境，体现了主体经过“工夫”修炼从形而下至形而上的心性历程。依照钱穆先生之解释，“‘心性之学’亦可说是‘德性之学’”，此属人生修养性情、陶冶人格的方面。④ 有研究者亦体察到陶渊明思

---

① 袁行霈：《陶渊明集笺注》，第76、88、121、172、186、259页。
② 梁涛：《〈大学〉“诚意慎独”章新解》，《江南大学学报》（人文社会科学版）2020年第4期，第22页。
③ （清）王文诰辑注，孔凡礼点校《苏轼诗集》第6册，第1815页。
④ 钱穆：《如何研究学术史》，《钱穆先生全集》第42册，九州出版社，2011，第78页。

想甚至是一种本体论并与后世"心学"近似。① 颜延之在品鉴人物时注重个体内在的"心性"修养与陶渊明注重心性本体的诗文创作在古典文教传统中无疑都具有经典性意义。

作为陶渊明日常生活审美寄寓的"琴"，是不是与"贫""意""独"的"心性品题"一样，历经了形而下至形而上的心性历程，是主体超越世俗羁绊追寻心性自由的本体显现呢？宋代朱长文《琴史》载："（陶潜）性不解音，常畜素琴一张，每日有酒适，常抚弄以寄其意。每曰：'但得琴中意，何劳弦上声？'盖得琴之意，则不假鸣弦而自适矣！"② 此中言陶渊明"但得琴中意"，但此"琴"记载为"素琴"。"素琴"是不是就是萧统等人所谓的"无弦琴"呢？

三 陶渊明的"心性自由"历程：
从"有弦琴"到"无弦琴"

由颜延之《陶征士诔》可以看出，"置酒弦琴"是陶渊明的日常生活状态，其诗文中多处可见关于"琴"的书写。

> 清琴横床，浊酒半壶。（《时运一首（并序）》）
> 衡门之下，有琴有书。（《答庞参军一首（并序）》）
> 董乐琴书，田园不履。（《劝农》）
> 息交游闲业，卧起弄书琴。（《和郭主簿二首》其一）
> 弱龄寄事外，委怀在琴书。（《始作镇军参军经曲阿一首》）
> 知我故来意，取琴为我弹。（《拟古九首》其五）
> 荣叟老带索，欣然方弹琴。（《咏贫士七首》其三）
> 愿在木而为桐，作膝上之鸣琴。（《闲情赋（并序）》）
> 悦亲戚之情话，乐琴书以消忧。（《归去来兮辞（并序）》）
> 欣以素牍，和以七弦。（《自祭文》）③

---

① 参见钱志熙《陶渊明经纬》，第118页。
② （宋）朱长文：《琴史》，中国书店，2018，第152～153页。《晋书·隐逸传·陶潜》载，此处"但得琴中意"为"但识琴中趣"，表意相同，特此说明。（唐）房玄龄等：《晋书》卷94，中华书局，1974，第2463页。
③ 袁行霈：《陶渊明集笺注》，第6、19、24、101、128、228、255、310、317、381页。

　　在陶渊明笔下，有"清琴""书琴""鸣琴""七弦"等意象，并没有明言"无弦琴"。"清琴"指"素琴"，即不加装饰的琴。《礼记·丧服四制》载："祥之日鼓素琴，告民有终也，以节制者也。"①《礼记集解》云："鼓素琴，始存乐也。""素琴，琴之无饰者也。"② 在亲人祭日鼓"素琴"，以彰显礼仪，亦符合音乐的教化功用。《晋书·隐逸传·陶潜》载，"性不解音，而畜素琴一张，弦徽不具"③。那么，在"琴"的发展中，从日常生活的"有弦琴"到具有审美意味的"素琴""清琴"，乃至于经典化的"无弦琴"，这中间有何轩轾呢？汉代秦嘉《赠妇诗三首》云："芳香去垢秽，素琴有清声。"④ 魏晋时期阮籍的《咏怀》（其四十七）云："青云蔽前庭，素琴凄我心。"⑤ 西晋陆云《赠郑曼季诗往返八首》云："清琴启弹，宫商乘弦。"⑥ 又陆机《拟行行重行行》云："去去遗情累，安处抚清琴。"⑦ 从汉代到陶渊明所在的晋宋时期，"素琴""清琴"由最初的音乐教化功用逐渐演绎为表达主体的高逸情怀，成为一种文人雅意的表征，陶渊明"无弦琴"被赋予的精神寄寓是关键因素。关于陶渊明"无弦琴"，沈约、萧统言之：

　　　　潜不解音声，而蓄素琴一张，无弦，每有酒适，辄抚弄以寄其意。（沈约《宋书·陶潜传》）
　　　　渊明不解音律，而蓄无弦琴一张，每酒适辄抚弄以寄其意。（萧统《陶渊明传》）⑧

　　苏轼在《渊明无弦琴》中发论"当是有琴而弦弊坏，不复更张，但抚弄以寄意，如此为得其真"⑨。可以肯定的是，在世俗生活层面，陶渊明在

① （清）孙希旦撰，沈啸寰、王星贤点校《礼记集解》卷61，下册，中华书局，1989，第1470页。
② （清）孙希旦撰，沈啸寰、王星贤点校《礼记集解》卷61，下册，第1470页。
③ （唐）房玄龄等：《晋书》卷94，第2463页。
④ 逯钦立辑校《先秦汉魏晋南北朝诗》卷6，中华书局，1983，第187页。
⑤ （三国魏）阮籍著，陈伯君校注《阮籍集校注》，中华书局，2015，第339~340页。
⑥ （晋）陆云著，刘运好校注整理《陆士龙文集校注》卷3，凤凰出版社，2010，第460页。
⑦ （晋）陆机著，刘运好校注整理《陆士衡文集校注》卷6，凤凰出版社，2007，第437页。
⑧ 袁行霈：《陶渊明集笺注》附录，第418、421页。
⑨ 孔凡礼点校《苏轼文集》卷65，第5册，中华书局，1986，第2043页。

"无弦琴"之前确实有"有弦琴"。"有弦琴"是陶渊明诗文中除"素琴""清琴"之外的"琴"意象，如"鸣琴""七弦"等。依此，可以推断出三种可能。其一，"无弦琴"本有琴弦，但无琴徽，后来弦断，遂成弦徽都无；其二，"无弦琴"本无琴弦，弦徽都无；其三，"无弦琴"一直有琴弦，但无琴徽，是萧统、沈约出于对陶渊明人格境界的追慕把"有弦琴"记载为"无弦琴"。综合陶渊明现存诗文中的"琴"意象及其时的文人琴风，第二种可能性微乎其微。那么第一种和第三种可能性的类似之处在于：对艺术创作者而言，陶渊明经历了从"有弦琴"到"无弦琴"的心性历程；对艺术接受者而言，作为艺术接受者的萧统、沈约，直接把陶渊明当作了"无弦琴"的艺术化身，从而定格了其"无弦琴"的艺术本体。这种推断也正符合颜延之品第观下陶渊明的心性修为。《陶征士诔》记载了陶渊明的性情：

> 道不偶物，弃官从好。
> 心好异书，性乐《酒德》。
> 岂若夫子，因心违事。
> 亦既超旷，无适非心。[1]

从颜延之的评价可以看出，在心性层面陶渊明一向追寻异于流俗的"道不偶物"，从而成就了其"超旷"情怀。可以说，对主体而言，与由"贫""意""独"而得"道"的心性修为一样，陶渊明"琴"的品题建构亦经历了从形而下"有弦琴"到形而上"无弦琴"的心性历程，"琴"之的品题亦可分为三个品第。

其一，"有弦琴"之境。可以说这是普通人通过琴技修为，来取悦自我的一种手段，是主体心有所思，个体就能达到的形而下之境。这一品级关涉"技"，这是主体修炼的基础。《庄子·养生主》载庖丁对梁惠王所言："臣之所好者道也，进乎技矣。"[2] 庖丁经过"技"的磨炼，终而达到"道"的境界。徐复观先生说："庖丁并不是在技外见道，而是在技之中见道。"[3]"有弦琴"之境属于"技"的修为，是主体得"道"的基础。

---

① （梁）萧统编，（唐）李善等注《六臣注文选》卷57，第1061～1062页。
② 陈鼓应注译《庄子今注今译》，中华书局，2009，第106～107页。
③ 徐复观：《中国艺术精神》，商务印书馆，2010，第58页。

其二,"素琴""清琴"之境。这是有一定人生修为的人才能达到的人生境界,已经具有了审美意味,其位于形而下之境与形而上之境之间。徐复观先生在《心的文化》一文中,言及中国文化最基本的特征为"心的文化",并且基于《易传》经典的"形而上""形而下"之论,认为"形而上"者是"天道","形而下"者是"器物",进而明确提出"形而中者谓之心",并得出结论"心"是道德、艺术的主体。① "素琴""清琴"之境亦是一种对"心的文化"的审美,这是文士经过心性涵养磨炼都能达到的艺术之境。

其三,"无弦琴"之境。这是颜延之称道的"士之上"所能达到的体现主体心性自由的境界。关于对陶渊明审美境界的认知,贺贻孙《诗筏》评价其《与子俨等疏》的"时鸟变声"时言"皆自然之丝竹也"②,这种对天籁自然的审美是陶渊明心性修为的呈现,非大才经过磨砺不能达之。陶渊明在《连雨独饮一首》中云:"形骸久已化,心在复何言!"③ "琴弦"的"有无"犹如主体"形骸"的变化,不管形体如何,"心在"才是根本。诚如袁行霈先生所言:"形化心在,乃一篇结穴。"④ 所以,"'无弦琴'之境"归根结底仍与心性本体的修炼相关。从古至今,以儒、道为主流的中华古典哲学的最高精神旨归无外乎追寻与天地自然冥合的妙境,主体心性修养达到此种境界需要的涵养磨炼过程,关涉"技"与"道"的问题。

由"技"到"道"的心性磨砺提升过程就是前文所论的"工夫",《论语·为政》篇载孔夫子从十五岁到七十岁的生命进阶过程,明代顾宪成的《四书讲义》论之:"这章书是夫子一生年谱,亦是千古作圣妙诀。"⑤ 孔子的人生历程,就是"工夫"的心性锤炼,这是进阶为"圣人"境界的过程。由颜延之诔文"性乐《酒德》"⑥ 的评价可以看出,陶渊明喜好竹林七贤之一的刘伶的《酒德颂》,而颜延之在《五君咏》中对刘伶的评价是:"颂酒虽短章,深衷自此见。"⑦ 肯定了刘伶忠于内在心性的创作。陶渊明在《与

---

① 参见徐复观《中国思想史论集》,九州出版社,2014,第293~302页。
② 郭绍虞编选,富寿荪校点《清诗话续编》第1册,上海古籍出版社,2016,第149页。
③ 袁行霈:《陶渊明集笺注》卷2,第88页。
④ 袁行霈:《陶渊明集笺注》卷2,第91页。
⑤ 程树德撰,程俊英、蒋见元点校《论语集释》卷3,中华书局,2014,第102页。
⑥ (梁)萧统编,(唐)李善等注《六臣注文选》卷57,第1061页。
⑦ 李佳校注《颜延之诗文选注》,第39页。

子俨等疏》中亦表明其"少学琴书"①。对陶渊明来说，由少时生活中"有弦琴"开始，进而到富有审美性的"素琴""清琴"，终而到"无弦琴"自由之境的"工夫"就是孔夫子下学而上达的"心性"涵养过程。

因而，不论"无弦琴"是否真的存在于陶渊明的生活中，"'无弦琴'之境"都是真实的存在。在审美接受中，"无弦琴"是心性本体的显现，更是陶渊明人格理想与艺术形象的化身，呈现天然高逸、自由洁净的审美理想。梁代钟嵘的《诗品》在评价陶渊明时云：

> 每观其文，想其人德。世叹其质直。至如"欢言酌春酒""日暮天
> 无云"，风华清靡，岂直为田家语耶？古今隐逸诗人之宗也。②

钟嵘虽然把陶渊明的诗歌列为"中品"，却把陶渊明评为"古今隐逸诗人之宗"，这个评价的基础是"人德"，曹旭先生把"人德"注为"谓读其诗而想其为人，由诗品及于人品也"③。钟嵘褒赞陶渊明人格气韵，诚不虚也。萧统《陶渊明文集序》云："余爱嗜其文，不能释手，尚想其德，恨不同时。"④"人德""德"与前文所论"文德"具有相同的意义，都指主体人格气韵的自然流露。陶渊明德行之高，颜延之《陶征士诔》已有定评，这也是历代慕陶者的共识。正是因为颜延之体察到了陶渊明从形而下至形而上的心性修炼，并给予了"无适非心"等本于心性自由的评价，到之后萧统为《陶渊明文集》作"序"与钟嵘《诗品》对其评价时的梁代，陶渊明人格的审美化接受已经形成，成了文士们追慕的精神领袖。因而，无论是陶渊明诗文中的"清琴""书琴"，抑或"鸣琴""七弦"，对文人雅士来说都产生了"心性"契合并引发了审美共情，在审美接受中都成了蕴含陶公人格气韵的"无弦琴"。这也是自萧统、沈约开始，历代慕陶者都关注到陶渊明"无弦琴"的意象甚至对其大为倾慕的深层原因。

宋代诗论家严羽在《沧浪诗话·诗评》中云："谢所以不及陶者，康乐之诗精工，渊明之诗质而自然耳。"⑤"无弦琴"正与陶渊明诗歌的"自然"

---

① 袁行霈：《陶渊明集笺注》卷 7，第 363 页。
② （梁）钟嵘著，曹旭集注《诗品集注》增订本，第 337 页。
③ （梁）钟嵘著，曹旭集注《诗品集注》增订本，第 344 页。
④ 袁行霈：《陶渊明集笺注》附录，第 423 页。
⑤ （清）何文焕辑《历代诗话》下册，中华书局，1981，第 696 页。

美感一样，是其心性自由的写照。严羽在《沧浪诗话·诗辩》中评价盛唐诗歌之妙如"羚羊挂角，无迹可求"①，"无弦琴"之境传递的雅趣正如这种诗歌美感，让人深味其中，难以言传却妙意无穷。从艺术接受主体的角度而言，"无弦琴"作为一个鲜明生动的意象，更容易让追求心性自由修为的文人产生共情。

四　小结："无弦琴"的经典化是彰显自由的
"心性品题"

综上分析，对陶渊明而言，寄寓心性自由的"'无弦琴'之境"是真实的存在。与其说后世是对陶公"无弦琴"的追慕，倒不如说是对其"'无弦琴'之境"的激赏，"无弦琴"是"'无弦琴'之境"的代言。"无弦琴"与"贫""意""独"的"心性品题"一样，主体历经了形而下至形而上的心性修炼，是心性自由的本体呈现。在颜延之的品第观中，陶渊明日常生活的"置酒弦琴"俨然成为其心性提升超越世俗的艺术方式，正是由于陶渊明的心性修为契合颜延之品第观中最高品第的标准，颜延之怀着不使"菁华隐没，芳流歇绝"的高华之情，才为之撰写了表现知音雅意的《陶征士诔》。"无弦琴"寄寓心性自由的经典化离不开颜延之对陶公的美誉，因颜延之的赞誉，到沈约、萧统所在的梁代，陶渊明的"文德"被审美性接受，之后文人雅士越来越追慕陶公的人格气韵，倾慕意趣盎然的"无弦琴"。"无弦琴"脱离了世俗羁绊，一任主体心动神行达至"与天为人"。

"琴"乃古代文人雅艺之首，"无弦琴"更是因意象的独特性被追捧演绎。不仅唐代大诗人李白、宋代大文豪苏轼对其青睐有加，在宋代"无弦琴"更是成了大热的诗歌品题，或表现为一种闲雅的意趣，李纲《和渊明拟古九首》（其六）云："素琴久无弦，适意自可弹。"② 或表现为一种超越庸常生活的"知音"风雅，邵雍的《黄金吟》云："会弹无弦琴，然后能知音。"③ 宋自逊的《谢深道问近况答之》云："幸有无弦琴挂壁，不容声处

---

① （清）何文焕辑《历代诗话》下册，第688页。
② 北京大学古文献研究所编《全宋诗》卷559，第27册，北京大学出版社，1999，第17709页。
③ 《全宋诗》卷377，第7册，第4640页。

是知音。"① 林景熙《答唐玉潜》云： "横琴妙在无弦处，何必知音有子期。"② 黄庭坚亦对"无弦琴"有着异乎寻常的喜爱，其《次韵元礼春怀十首》（其一）云："渐老春心不可言，亦如琴意在无弦。"③ 有研究者从禅学的角度对黄庭坚"无弦琴"的审美意蕴进行阐释，认为"其与佛禅的言意观密切相关，与中国哲学天人合一的审美境界相通"④。这也再次表明"无弦琴"品题在后世审美接受中，寄寓了文士至高的心性修为。"琴"意得之于"心"，与陶渊明文化共情的"无弦琴"亦在于"心"，这也正与颜延之重心性磨砺的"士之上"最高品第相契。从个体心性而论，"无弦琴"是一种对"人德"之美的涵泳，是对人之为人最高智慧修行的观照，呈现了个体追寻自由的琴"心"风致。

因此，在颜延之的品第观下陶渊明思想涵盖了包括"无弦琴"在内的一系列"心性品题"。李泽厚先生研究以张君劢、牟宗三、徐复观、唐君毅为首的现代新儒家文化思想后，认为四人都明确声称："心性之学乃中国文化的神髓所在。"⑤"无弦琴"雅文化品题的经典趋向就是心性学的精粹表征。陶渊明的"无弦琴"被赋予了人格韵味，呈现了古典文化的风雅气象。"无弦琴"因陶公而灵性，又因颜延之及后世文人的雅意而隽永。概言之，"无弦琴"在中华雅文化发展史中，自陶渊明发端，历经唐宋，由"安贫乐道""隐逸自得""无适非心"的心性修为逐渐发展出文雅、高逸甚至自由的文化精神，在后世文人的审美共情中遂成为经典化的雅文化品题。

---

① 《全宋诗》卷3255，第62册，第38831页。
② 《全宋诗》卷3632，第69册，第43496页。
③ （宋）黄庭坚撰，（宋）任渊等注，刘尚荣校点《黄庭坚诗集注》第5册，《山谷诗外集》补卷3，中华书局，2003，第1671页。
④ 参见刘弋枫《黄庭坚"无弦琴"的美学阐释及禅学意蕴》，《天府新论》2020年第2期，第152~160页。
⑤ 李泽厚：《人类学历史本体论》上卷《伦理学纲要》，人民文学出版社，2019，第53页。

论佛学对传统自由精神的圆融超越[*]

刘玉叶[**]

摘要：自由是佛学的核心命题之一，其在圆融并蓄儒、道与印度佛学等传统学说的基础上，不断超越完善，形成了较为系统的人性自由理论。佛教"中国化"重在圆融旧说，提出了形式、思维、审美、实有四重自由境界，而禅宗更重超越，形成了重内心自悟、日常践履的自由学说，使得自由成为中华民族重要的精神价值和审美境界。

关键词：自由　佛学　禅宗

Buddhism's Inheritance and Development of the Traditional Spirit of Freedom

Liu Yuye

Abstract：Freedom is one of the core propositions of Buddhism, Based on the integration of Confucianism, Taoism, Indian Buddhism and other traditional theories, formed a systematic theory of human freedom. In the process of "Sinicization" of Buddhism, it focuses on the integration of the old theory, and puts forward four levels of freedom：form, thinking, aesthetics

---

[*] 本文为国家社科基金青年项目"南朝礼乐重建与五礼仪式文学研究"（项目编号：18CZW011）阶段性成果。

[**] 刘玉叶，郑州大学文学院副教授。

and reality. Zen Buddhism pays more attention to transcendence and forms a freedom theory focusing on inner self understanding and daily practice，which makes freedom an important spiritual value and aesthetic realm of the Chinese nation.

Keywords：Freedom Theory；Buddhism；Zen

对自由的追求和向往是人类的天性，也是中华民族的传统精神价值之一。从孔子"风乎舞雩，咏而归"的场景想象，到庄子"逍遥游"的精神漫游，再到《周易》"知周乎万物"故而"乐天知命"的审美境界，中国传统学术对于自由精神有着诸多探索。佛教传入中国后，更是完成了对儒家、道家与印度佛教传统学说的圆融，在六朝的"中国化"进程中实现了形式、思维和审美上的自由，并创造了实有的自由净土世界，在唐代更是形成了完全中国化、世俗化的禅宗，禅宗的灵魂就是自由无碍、自在解脱的审美境界。佛教在传统学术的基础上，拓展了自由理论的广度和深度，兼顾士大夫与平民阶层，从超然高迈与日常世俗两个维度推进了对自由精神的探索，使得中国传统人文精神进一步升华。自由精神早已融入中华传统文明的"根"与"魂"中，党的十八大提出的"社会主义核心价值观"中，"自由"被列入"社会层面的价值取向"，也足以证明自由精神从古至今就是华夏儿女不懈追求的宝贵民族精神价值。

一　儒家与道家传统学说对自由精神的阐释

先秦的儒家与道家都有对于自由的阐释。孔子在建构个体人格的修炼路径时，就将实现身心自由嵌入其中，使之不但充盈在不断完善自我的修身过程中，提供着精神愉悦感，也成为最后人格成熟完备的目标之一，与礼仪伦理契合无间，是"尽美矣，又尽善也"①。个体人格、情感追求和社会价值完美和谐，就是儒家追求的自由。

孔子、孟子都认为，这种令人格臻于至美至善的强烈需求人人都有，应凭借个体主动独立的意志去发现实践，即"为仁由己，而由人乎哉？"这种人格的力量彰显了伟大与自由的道德精神。而且"仁"的实践过程本身

---

① （宋）朱熹：《四书章句集注》，中华书局，1983。下引《论语》《孟子》皆据此书。

就有快乐与自由充实感，如"一箪食，一瓢饮，在陋巷。人不堪其忧，回也不改其乐"，又如"发愤忘食，乐以忘忧，不知老之将至云尔"，这种有益的审美愉悦情感更多地来自诗歌和艺术，孔子的修学步骤是"兴于诗，立于礼，成于乐"，或者"志于道，据于德，依于仁，游于艺"，最后落脚点都在"乐"和"艺"上，使得个人悠然自得浸润其间，不动声色地将社会理性规范转化为出于个人天性的自由之境。到达这个境界后，会产生"养吾浩然之气"的精神状态、"充实之谓美"的道德满足，以及"上下与天地同流"的审美体验。孔子强烈认可的"莫春者，春服既成。冠者五六人，童子六七人，浴乎沂，风乎舞雩，咏而归"的理想场景，就是其对个人处于天地之间，一派和谐自由状态的诗意想象。"说明孔子所追求的'治国平天下'的最高境界，恰好是个体人格和人身自由的最高境界，两者几乎是同一的……在孔子那里，这个仁学的最高境界恰恰不是别的，而是自由的境界、审美的境界。"①

　　不过，自由对儒家学说而言并不是直接目的，而是有约束的（礼）、有进程的（"三十而立……七十而从心所欲不逾矩"）、有目标的（修身齐家治国平天下）。先秦道家所追求的就是超越社会性、功利性的绝对自由。老子的哲学建立在反思个体丧失自由天性而异化的基础之上，认为"大道废，有仁义"，"天下多忌讳，而民弥贫"，礼法反而会成为祸乱之源，要获得自由，必须效法自然之道，"复归于朴"，剥落欲望和文明带来的桎梏，通过"涤除玄览"，从而"致虚极，守静笃"。庄子则继承老子，发展出了直接讴歌追求自由的美学。庄子感慨人们为物所役，为礼所缚，"终身役役而不见其成功，苶然疲役而不知其所归"②，生命的真正意义应效法"道"，"道"本身就是自由的象征，无为自在，无所不能，超越时空，成就万有。故而人也应"法道"，控制欲望、安顿情绪，让个体生命顺遂大道流化，采取"心斋""坐忘"的修炼功夫，让内心一步步化为"纯白"，进一步超越世俗而"独与天地精神往来"，个体精神"出入六合，游乎九州，独往独来"，"朝彻，而后能见独；见独，而后能无古今；无古今，而后能入于不死不生"。虽身处社会纷扰中，个体精神依然能高度独立，安命无为，逍遥游世，进入永恒的精神世界。

---

① 刘纲纪：《中国美学史》，东方出版中心，2021，第135～136页。
② 陈鼓应注译《庄子今注今译》，中华书局，2009。下引《庄子》皆据此书。

　　孔子的"游于艺"建立在道德伦理的全面修养基础之上，但庄子的"游"就是一种绝对纯粹自由的精神活动，庄子将关于自由的理论最后都以"游"这种姿态形象化地具现，或是宇宙漫游，"游于天地""游乎四海之外""游乎尘垢之外"，或来到大道生成凝聚之神域，"上与造物者游""游无何有之乡""游夫遥荡恣睢转徙之涂"，乃至以"游心"归之，"乘物以游心，托不得已以养中""不知耳目之所宜，而游心乎德之和"。"游"是身心无比轻灵逍遥的姿态，是空明澄澈并无所待的心境，也是四海八荒无所不至的无限。庄子的自由之游有着强烈的美学意味，他赞美"不知其几千里"的鲲、"抟扶摇而上者九万里"的鹏、"其大蔽数千牛"的树、"大泽焚而不能热，河汉沍而不能寒"的"至人"、"生也天行，其死也物化"的"圣人"、"磅礴万物"的"神人"、"登高不栗，入水不濡，入火不热"的"真人"，它们都有着等同于宇宙的广博领域和伟大力量，充分肯定了恢宏无限的自由境界。

　　庄子的自由美学跳出了社会现实的界限，关注内心精神世界的广阔玄远，开拓了全新的精神活动空间，为之后佛教在中国发展奠定了坚实的思想基础。先秦学说中对于自由的理论探索很多，有不少都达到了极高的思想水平，如《周易·文言》描述了人与天地自然实现和谐合一后的状态，"夫大人者，与天地合其德，与日月合其明，与四时合其序，与鬼神合其吉凶，先天而天弗违，后天而奉天时"[1]，《周易·系辞》进一步说明圣人利用"与天地准"的易理"弥纶天地之道"，"仰以观于天文，俯以察于地理"，感知宇宙万物，进而与道合一，实现了身心自由。

　　　　知周乎万物，而道济天下，故不过。旁行而不流，乐天知命，故不忧。安土敦乎仁，故能爱。范围天地之化而不过，曲成万物而不遗，通乎昼夜之道而知，故神无方而易无体。[2]

　　这是儒家发出的对于刚健自由个人意志的最强音之一，与西方康德、黑格尔的自由理论相比，有学者认为：

---

① 周振甫译注《周易译注》，中华书局，2013，第 9 页。
② 周振甫译注《周易译注》，第 247 页。

（《易传》）既不将自由仅仅视为意志的产物，重视人类在认识必然的过程中获取自由，以趋利避害，亦不完全主张在必然性面前无所作为，一筹莫展，陷入宿命论的怪圈之中，而是力倡在无法预料的变故与必然性面前充分发挥人的主观意志，以趋利避害，张大精神意志的力量……这是儒家思想精华的升华。①

尽管先秦儒道二家对于自由的理论阐释都已有了相当的成果，但高扬人性自由的精华部分在秦汉后都出现了一定程度的异化。先秦最后一位儒学大师荀子从政治层面深化了儒家思想，但也压抑了个体独立张扬的精神，认为只有符合"道""礼""规矩"的人生才是真正的美与快乐。儒家也素来讲"规矩"，如孔子说"从心所欲不逾矩"，孟子说"大匠诲人必以规矩，学者亦必以规矩"，但荀子更多从国家与统治者角度出发，认为"绳者直之至，衡者平之至，规矩者方圆之至，礼者人道之极也"。到了西汉，董仲舒更是强调天意、王者教化，更重视政治教化功能，先秦儒家尊重个体人格的精神逐渐丧失了。

以至魏晋，有些统治者已把名教彻底异化成了政治上束缚人民的工具，源于老庄哲学的玄学应运而生。名士们尽情辩谈玄理，从理论上探求宇宙本体，何晏的"以无为本"、王弼的"应物而无累于物"都指向了精神自由层面。阮籍批判统治者"坐制礼法，束缚下民"，使人们"唯法是修，唯礼是克""心若怀冰，战战栗栗"，因此他构建了达到绝对自由之境的"大人先生"的形象。嵇康则是一位坚决捍卫个人自由的斗士，其痛斥儒家经典压抑人性自由，"六经以抑引为主，人性以从容为欢"，明确提出"越名教而任自然"，以向往自由的鹿自比，"长而见羁，则狂顾顿缨，赴蹈汤火，虽饰以金镳，飨以嘉肴，逾思长林而志在丰草也"②，最后也为自由付出了生命的代价。郭象玄学则将庄子的"逍遥"转化为"自适""自得"，认为只要在自己的限定性分中生活而安于际遇、没有非分之想，就达到了"逍遥"，"天地虽大，万物虽多，然吾之所遇适在于是，则虽天地神明，国家圣贤，绝力至知而弗能违也"。无论人后天如何努力，也不可能超越自己的"真性"和"自然"。

---

① 袁济喜：《从"神感说"探讨古代文论的"神思说"》，《厦门大学学报》（哲学社会科学版）2005 年第 1 期。

② （三国魏）嵇康著，戴明扬校注《嵇康集校注》，中华书局，2014，第 197 页。

魏晋之后，随着乱世中生死问题的进一步凸显，个体价值的进一步觉醒解放，一代中国人对于生命自由的追寻就愈显急迫。从《古诗十九首》的"人生寄一世，奄忽若飙尘""人生忽如寄，寿无金石固"，到曹操的"对酒当歌，人生几何"，桓温的"树犹如此，人何以堪"，再到王羲之的"死生亦大矣"，都说明了传统学术对死亡问题的探讨已经不足以解决当下的现实问题。海德格尔说，人们只有领会到死亡的威胁和必然，才能够意识到自我独一无二的价值，才能进行自由的选择来确定人生的价值和意义。① 子曰："未能事人，焉能事鬼？""未知生，焉知死？"之后正统儒家学说对于生死基本持回避态度。庄子豁达坦然直面死亡，认为"生也死之徒，死也生之始"，试图说明生死都是自然规律，"死生，命也，其有夜旦之常，天也"，以"死生存亡之一体"的审美超越来消解生死界限。但这些理论在六朝时期疾疫横行、战争频仍、政治斗争残酷的严峻现实面前，仍显得乐观理想化，儒家刚毅坚韧的态度全然失效，庄子的潇洒超然也过于玄远虚无。

道教在汉代应运而生，继承了老庄生命哲学中的重身与重生倾向，一些流派走向了以虚妄妖邪之术追求长生不老的修炼中。曹植《辩道论》就指出道教不愿意面对人必有一死的客观事实，迷恋尸解升仙、死而复生，释玄光面对道士们对佛教的攻击，写作《辨惑论》反击一些道士利用死亡焦虑谋财，"贩死利生，欺罔天地"，或伪造天书符咒，或编造养生秘籍，令本因追求精神自由而超拔高逸的社会精神逐渐卑下堕落。一种能够圆融传统学说，并全面超越的新自由学说亟待出世。

二　六朝佛学自由理论的探索实践

若总结六朝之前中国传统自由学说的不足之处，儒家其一为世俗化；其二为回避生死鬼神问题。道家其一是学说玄远而难以践行；其二是重生倾向极易发展为肉体长生的片面追求。佛教本是强调修行智慧以超脱烦恼的宗教，有着浓郁的精神自由气息。自东汉传入中国，在六朝时期开始兴盛，实为响应了人们对于自由价值的渴求呼唤。

---

① 〔德〕马丁·海德格尔：《存在与时间》，陈嘉映、王庆节合译，生活·读书·新知三联书店，1987。

　　在彼时重视"华夷之别"、尊王权、重孝道、强调生育、倾向养生的中国人面前，印度佛教的教义教规都显得惊世骇俗。因此，佛教首先圆融传统学术，对自身进行"中国化"改造而得以立足，在此基础上再全面超越传统的道路，六朝时期的佛教发展很好地体现了这种圆融超越进程。传统学说的守护者在六朝与佛教徒展开了激烈的论辩，得益于六朝较为自由的思想氛围，佛教在思想对话中迅速成长，双方的论文集中收录在南朝高僧僧祐编纂的《弘明集》和唐代释道宣续编的《广弘明集》中。

　　在对自由精神的不断追求上，中国化的佛教不独针对儒道二家的疏漏，也大胆超越印度大乘佛教教义教规，大致有二：印度传统佛教教义经典烦琐难懂，需要长期清苦修行；大乘空观宣扬毕竟绝对的"空"，反而不能提供世俗众生所需的自由与幸福。佛教经过种种的圆融改革后，相比于传统学说体现出了显著的优势。宗炳《明佛论》即指出，"中国君子，明于礼义而暗于知人心，宁知佛心乎？"① 宋文帝也评论道："六经典文，本在济俗为政。必求性灵真奥，岂得不以佛理为指南耶？"② 这导致六朝时期一大批原先熟稔儒家经典、醉心老庄学说的士人投身佛教。如僧肇少年时"志好玄微，每以庄、老为心要。尝读老子道德章，乃叹曰：美则美矣，然期栖神冥累之方，犹未尽善"③。东晋名僧慧远的心路历程更是典型，他少年时"游心世典，以为当年之华苑也"，后来"及见老、庄，便悟名教是应变之虚谈耳"，由儒转道，最后意识到"沉冥之趣，岂得不以佛理为先？"④ "性灵真奥""栖神冥累""沉冥之趣"都是佛教对于传统学术的超拔之处，也是一种精神的自由审美之境。六朝时期，佛教中国化历程中带来的自由，可以大致分为形式自由、思维自由、审美自由、实有自由四个方面。

　　其一，形式自由。即外在形式上以沙门不敬王者、不婚不育、断发祖服等种种行为，大胆冲击儒家世俗伦理制度，表达对传统世俗君臣、父子、夫妻等伦理制度的消解。近代倡导"独立之精神，自由之思想"的陈寅恪就说："释迦之教义……与吾国传统之学说，存在之制度，无一不相冲

---

① （南朝梁）僧祐编撰，〔日〕牧田谛亮编《弘明集研究·遗文篇》，京都大学人文科学研究所，昭和四十九年（1974），第38页。

② （唐）道宣撰，刘林魁校注《集古今佛道论衡校注》，中华书局，2018，第64页。

③ 石峻、楼宇烈、方立天、许抗生、乐寿明编《中国佛教思想资料选编·汉魏六朝卷》，中华书局，2014，第194页。

④ 《中国佛教思想资料选编·汉魏六朝卷》，第118页。

突……能于吾国思想史上发生重大久长之影响者，皆经国人吸收改造之过程。"①

此"吸收改造"就是佛教不断与中国传统思想圆融超越的过程。慧远一贯坚持调和内外之教，认为这几种思想学术可以圆融一体，殊途同归："道法之与名教，如来之与尧、孔，发致虽殊，潜相影响；出处诚异，终期则同。"在《沙门袒服论》中，慧远认为佛教服制有着"笃其诚而闲其邪""履正思顺"的功能，既暗合儒家思想，也突出了佛教的精神超越价值。面对实际当权者桓玄的强硬要求，慧远坚持佛教的独立自由地位，撰文回应"出家则是方外之宾，迹绝于物"，强调"出家""在家"与"方内""方外"之别，此即来自《庄子·大宗师》中"游方之外""游方之内"的划分。阮籍丧母却不哭，裴楷就评论说："阮方外之人，故不崇礼制。"② 这种说法提供了一类人超越所有世俗礼法的合理性。

桓玄又认为，沙门在经济上要受到世俗的供养，故而不能"受其德而遗其礼，沾其惠而废其敬"，而慧远化用《周易·蛊》"不事王侯，高尚其事"，傲然指出，沙门所做的是伟大的事业功绩，有权利"抗礼万乘，高尚其事，不爵王侯而沾其惠者也"③。这一响亮的宣示，也正是思想者们借宗教之名对自由独立行动、高贵纯洁思想的大胆追求。

其二，思维自由。首先，佛教要求抛弃传统思维惯性，否定一切世俗价值意义上的审美判断。儒家重世间、此岸的自由，佛教则对传统自由领域进行扩充，构成了相对完整的自由哲学。宗炳认为传统儒学"专在治迹"，专注于世俗人伦领域，"逸乎生表者，存而未论也"④。有些学者拒绝佛教"穷神积劫"之说，这是一种狭窄的精神视野，这种故步自封、对外来文化盲目摒弃的思维惯性，并不可取，应当打破狭隘的"井蛙之见"，以开放的文化精神来满足人们对自身精神心灵的追求。如以地理概念为例，原先中国人着眼于"天下"，而佛教带来时间和空间都广阔无垠的"世界"概念，在"三千大千世界"中存在"亿万诸佛"，《维摩经·不思议品》有"芥子纳须弥"之说，想象瑰丽奇伟，都是对旧有思维的打破。

---

① 陈寅恪：《审查报告》，冯友兰《中国哲学史》下册，中华书局，1961，附录三，第3页。
② （南朝宋）刘义庆撰，（梁）刘孝标注，杨勇校笺《世说新语校笺》，中华书局，2006，第394页。
③ 《弘明集研究·遗文篇》，第133页。
④ 《弘明集研究·遗文篇》，第40页。

其次，佛教改变了传统中国人以理性、实用、世俗快乐为美的思维定式。印度佛教基本教义"四谛"第一谛即为"苦"，预设人生一切皆苦，以悲剧美学的眼光看待生命，彻底否定人生经验现实中存在审美与愉悦。在佛教思维中，釜底抽薪的否定才能开拓超越现实经验的新无限世界，引导大众看到此岸之外的形而上佛国，走向彼岸的涅槃、般若之境，领略精神的自由与解放。令一向"未知生，焉知死"、有"乐生""乐天知命故不忧"思维倾向的国人大开眼界。这和东汉末年"以悲为美"的美学倾向一起形成了内外张力。

最后，佛教的"空"义拓展了传统自由的领域。般若中观之学代表人物龙树《中论》的"三是偈"说："众因缘生法，我说即是无（空）。亦为是假名，亦是中道义。"① 万法皆空，就连空本身也为假名。非有非空，离弃二边而"无执"为中道。龙树用否定思维解说"中道"说："诸法不生不灭，非不生不灭，亦不生灭非不生灭，亦非不生灭非非不生灭。"② 在佛学看来，儒、道二家的自由都属于现实中的相对自由，"空"的美学意义在于彻底抽离世俗、斩断因缘，超越入世和出世的人性选择，追求无限的绝对自由，达到主体精神的清净禅悦。

这样绝对的"空"是世界唯一的真实存在（真如），也是对传统美学本体的消解，对于中国传统思维存在很大挑战。故而早期翻译往往将"空"译为"本无"，以老庄之"无"来辅助理解"空"。这种引譬连类的"格义""连类"方法体现了六朝学者思维的灵活自由性，"六家七宗"皆以"无"解"空"，东晋玄佛双修的名僧支遁创即色宗，撰《即色游玄论》，对郭象主张"适性"的逍遥理论提出了批评，他的"逍遥义"倡导"至足"，是指"至人"凝神于玄冥，悠然于无待之境，即不执着于万物，不生得失喜忧之心的精神状态。支遁的"至人逍遥"论是由即色宗"即色即空"提出的。他认为只要心不起执着，就无物存在，一切皆空，而"至人"正是体悟到了这种"空"的人，所以他不执着而逍遥。这是引入般若智慧而拓展了传统思维、升华了精神高度的一例。

其三，审美自由。这主要源于六朝时佛学在"形神之争"中对"神"

---

① 《观四谛品》，《大正藏》第30册，（台北）新文丰出版公司，1983；〔印〕龙树《中论》卷4，T30，P0033b。
② 《大智度初品中菩萨功德释论第十》，《大正藏》第25册；〔印〕龙树《大智度论》卷5，P0097b。

价值的高扬，以此强烈颂赞人之精神的价值，强调意识作用的力量，解决传统学术"明于礼义而暗于知人心"的缺憾，使人再次检视内在生命，求索自我性灵。刘勰《灭惑论》就比较佛、道说："夫佛法练神，道教练形。形器必终，碍于一垣之里；神识无穷，再抚六合之外。"① 说明佛学重"神"是相比于儒、道的突出特征。

慧远在《沙门不敬王者论》中说："夫神者何耶？精极而为灵者也。""神也者，圆应无生，妙尽无名，感物而动，假数而行。"② 慧远之"神"脱胎于《周易》与《庄子》中"变化之极""妙万物而为言""四达并流，无所不极"的"神"而又超越之上，是永恒不变的绝对存在，认为"神"是精神之主宰，通过"不以生累其神""不以情累其生"的断生死、除烦恼修行，可以达到"冥神绝境"的精神极致状态即"涅槃"。与"神"意义相当，慧远也同时宣扬真实、永恒的世界万物本性，也就是法性或法身。在《阿毗昙心序》中，慧远总结说，"己性定于自然，则达至当之有极"，说明法性为己性、自然之性所摄，为恒常的存在。沿着这样的思路，慧远的弟子宗炳在《明佛论》中提出"人是精神物"③，人就是精神的聚合体，注重"精神我"的存在，就可以与"神"感应，在审美追求中超越现实、超越自我。重"神"与"形"的分疏，成为佛教的超拔之处。慧远在《三报论》中说："佛经所以越名教、绝九流者，岂不以疏神达要，陶铸灵府，穷源尽化，镜万象于无象者哉！"④

"形神之争"带来的思维革命对文艺审美领域影响甚大，慧远师徒"练神达思，水镜六府，洗心净慧，拟迹圣门"的虚静修行心态直接影响到了《文心雕龙》中的"陶钧文思，贵在虚静，疏瀹五藏，澡雪精神"⑤。宗炳在《画山水序》中提出的"澄怀味象""山水以形媚道""应会感神，神超理得""万趣融其神思""畅神"等审美理论，皆围绕"神"而论述。慧远的另一位弟子谢灵运在《山居赋序》中说，"援纸握管，会性通神"，这是一种刘勰称作"般若之绝境"的文艺审美境界。

且重神、以形写神的观念对日后山水诗的发展有极大影响。慧远的

---

① 《弘明集研究·遗文篇》，第 220 页。
② 《弘明集研究·遗文篇》，第 139 页。
③ 《弘明集研究·遗文篇》，第 92 页。
④ 《弘明集研究·遗文篇》，第 178 页。
⑤ （南朝梁）刘勰著，范文澜注《文心雕龙注》，人民文学出版社，1958，第 493 页。

《庐山诸道人游石门诗序》力图从山水中发现"神丽"，与东晋人以情观物，以"吾丧我"的态度与山水冥然和契不同，庐山诸道人保持着精神的相对独立，"神"与"情"若即若离，人心观物也是有无双遣，即色即空。以虚空的禅定心态与明朗的般若智慧观照山水，体悟其中蕴含的万物自性。以净土观想之法门，其"幽人之玄览"而"达恒物之大情"，与山水的每一次感涉都是形神的交一，寂智的并修，对生命精神的升华。以此而"畅神""情发于中"，从以客观实体存在的"见山是山，见水是水"，到以"感神""以形媚道"为目的的"见山不是山，见水不是水"，再到"冥神绝境""清净如虚空"状态下的"见山只是山，见水只是水"，① 可谓已遥启唐宋禅宗山水诗之理路。

其四，实有自由。慧远不仅将"神""法性"都实有化，而且使西方净土也成为实有的自由世界。《无量寿经》描绘西方极乐世界宝树遍国，楼台华美，众生容貌稀有，受用具足，"永无众苦、诸难、恶趣、魔恼之名……微妙奇丽，清净庄严，超逾十方一切世界"②。这是一个与世俗完全相反的世界，满足了民众的世俗欲望。支遁在《阿弥陀佛像赞并序》里说"非无待者，不能游其疆"，将庄子"逍遥游"和净土世界联系起来，把庄子的自由精神境界实体化了。慧远进一步发展出更为简便易行的"念佛三昧"修行法门，将原本精神层面的自由境界落实在每个人的实体终极归宿之中。

但是，如此执着于永恒与实有，已经有违于宣扬"毕竟空"的印度大乘佛教精神。与慧远同时的鸠摩罗什继承大乘中观学说，认为诸法实相缘起性空，在与慧远对话的《大乘大义章》中，其强调"断一切语言道，灭一切心行，名为诸法实相"，批评慧远没有脱离中国传统思维，执着于用"有""无"或"非有""非无"来把握本属寂灭之相的法性，是"离佛法"的"戏论"。③ 而慧远则坚持认为，"因缘之所化，宜有定相"，"因缘之生，生于实法"。因为彼时中国人崇尚佛理，往往就是为了脱离世间之苦，找寻永恒完美的自由彼岸。慧远感叹"三界犹如火宅"，率庐山众人郑重发愿往生净土，正因为他叹息"'人生天地之间，如白驹之过隙。'以此而寻，孰得久停，岂可不为将来作资？"在残酷而短暂的现实人生面前，慧远于此岸以智慧涅槃超越生死之苦，于彼岸以常乐净土带给人希望与目标，他从人

① （宋）普济：《五灯会元》卷17《青原惟信禅师》，中华书局，1984，第1135页。
② （曹魏）康僧铠译《佛说无量寿经》，《大正藏》第12册，P0271c。
③ （梁）释僧祐：《出三藏记集》，中华书局，1995，第95页。

的心理与"神"的特性出发，指出"盖神者可以感涉，而不可以迹求。必感之有物，则幽路咫尺。苟求之无主，则渺茫何津"。虽然绝对的"空"消解一切，但"求之无主"，令人"渺茫何津"，只能使精神永远漂泊无定，而若将"神"高举虓炳，以涅槃为理想人格修养目标，建构一方最后的皈依精神圣地，令修行者"感之有物"，离目标即可"咫尺"，净土宗其后在中国广泛流行，也正是因为这个实体自由世界安顿了在乱世中向往自由无碍的大众的愿景。

三　禅宗自悟日常的审美境界

中国化、世俗化的"教外别传"禅宗终于圆融儒、道与传统佛教并在精神理念上实现了全面超越。自由是禅宗的根本精神和核心命题，在禅宗典籍中，有逍遥、自在、无碍、任性、解脱、无所滞碍、不与物拘等多种表达，自由是人性深层的呼唤，也是禅宗最着意关注之处。圆悟克勤禅师说：

> 如何是大丈夫事？直须是不取人处分，不受人罗笼，不听人系缀。脱略窠臼，独一无侣，巍巍堂堂，独步三界，通明透脱，无欲无依，得大自在。①

禅宗佛学认定一生自由无碍，是人世最幸福之事。禅宗认为，佛的本质就是"自由"。怀海说，"佛只是来去自由"，他的禅诗说，"绿杨芳草春风岸，高卧横眠得自由"②。禅宗追求"处处不滞，通贯十方"的活泼自由境界，背离了印度佛教烦琐的经义理论，打破了传统宗教提倡的戒律和苦行，甚至取缔了佛菩萨的偶像权威乃至呵佛骂祖，无拘无束，快乐自在。"快乐无忧，故名为佛。"③临济义玄即云："你若欲得生死去住著脱自由，即今识取听法的人，无形无相，无根无本，无住处，活泼泼地。"

禅宗在士大夫阶层中影响很大，原因之一即在于禅宗对儒家传统心性学说有很强的补充作用，朱熹就说："记诵为词章者，又不足以救其本心之

---

① 上海古籍出版社编《禅宗语录辑要》，上海古籍出版社，2011，第 279 页。
② （宋）赜藏编集《古尊宿语录》，中华书局，1994，第 21 页。
③ （宋）普济：《五灯会元》，第 60 页。

陷溺……盖佛氏勇猛精进、清净坚固之说，犹足以使人淡泊有守，不为外物所移也。"① 针对道家学说，禅宗认为其自然虚无理念已成为真正自然生活的桎梏："彼欲习虚无以合于道，而虚无翻为窠臼矣。道无有自，云何有然。随缘而然，然而非自。"② 禅宗还展开了对净土信仰的反思，认为自由世界就在现实之中。《坛经》中讲："东方人造罪，念佛求生西方；西方人造罪，念佛求生何国？""若悟无生顿法，见西方只在刹那；不悟顿教大乘，念佛往生路遥，如何得达？"③ 除此之外，禅宗对传统佛教修行方式进行了全面超越。一则公案中说，洪州城大安寺主四十年讲经讲论，但因诽谤马祖道一作下口业，鬼使来取他性命，寺主乞得一日修行时限，在马祖指导下开悟，鬼使再来已觅他不到。④ 在禅宗看来，四十年修行只是"贪讲经论"，竟毫无裨益，而当下顿悟自性才是根本的解脱方法。

首先，禅宗的修行方法为悟。佛祖"拈花微笑"的故事奠定了禅宗自由诗意的美学底蕴。

世尊在灵山会上，拈花示众。是时众皆默然，唯迦叶尊者破颜微笑。世尊曰："吾有正法眼藏，涅槃妙心，实相无相，微妙法门，不立文字，教外别传，付嘱摩诃迦叶。"⑤

南宗禅学尤其重视顿悟，惠能运用"自心顿现真如本性"的修行方法，排除一切烦琐的程式，直指人心，单刀直入，见性成佛。他继承达摩禅以自觉圣智、证悟性净为核心的真谛，提倡"顿悟菩提"，把自心的迷悟看作能否成佛的唯一标准，"前念迷即凡，后念悟即佛"⑥。人们无须长期修习，只要刹那间领悟自心等同佛性，便是成佛之时。传说惠能并不识字（正应了"不立文字"的教中宗旨），提倡以心传心，"故知本性自有般若之智，自用智慧观照，不假文字"⑦，也摆脱了语言本身的限制阻碍，更可使精神

① （宋）黎敬德编《朱子语类》，中华书局，1986，第3184页。
② 《中国佛教思想资料选编·宋元明清卷》，第492页。
③ 丁福保笺注，一苇整理《六祖坛经笺注》，齐鲁书社，2012，第116、118页。
④ （南唐）静、筠二禅师编撰《祖堂集》，中华书局，2007，第611页。
⑤ （宋）普济：《五灯会元》，第10页。
⑥ 丁福保笺注，一苇整理《六祖坛经笺注》，第23页。
⑦ 丁福保笺注，一苇整理《六祖坛经笺注》，第98页。

观照通达无滞，对于禅者而言"才涉唇吻，便落意思，尽是死门，终非活路"①。皎然也认为诗歌的理想境界便是"但见性情，不睹文字"，严羽在《沧浪诗话》中指出，"禅道唯在妙悟，诗道亦在妙悟"，这都是超越语言的高峰体验。

其次，禅宗悟道强调自身内心力量，允许探索个性化的个体独特体验。惠能顿悟成佛说讲求"自悟自修"，在《坛经》中宣说"见自性自净，自修自作自性法身，自行佛行，自作自成佛道"，② 连续八个"自"强调了每个人强大的精神力量，鼓励依靠自身的直觉体验，探寻自身的真如本性。因为禅宗认为佛法自在"心"中，只能由"悟"的主体当下承担，不依赖于自身之外的力量，"若自悟者，不假外善知识。若取外求善知识望得解脱，无有是处"③。由外在对佛的崇拜与对净土的追求转化成为内在自性的觉悟。真如法性乃至佛本身，在禅宗中都已转化为心性本体，潜藏在众生的"本性""本心"之中，"万法皆从心生，心为万法之根本"④，"自性心地，以智慧观照，内外明彻，识本心，若识本心，即是解脱"⑤。故而要自信"自心是佛"，最终才能"始得解脱，不与物拘，透脱自在"⑥。

这样的修行实践打破了任何通行的法则和模式，惠能就说"各各自修，法不相待"⑦。提倡"妙悟"的大慧宗杲强调说："如人饮水，冷暖自知。除非亲证亲悟，方可见得。"⑧如此尊重个人体验、重视个性化的自由修行方式使得禅宗超越了一般意义上的宗教，极易与生命之美相结合，实现在日常世俗生活中的诗意栖居。

最后，禅宗的悟道，是在再平凡不过的日常生活中践履。"平常心是道。"⑨"饥来吃饭，困来即眠"⑩，因为"行住坐卧，无非是道"⑪。有了悟

① （宋）普济：《五灯会元》，第 719 页。
② 《中国佛教思想资料选编·隋唐五代卷》，第 10 页。
③ 《中国佛教思想资料选编·隋唐五代卷》，第 16 页。
④ （宋）道原著，顾宏义译注《景德传灯录译注》，上海书店出版社，2009，第 2252 页。
⑤ 李申校译，方广锠简注《敦煌坛经合校译注》，中华书局，2018，第 89～90 页。
⑥ （宋）赜藏编集《古尊宿语录》，第 65 页。
⑦ 李申校译，方广锠简注《敦煌坛经合校译注》，第 118 页。
⑧ （明）瞿汝稷编撰，德贤、侯剑整理《指月录》，巴蜀书社，2012，第 968 页。
⑨ （宋）普济：《五灯会元》，第 199 页。
⑩ （宋）普济：《五灯会元》，第 157 页。
⑪ （宋）普济：《五灯会元》，第 157 页。

道之心，便"日日是好日，年年是好年"①。无门慧开的著名禅诗就说：春有百花秋有月，夏有凉风冬有雪。若无闲事挂心头，便是人间好时节。

禅宗认为，体道者必须能与道冥契，但又入诸平凡世间。南泉普愿说："所以那边会了，却来者边行履。"②长沙景岑招贤说："始从芳草去，又逐落花回。"③禅宗填平了此岸与彼岸间的沟壑，在尘世间得到心灵的超越。"佛法在世间，不离世间觉，离世觅菩提，恰如求兔角。"④后来的洪州禅、临济禅都融入了庄子的"逍遥游"精神，洪州宗的创始人马祖道一认为"佛不远人，即心而证"，"谓平常心无造作，无是非，无取舍，无断常，无凡无圣……只如今行住坐卧、应机接物尽是道"⑤。般若智慧可以从世俗之心和日常生活中自然流露，将美的本体建立在当下的现实与人心之上，塑造了一种诗意化栖居的自然生存方式。

禅也在日常的自然万相之中，从南朝竺道生的佛性学说开始，佛就在有情众生心中，而禅宗进一步揭示"无情有性"，佛性蕴含在一切有情、无情的"万法"之中。"性含万法是大，万法尽是自性。"⑥日常生活、自然万物一切无情物都是佛性的化身："青青翠竹，总是真如；郁郁黄花，无非般若。"⑦"问：'如何是灵泉境？'师曰：'枯椿花烂漫。'"⑧"问：'如何是清净法身？'师曰：'红日照青山。'"⑨在日常人生与平凡万物中，禅宗提炼出了空灵自由、潇洒圆转的美学意蕴，不拘于任何世俗经典哲学理论，超越了一般宗教的规矩范式，钱穆先生也认为，禅宗的境界正是对宗教束缚的冲决和突破。运水担柴，莫非神通；嬉笑怒骂，全成妙道。中国此后文学艺术的一切活泼、自然、空灵、洒脱的境界，论其意趣理致，几乎完全与禅宗的精神发生内在而深微的关系。⑩这种对自由的深刻认识和践行促成了禅宗佛学在唐宋后的盛行以及中国文艺审美的极大发展。

---

① （宋）普济：《五灯会元》，第938页。
② （宋）赜藏编集《古尊宿语录》，第198页。
③ （宋）普济：《五灯会元》，第208页。
④ 丁福保笺注，一苇整理《六祖坛经笺注》，第111页。
⑤ （宋）道原著，顾宏义译注《景德传灯录译注》，第2252页。
⑥ 李申校译，方广锠简注《敦煌坛经合校译注》，第70页。
⑦ （宋）普济：《五灯会元》，第945页。
⑧ （宋）普济：《五灯会元》，第834页。
⑨ （宋）普济：《五灯会元》，第415页。
⑩ 钱穆：《中国文化史导论》，商务印书馆，1994，第166页。

　　禅宗爱讲"游戏"。如仰山慧寂讲"神通游戏"①，无门慧开说"如夺得关将军大刀入手，逢佛杀佛，逢祖杀祖，于生死岸头得大自在，向六道四生中游戏三昧"②。孔子的"游于艺"是人性道德修养臻于极致的自由状态，庄子的"游心"是超越时空的精神自由漫游，支遁的"即色游玄"是玄佛合一的自由思维运转，而禅宗的游戏于人间更是一种极致审美的自由生存方式，但再也不是庄子"不食五谷，吸风饮露"的神人，而是还原到每个普通人都能日常践行的凡常琐事。宏智正觉说"游世"就是"飘飘不羁，如去成雨，如月随流，如兰处幽，如春在物……有自由分"③。

　　一旦顿悟证道，就成为精神大自由、大解放的人，如禅师之语"草偃风行得自由""当处便超越""快骑骏马上高楼，南北东西得自由"④，这样的自由禅境也如德诚《拨棹歌》所唱的"乾坤为舸月为篷，一带云山一径风。身放荡，性灵空，何妨南北与西东"⑤，也像"清净如满月，妙明常照烛""秋水著月，境界澄明"⑥ 这样晶莹、澄澈、圆满、妙胜的真实生命境界，这种境界中体现的是审美的自由、解放精神的实质，也是一种中国传统美学追求的最高的审美境界。

　　综观中国传统自由精神的发展，走过了从伦理世俗到出世超越，再复归平凡日常的道路，或圆融并蓄、继承发展，或不破不立、独辟蹊径，总体发展路径一脉相承，注重个体自我力量的肯定挖掘和内在心性的不断开拓完善，融入中国传统思想学术发展的大势之中，体现了中国整体学术精神和人格价值追求的不断自我超越过程。

---

① （明）瞿汝稷编撰，德贤、侯剑整理《指月录》，第 398 页。

② （唐）文远记录，徐琳校注《赵州录校注》，中华书局，2017，第 585 页。

③ 上海古籍出版社编《禅宗语录辑要》，第 571 页。

④ （宋）普济：《五灯会元》，第 1133 页。

⑤ 陈尚君辑校《全唐诗补编》，中华书局，1992，第 1056 页。

⑥ 上海古籍出版社编《禅宗语录辑要》，第 636、645 页。

中国古代美学理论研究 ◀

论中国早期身体审美观的起源、
演进与当代意义[*]

位俊达^{**}

摘要： 中国早期的身体审美观可以从三个概念呈现：身—体—身体。从古文字的角度看，"身"表示一种"怀妊之形"，表现了中国原始功利性的身体审美意识。"体"可以被视作人生命的整体，"体"与"礼"可以互训，"体"在仪式中表现出一种类似于礼的秩序之美。人外在的形体美和仪式中的形态美能够共时性地作用在单一的主体上，这是"身"与"体"这两种语素最终可以连缀成"身体"的重要原因。当前身体审美的本位漂移在于对身体原初意义的轻视与忽略，重新对"身体"进行审视，或许会给当前身体美学的建构带来新的刺激与有益启发。

关键词： 身　豊—體—禮　身体美学

---

　*　本文为教育部人文社会科学项目"商代甲骨文与早期中国身体观研究"（21YJC720014）以及河南省哲学社会科学规划项目"商代甲骨文与中国早期身体审美观研究"（2021CZX020）阶段性成果。

**　位俊达，郑州大学文学院讲师。

The Origin，Evolution and Contemporary Significance of Chinese Early Body Aesthetic

Wei Junda

Abstract：Chinese early aesthetic view of the body can be described from three concepts：Shape-Physique-Body. From the point of view of ancient characters，"Shape" means "pregnant with pregnancy"，which contains a kind of primitive utilitarian body aesthetic consciousness in China. "Physique" is regarded as the whole of life，"Physique" and "propriety" can train each other，and "Physique" shows a kind of order beauty similar to propriety in ceremony. The external beauty of form and the beauty of form in ceremony can act on a single subject synchronously，which is an important reason why the two morphemes of "Shape" and "Physique" can finally be embellished into "body". At present，the standard drift of body aesthetics lies in the contempt and neglect of the original meaning of the body. If we re-examine the "body"，it may bring new stimulation and beneficial inspiration to the construction of the current body aesthetics.

Keywords：Shape；li（豊）—ti（體）—li（禮）；Body Aesthetics

"身体"可以算是人类文明史上最为复杂的概念范畴，它不但是人休戚存亡最直接的承受者，也是人悲欢离合最直接的接纳者。于是，对生存与福祉的无限期望与逐求，对死亡与祸难的极力避讳与畏怯，都使得无言的身体承载了无穷的言说。那么，早期中国的身体审美观是如何起源的，之后又是如何演进发展的？可以从各种方面去探索，本文主要从古文字出发，参之以文献，予以呈现。中国有史可考的文字虽从甲骨文算起，但是这些文字却包蕴着更为古老的审美密码。研究中国早期的身体审美与身体问题，首先要明确中国文化视域中"身体"的原始意蕴与内涵，并且也要厘清这些范畴原点如何在美学的映照下完成与当前身体研究的对接。

一 "身"表怀妊之形与其原始功利性的审美特征

身，甲骨文为 身（合·376），金文为 身（献簋）、身（班簋），简帛

文字为 ✍ (包·2·217)，许慎《说文》收小篆 ✍。大致从字形来判断，甲骨文之身，像腹部隆起的人，凸显其尾椎骨之处。金文二例在尾椎骨之处，用一横或一斜横以标之，示意较清楚完整。金文 ✍ 与简帛文字 ✍，都是以灵动的圆圈以像其腹。篆文最似金文第二例，像突肚之人，以标示尾椎骨之处。字经隶书，形变作，颇失其形；楷书则沿之定体，也就不易了解其原形了。以上诸形，都据实象人字的异体，增以示意尾椎的"一""丿"。

《说文》："身，躬也。象人之身。从人身。凡身之属皆从身。"许慎认为身为象形字，然在甲骨文字发现之后，许慎对身字的解释便遭到了一些学者的质疑。《说文》以来，对身的释义大致上可以分为三类。

一是延承于《说文》的解释，认为"身，躬也。象人之身"。朱骏声、桂馥也都跟从许君之意。段玉裁言身与躬可互训，并云"躬谓身之躯。主于脊骨也"。王筠在《说文释例》中更进一步释道："吕乃正视之之形，身则侧视之之形，躬字合二为一。"[1] 他更加肯定身与躬互训的关系，并认为躬实乃人的全视图。

二是身为大腹便便的男子的侧形，即有身份的贵族。邹晓丽持这种观点。她认为身与孕在甲骨卜辞中各有所指，孕甲骨文为 ✍ (合·2682)、✍ (合·21071)。同时，《说文》讲月："归也。从反身。"段玉裁注殷字："作乐之盛偶殷。此殷之本义也。如易豫象传是……易曰。殷荐之上帝。豫象传曰。雷出地奋豫。先王以作乐崇德。殷荐之上帝。以配祖考。郑注。王者功成作乐。以文得之者作籥舞……使与天同飨其功也。"邹晓丽以此而言："豫为《易》第十六卦名，卦辞'建侯行师'正说明'殷'的字形加'殳'是因为殷是被周灭亡的，当然要归依周人。字形是'身之反'，即贵族的（方向）身份已经反过来向周称臣了。"[2] 可以认为，身之本义，当为有身份的贵族。

三是身字古文像怀妊之形。郭沫若、高鸿缙、方国瑜持此观点。郭沫若言："身字原作 ✍，或反作，旧多释为弓，殊不类。字乃象人怀任之形，当是身字之异。"[3] 高鸿缙言："按说解就小篆立言。与古形不合。古文应从 ✍，象人身。千声。"[4] 方国瑜引金文"殷"字的字形，来佐证身字其下之

---

① 丁福保编纂《说文解字诂林》第9册，中华书局，2014，第8320页。
② 邹晓丽编著《基础汉字形义释源》，中华书局，2007，第13页。
③ 李圃主编《古文字诂林》第7册，上海教育出版社，2003，第550页。
④ 李圃主编《古文字诂林》第7册，第550~551页。

一横当为后所加，其后又引甲骨文"天""母""页""见"等来说明"诸凡甲骨文金文中，从人而扩大其所注意之部分，其字之本义，必于所特别表出之部分象之"[①]。并以此来推断身字通过扩大其腹部来表示"怀子"之特征，断定身的本义为"怀子"。

上述三种阐释，分别是从三个侧面来描述人之身的形态。第一种解释，即许慎之说，虽已遭现代学者的质疑，但也具有其合理性，其言身与躬的互训关系，观察点是在构成身字的竖线之上，强调身是人的头颈之下股部之上的身体部分，具有生理学上的意义，但最终将人之身解构为干巴巴的"骷髅"，使人身失去了作为万物之灵的光辉。第二种解释，是把甲骨文的身与月做了对比，其关注的是身字呈现的大腹之形，但在最后的判断上进行了政治引申，这逻辑的跳跃似乎并不能说明身的本义。第三种解释，学者们对此字的解释发端于审美，他们的观察点是身字突出的半弧形结构，关注的是身字丰满、圆润的审美形态，表现出一种人体丰满优雅的线条之美，这种生理特点表明了身作为生命孕育与繁衍的载体，具有一种能使生命延续的"生生之妙"，与上古先民的生殖崇拜有着内在的契合。笔者当从第三种解释。

我们需要再借助考古学的知识对身字的本义做出厘定。我们知道，在文字记录方式未诞生的年代，先人对身体特别是女性身体的崇拜与称赞，主要以绘画或雕塑的形式来体现。在先民创作的裸体女像中，有几具特别引人注目。[②] 这几具雕塑的共性是都表现了女性腹部隆起、臀部肥大、体态丰腴的生理特点，但她们的面容、四肢等部分都没有被明显标注出来。这种形象的抽象化与省略化，表明了在我们祖先的心目中，女性的身体是生命延续的根本，更进一步说人类自身生产欲求令他们直接体会到身体的生殖器官所带来的快适，正如英国性心理学家霭理士所认为的"用一个原始人的眼光看，一个可爱的女子就是性征发达的女子，或因人工的修饰而特别显著的女子。因此，在所谓原始时代里第一性征往往成为可以羡慕的

---

① 方国瑜：《释"身"》，《师大国学丛刊》1932 年第 3 期，第 21～29 页。

② 河北滦平县后台子新石器时代遗址出土的具石雕裸体女像、辽宁喀左东山嘴红山文化祭祀遗址发现的两件陶塑裸体孕妇立像、陕西扶风案板仰韶文化遗址出土的一件小型裸体孕妇陶塑，这三个例子可参见赵策《土石之魂——中国古代雕塑发现》，四川教育出版社，1996，第 20、21、22 页。

对象"①。

汉字是通过观物取象的方式创作的，汉字"从对自然摹写的'像'，已经经历了复杂的历史过程……成为了'象'，即简化、简笔之后的'象'，还保持着原物的'形'，却在此基础上，升华为原物的'神'"②。换言之，汉字是将创作者的所见所感所想就其所需而非就其必然展现出来的，其目的并非逻辑的、线性的时间叙事，而是铺展出生动形象的空间意象，以表现宇宙中最原初的生命悸动。在"殷道亲亲"的时代中，商王朝依然留存着上古母系社会尚阴崇母的温情意识，不难发现，甲骨文的"身"字与上面提及裸体雕像的侧形有着惊人的相似，先人在创制"身"字之时，可能与塑造那些雕像一样，寄托了对生命传承殷望的功利性需求。这也可以说明，"身"字表现了中国原始功利性的身体审美意识，该字首先表现了对生殖的虔诚崇拜意识，而下落到美学上即为生殖器官的发达与身形的丰腴，这与当代所追求的对身体的改造、修饰与塑形思想截然不同，但不能否认的是它的确是中国先民视野中身体美的呈现与写照。以此种视角来看，身表"象怀任之形"，似更通达，对研究"身"以及"身"族词汇具有重要的价值与意义。观照这一初文，可以为我们还原造字的原初情景，对研究事物本质直观提供便捷方式。譬如，针对哲学美学的研究视域内的具有重要范畴价值的"身体""身份""身心"等关键词汇，如果能循着初文出发，探求这一初文在"身"的相似家族中的原始意义，或许会对这些核心哲学美学范畴词汇产生新的理解。

二　豐—體—禮：体在礼仪文化中的审美生成

在中国古代社会，"体"字一般书写为"體"或者"軆"，就目前出土的资料来看，初文有三种异体：河北中山王厝器为 軆；楚系文字为 軆（郭.緇.8）；睡虎地秦简中写作 軆（睡·日乙246）。都是形声字，形旁从骨、从身或从肉，三者表义相通。许慎《说文》云："体，总十二属也。从骨，豐声。"笔者以为，许慎的解释包含了这样几层意思：第一，体，总十二属，言及是身体的十二个部分，段注："今以人体及许书覈（核）之，首之

---

① 〔英〕霭理士：《性心理学》，潘光旦译注，上海三联书店，2006，第56页。

② 骆冬青：《图象先于声音——论汉字美学的根本特质》，《江苏社会科学》2014年第5期。

属有三：曰顶、曰面、曰颐；身之属有三：曰肩、曰脊、曰臂；手之属有三：曰公、曰臂、曰手；足之属有三：曰股、曰胫、曰足。合《说文》全书求之，以十二者统之。"第二，按《说文·骨部》所收录字的排序，它们是依照身体由上至下的部位来编排字的前后次第，即头骨（髑、髏）、肩骨（髆、髃）、肋骨（骿）、股骨（髀、髁）、膝骨（髌、髖）、胫骨（骹、骸）等，而"体"字在《说文·骨部》中位于所有表示身体具体部位的字词之后，具有一种概括性与总结性含义。据此两点而言，"体"可以被视为人身之"完形"，表示人之身体的总称，生命的整体。

另外，体（體）的右文"豊"并不只是表声，它兼有意义的成分，可称为亦声字。对此，王国维曾解释："惟许君不知 ⧉ 字即为珏字，故但以'从豆象形'解之，实则豊从珏在 ⊔ 中，从豆，乃会意字而非象形字也，盛玉以奉神人之器谓之 ⧉ 若豊，推之而奉神人之酒醴亦谓之醴，有推之而奉神人之事通谓之礼。"[1] 按照王国维的思路，体字有左边的部首有"月""骨""身"，这些在祭祀之时是指牺牲的肉骨之食，或许可以言"奉神人之肉骨谓之體"，因此体具有一种应用于礼仪的可能性。考察上古的礼制，周代礼制中有牲体礼，"对牺牲有房脀、豚解、体解、骨折等割解方式，不同部位的骨体有尊卑之别，且有不同的升鼎、载俎之法"[2]，清人凌廷堪对此考证较详[3]。

同时不难发现，"體"与拥有相同声符的"禮"常常并置而举。《诗经·相鼠》："相鼠有体，人而无礼。"在这里，"体"被升华到了一种与礼并举的高度，在鼠之"有体"与人之"无礼"的并置对比中，人和相鼠的本质区别得到揭示。《左传·定公十五年》："夫礼，死生存亡之体也。"体彰显了礼之为礼的特殊地位与关键功能（生死存亡）。《小戴礼记·礼器》："子曰：礼也者，犹体也。体不备，君子谓之不成人。"在这里，孔子将礼与体

---

① 王国维：《观堂集林》第 2 卷，中华书局，1959，第 451 页。
② 曹建墩：《周代牲体礼考论》，《清华大学学报》（哲学社会科学版）2008 年第 3 期。
③ 《礼经释例》云：前体谓之肱骨，又谓之前胫骨。肱骨三，最上谓之肩，肩下谓之臂，臂下谓之臑。后体谓之股骨，又谓之后胫骨。股骨三：最上谓之腨，又谓之膊，月屯下谓之胳，又谓之骼，胳下谓之觳。中体谓之脊，脊骨三：前骨谓之正脊，中骨谓之艇脊，后骨谓之横脊。脊两旁之肋谓之胁，又谓之胎，又谓之干。肋骨三：中骨谓之正胁，又谓之长胁，前骨谓之代胁，后骨谓之短胁。肩上谓之隘，又谓之腹，月屯上谓之骹，余骨谓之仪。（清）凌廷堪撰，彭林点校《礼经释例》卷 5，台湾中研院文哲研究所，2002，第 289 页。

进行了并置对比，没有礼或者没有体，都是没有获得人之为人的条件。另外，《小戴礼记·孔子闲居》："无体之礼，威仪迟迟。"孔子认识到了礼与体的辩证关系，体是礼的外在形式，礼是体的内在表现，而孔子真正追求的礼是超越体的内在精神。相较于其他典籍，"体"字在《礼记》中出现得最为频繁。"礼""体"并举之处更是屡见不鲜。《礼记·昏义》中不断提到："敬慎重正而后亲之，礼之大体。"《礼记·丧服四制》亦指明："凡礼之大体，体天地，法四时，则阴阳，顺人情，故谓之礼。"《礼记·仲尼燕居》："官得其体。"孔颖达疏曰："体谓容体，谓设官分职各得其尊卑之体。"又郑玄注曰："体，尊卑异而合同。"如此等等。"礼"与"体"如此密切的关联，以至于扬雄《法言·寡见》有"说体者莫辩乎《礼》"之言。上述这些例子都表明了"体"与"礼"存在着"血缘"上的关联，"体"也含有一种秩序规范之意蕴，合于礼方能得乎体。

由此可言，"體"的声符"豊"并不是纯粹的声符，它还强调一种规范性、秩序性和审美性，强调"合礼""得体"。汉学家布德伯格（Peter A. Boodberg）很早就强调"体"和"礼"之间的有机联系，他写道："'形'即是说'有机的'，而非几何学的形式，此时显现出这两个词语之间的关联，正如古代中国学者在注经中一再用'体'来界定'礼'。"① 就此来说，"体"的意义应经历了如此的演进过程：最初，体当指用于祭祀的牲肉（牲体按照肉品的贵贱好坏进行分解、切割），之后，体可渐渐用于指代人的整个身体，接着体从指代实在性的身体延伸出抽象的形体概念，体的意义进一步拓展与延伸，如文体、画体、书体、诗体等。可以说，"体"字意涵的演进路径与"礼"的生成存在内在的相似性。

从美学上来观照，"体"与"礼"可以互训，是因为它们之中含有相近的审美价值与精神内涵。一方面，二字都是表示一种具体的、能被感官捕捉到的形式。"礼"与"体"都有用来区分贵贱尊卑，体现出一种秩序之美。具而言之，礼仪之存在不仅是要对人的自然性与社会性做出划分，使人以有序的礼仪形式构建统一的国家政体，而且还要使人与人之间有所区分，以期建构一种贵贱有别但和谐有序的社会结构。而身体是行动的依据，是器官的容器，正是由于身体的存在，生命才能够延续，形体才能够建构，所以"体"本来就是一种必不可少的规则与限制。《释名·释形体》有云：

---

① 〔美〕彼得·布德伯格：《一些原始儒家概念的语义学》，《东西方哲学》1953 年第 2 期。

"体，第也，骨肉毛血表里大小相次第也。"所谓"第"即次第，"体"就是各个器官、各个部件的次第组合，实质上呈现为一种类似于"礼"的上下、左右、前后之规范，表达出一种关于秩序的美学结构。另一方面，二字都期望将这种美学的内在形式表达与显现出来，让人可以观照、凝望与思考。礼文不仅有外在的色彩与纹章形式，而且其繁缛的过程形式、行礼时的姿势与动作也常常可带来动态的美学体验。同样地，人体之美也是在动作与行为中得以呈现，中国远古的仪式过程即是诗、乐、舞合一的整体，人体在仪式中具有重要作用，人是仪式的核心与主体，一切器物和空间都是围绕着人展开的，它们与人互促互生，共同渲染出了人的身体之美。人之形体构成的多元性与人肢体动作的复杂性带给人眼花缭乱的感觉，却又充满了秩序性和节奏感，使人成为"万物之灵明"。

三 从"身体"构词看中国早期身体观的审美取向

根据上面的梳理，我们暂可以对身体二字的字源发端进行区分，但就先秦的文献而言，二字均有更进一步的语义发展。通过对先秦儒家的经典文献中"身""体"字义①的分析可以看出，在古典文献中，"身"与"体"的含义颇为相近，它们既能够指身体具体的组成部分，也能够指身体本身。

然而，二字相通而不相同，"身"指身体具体部位的用法较少，多是总称。"身"的这种总称式的语义用法，使得"身"的语义具有了向内转的可能性，即"身"不仅能指代自我、自身，而且也能指代人的性情与精神。在中国文化里，个人获取救赎的方式就是可以妥帖地安置下自我之"身"，使身体能够以永存的方式就是以传宗接代来实现身体基因的延续。考察先秦经学文献资料，"身"字不但指形体之身，而且也有着道德含义，较广泛地用于指代生命整体和精神品格。在《论语》中，"身"字出现了 17 次，除去一次用作量词，其他都是指身体、形躯、自我等。而在《孟子》中，

---

① "身"在儒家的经典文献中主要有以下意义。名词：人的身体；人的颈以下股以上的部分；自身、本人；生命。动词：亲身体验、实践。在诸种意义中，"自身、本人"以及"生命"义所用相对较多。"体"在儒家的经典文献中主要有以下意义。名词：身体或形体；四肢；兼指身心。动词：体现；体恤；践履、体验。参见宗福邦等主编《故训汇纂》，商务印书馆，2003，第 2238、2559 页。

"身"字被使用了 53 次，并且有着更为广泛的含义。其中，有从正身、安身、诚身、修身等积极层面上肯定"身"的外在形态、精神道德与理想品格等意义，也有从杀身、忘身、殉身、死身等消极层面表现轻视肉体之身而追求更为崇高的德性之身的意涵，进而赋予了实在性的身体更为抽象的伦理、道德与精神品性。这样来说，虽然忘身、殉身等行为从现实层面上否认了身体的物质存在性，但这种否定具有一种双重否定之意蕴，其目的是想以轻视外在性的躯体而获得精神、思想与道德的升华。由此来说，"身"在儒家文化中的意蕴，并不仅仅指代生理上的肉体存在，而且更蕴含着一种浓厚的精神意味，即身体除了是满足生存、生活的自然性实体外，更被赋予了一项传递人性精神力量的神圣任务。同样地，在道家思想中，"身"也是一种非纯粹生理欲望的存在，《道德经·五十四章》言："故以身观身，以家观家，以乡观乡，以邦观邦，以天下观天下。吾何以知天下然哉。"老子将"身"作为理解世界的逻辑起点，并将"身"置于"家""乡""邦""天下"等社会政治话语之前，这说明"身观"具有一种先于逻辑理性判断的本源性与真实性，这说明身不是一种负担欲望的累赘，而是一种能够认知、体验、装点与改造世界的利器与凭借，体现了老子"贵身"、"爱身"、以身为道的思想理路。

"体"字在使用中较多的是用于指代身体的具体部分，尤其是指"四肢"。如《礼记·礼运》："四体既正，肤革充盈，人之肥也。"《左传·襄公二十一年》："敢布四体，唯大君命焉。"杜预注谓"布四体言无所隐"，借四肢的陈布以喻心意的袒露。另外，"体"也可以指称一种感官直觉，并且和视觉、听觉、嗅觉、味觉有关联。孟子与荀子在思考生理性的身体是如何利用各种感官来体验世界时，都使用了"体"字而不是"身"字——作为触觉的经验者。如在《孟子·梁惠王》中，孟子反问齐宣王："为肥甘不足于口与？轻暖不足于体与？抑为采色不足视于目与？声音不足听于耳与？"在这里，体与口、目、耳并置，表示体如五官一样被视为人的感官。《荀子·礼论》云："钟鼓管磬，琴瑟竽笙，所以养耳也；疏房檖貌，越席床第几筵，所以养体也。"在这段论述中，也反映了体具有一种感官的性质，被礼仪物体系中的床第所滋养。周与沉曾从中国哲学的角度总结"体"的意蕴："相较于西方哲学之视觉中心主义，中国哲学凸显本体的根本方式其实既非视觉亦非听觉，而是种全身心的'体'。中国思想就可说是一种体

—触觉性的思想。"①

因而将"身体"二字连缀起来，就有了更为深刻的含义。首先，身体作为审美对象，从"身"到"体"的过程，也是人对身体的审美意识逐渐深化、细化、具体化的过程。这种变化表现出从整体到局部，从抽象到具体的特质。如果说"身"字表征了女子怀孕时的状态，蕴含着原始功利性的审美意蕴，着眼于人的整体与宏观，那么"体"则是关注人之局部、细节、具体的审美表征，以及人进入仪式之后，身体在仪式进行中呈现的秩序性与和谐性。但理论上，人之外在的形体美与仪式中的形态美可以共时性地存在于单一的个体上，这也是"身"与"体"这两种语素最终可以连缀成词的重要原因之一。但在古代社会中，人对身体的审美并没有停滞于身体的表象上，古人也认识到身体的整体美感并不单单取决于外在的感性形象，而还要包蕴内在的心灵品性，并且，内在的精神美亦能凭借外在的身体形式彰显出来，正是孟子所谓的"有诸内，必形诸外"。这种评价取向造成了先秦礼仪社会对修身的重视，所谓修身就是指礼仪与文化对人精神与身体行为的规范与塑造，既包括对身体的感性形象上的修饰，如衣冠搭配与肢体动作之类，同时也指向精神的修养，即孔子的"修己""正身"、孟子的"践形"、荀子的"美身"等说，这里对这一现象不做过多赘述。

其次，身体可以作为审美主体，在中国文化的演进中，身体的意义并没有止步于对其表象的观照上，古代汉语中的"身体"有两种情况：一种是作为名词，另一种是作为主谓结构，表示身体力行。如《论语》有云："学者以身体之，则有以识其非曲学阿世之言，而知所以克己复礼之端矣"，"仁者，人心之全德，而必欲以身体而力行之，可谓重矣"。在这种词语结构中，"身"用作名词，表示动作的发出者，"体"作为动词，表示一种体验、体悟、体知。从这个意义上来讲，"身体"就不简单的是一种外在形式，而是身心的完全参与，就是把自我主体安置在实际情境之内。在先秦诸子的历史语境中，每个人都不单是生理性的肉身，而是一种身心合一的有机整体。人"独立于世"，他不只是在心灵的统摄下，还有一种不能忽略的身体"负担"。所以，立足于切身性的"体验"和"体察"而达到对自

① 周与沉：《身体：思想与修行——以中国经典为中心的跨文化关照》，中国社会科学出版社，2005，第 134 页。

然万物的全面领略与把握，这是中国古典文化的特征之一。

四　"身体"之于当前身体美学的意义

可以看出，中国传统视野中的"身""体""身体"比现代汉语中纯粹生理上的"身体"有着更为宽泛的意蕴，并不能简单地等同于西方意义上的 body① 或者 flesh（肉体）。中国传统哲学中身心一体的思维模式与西方身心二分的认识论也有着截然不同的意义。这种"单语性"的焦虑也提示着我们在接受与运用西方的身体思想之时要审慎地进行批判继承。然而，在身体摆脱经久的沉沦与贬抑，重获"新生"的后现代语境中，这种复归的身体在消费社会的进一步诱逼下，作为肉体依存与精神栖居的身体本位却发生了部分程度上的偏移，引发了进一步的身体危机，因此在这种语境中重提中国传统身体语义内涵就显得十分必要。

当前视觉转向的文化变局使身体在当今社会中重新获取了话语权力，注重肉身体验与身体审美成为视觉时代的普泛事实。从面部化妆到健身疗养，从"强身胶囊"到两性健康，从烈焰红唇到赤裸肉身，传统"社会的身体"逐渐演进为"消费的身体"，身体审美的追求趋向激发了一套繁荣的社会工程，"身体消费""美丽工业"的景观呈现催生着一套独特话语体系的问世，身体逐渐衍化为现代社会的一套工业生产体系。然而对身体外在化的过度标榜，却撕碎了传统意义上"身体"的内在蕴含，将内在的、本质的精神依附生生地从肉体的躯壳中抽离出来，身体已成碎片，成了承载"被看者"欲望的无主体的空洞能指。身体在这种历时性的衍变中，先秦诸子所关注的"即身仁在""即身体道""即身表礼""即身显情"的身体思想不复存在了，儒家内外并重的修身意识也走向式微，道家"见素抱朴"的贵身论亦不能窥见，更没有了"杀身成仁""舍生取义"的价值追求。可以说，过度关注身体资本的消费与其价值意义的增值实质上是以牺牲身体的原初功能为代偿的，正像有些学者说的那样，"在肉体的跃跃欲试后面，

---

① "在英文中，'身体'在词源学上与古德文 botahha（桶、瓮、酒桶）有关，即一个'桶状'（tubby）的人。正如 Eliot Deutsch 指出的那样，与这个词源一致，西方传统中有关身体的主要比喻是'容器'（container）等意象，如牢房（prisonhouse）、寺院（temple）、机器（machine）。"参见〔美〕安乐哲《自我的圆成：中西互镜下的古典儒学与道家》，彭国翔编译，河北人民出版社，2006，第479页。

是沉睡不醒的灵魂，是精神的无家可归"。

另外，在西方现代学术中，视觉因其直观性、清晰性与真实性被赋予了中心地位，人类的感觉系统、认知系统也因此建立在了以视觉为中心的基础上。在这种感官的等级制中，视觉凭借其优先性与霸权性不断地将触觉、味觉、嗅觉推向审美的边缘。作为身体主体的"身体感觉"逐渐让位于"视觉感觉"，视觉中心主义独步天下，使中国自古百感交集的"身体"失去了原有的多元感知，中国美学特有的"体验""体悟"逐渐让位于"观看"与"读图"，传统身体感知中所蕴含的生命感受的原始性、基础性、普遍性、重要性以及难以忘怀的惊颤性已经被视听的风沙掩埋，以视觉为中心的审美文化终将使真实世界沦为影像，① 我们亦会沦落为"单向度的人"。这种现象造成了这样一种"尴尬"，即当代社会无时无刻不在讨论身体，但我们却感觉不到身体的存在。换言之，"身体"虽然在场，但是身体本体却已经缺席。

略加思考即可探明，当前身体审美的本位漂移在于对身体原初意义的轻视与忽略。而这种现象的出现，在于"身体"的范畴被科学、消费、欲望与政治所解构与精简，使身体走向了物质化、实体化、分析化与消费化的道路。语义的转变，实质则是两种世界观的置换。而古文字中的"身"与"体"，并非一套明确的概念体系，它们之间的边界也是模糊的，二者之所以可以置换与结合，是它们并没有落脚于"语言的意义"，而是共同表现了一种充盈着活力的生命机体。它们不是一种严密的范畴，而是一条奔腾不息的生命长河；它们不是一种从现象归纳出本质的哲学话语，而是先行于理论、意识与思维的原始生命形态；它们更不是一种可以通过实验获取的数据；它们几近于诗，几近于充满物象和意象、理想和想象、体验和情感、象征和隐喻的诗。这也是为什么诗经能写出"洵美且仁""洵美且武"般的美男子，而我们当下却对"肌肉男"存有一种"头脑简单"的预设。

舒斯特曼定义"身体美学"："（身体美学是）对一个人的身体——作为感觉审美欣赏（aesthesis）及创造性的自我塑造场所——经验和作用的批判

---

① 居伊·德波在《景观社会》中指出视觉表象化篡位为社会本体基础的颠倒世界，或者说过渡为一个社会景观的王国。他认为，在当今时代，"景观—观众"的关系本质上是资本主义秩序的牢固支座。人们因为对景观的迷恋而丧失了自己对本真生活的渴望和要求，而资本家则依靠控制景观的生成和变换来操纵整个社会生活。参见〔法〕居伊·德波《景观社会》，王昭风译，南京大学出版社，2006。

的、改善的研究。因此，它也致力于构成身体关怀或对身体的改善的知识、谈论、实践以及身体上的训练。"① 其目的在于恢复身体的"感性"，以弥补西方传统意识美学之未足，以建构美学"知行合一"的品性。在这点上，舒氏思想与中国传统"身体"意蕴有着内在的融通性，这也是身体美学的话语体系能够在中国建构的原因之一。

因而，当代身体美学的推行就肩负着一个艰难而伟大的使命，就是重新整合身体"灵""肉"分离的状态，发掘当前因视觉主义的过度提倡而掩埋的身体"新感性"（触觉、嗅觉、味觉），弥补极端的消费文化给身体带来的消损与压迫，进而挽救后现代社会中的身体危机。有鉴于此，这份充盈着原始生命气息的有关"身体"字源与语义的分析，或许会给当前身体美学的建构带来一些新的启发。

---

① 〔美〕理查德·舒斯特曼：《身体意识与身体美学》，程相占译，商务印书馆，2011，第160页。

"止足"：从人生智慧到古代美学思想

张子尧[*]

摘要： "止足"是对老子"知足不辱，知止不殆""见素抱朴，少私寡欲"生存哲学的概括。六朝政治动荡，士人奉"止足"为家风以自保。"止足"亦是南朝士人独特的审美人格。它糅合了嵇康"养生论"，向秀、郭象"适性逍遥"说等理论资源，其"不满而进，盈满则止"的双重意蕴，既肯定人的合理欲望，又警惕躁进不止，彰显着"入乎其内，出乎其外"的超脱态度。士人借此调和名教与自然，游走于仕隐之间，成就其人生美学。"止足"思想由潜到显，由起初的哲学术语，经时代的激发而成为人格范式，进而被推为家风。这彰显了中国古代美学文史哲交融互通的特色。探究"止足"的审美意蕴对揭示中国美学中"守柔""含蓄""冲淡"的阴柔维度亦具有深远的意义。

关键词： "止足"　审美心态　家风家训　生存哲学

"Zhi Zu": From Life Wisdom to Chinese Ancient Aesthetic Theory

Zhang Ziyao

Abstract： The term "Zhi Zu" is a generalization of Lao Tzu's philosophy

---

* 张子尧，燕山大学文法学院讲师。

of "The contented man meets no disgrace; Who knows when to stop runs into no danger", "Reveal thy simple self, embrace thy original nature, Check thy selfishness, Curtail thy desires". During the political turmoil of the Six Dynasties, scholars took "Zhi Zu", as their family tradition to protect themselves. "Zhi Zu" is also an unique aesthetic personality of scholars in the Southern Dynasty. It combines Ji Kang's health nourishing thought and Xiang Xiu, Guo Xiang's theory of "Follow the inner-self and Carefree" and other theoretical resources. Its dual connotation of "Make progress when it is insufficient, and stop when it is sufficient", not only affirms people's reasonable desires, but also guards against restless advance, showing the attitude of "Dig into it's essence, and observe it beyond its boundaries. " It is for intellectuals to reconcile Confucian ethical code and nature. They wander between worldliness and aloofness, and then realize their aesthetic life. From latent to obvious, from the initial philosophical term to a personality paradigm, "Zhi Zu" evolved through history, and became an aesthetic personality and family tradition. This process demonstrates the characteristic integration of literature, history and philosophy in Chinese aesthetics. Investigating the aesthetic connotation of "Zhi Zu" also has far-reaching significance for revealing the feminine dimension of Chinese aesthetics such as "Softness", "Subtle Suggestion" and "Quiet Elegance".

Keywords："Zhi Zu"；Aesthetic Attitude；Family Tradition and Family Motto；Philosophical Concept

　　"止足"作为六朝士人的处世哲学、家风家训、审美心态，已得到学界的关注。孔毅指明：齐梁士族在异己的环境里往往选择内倾的生活方式和心态。① 丁福林指出：南朝谢氏谢弘微一支因奉行恭谨谦退的家风，家族长期保持兴盛。② 吴正岚认为：吴郡张氏家风中具有恬静淡泊的品格，意味着对功名利禄的超脱态度。③ 然而研究仍需深化，本文将细致勾勒"止足"从

---

① 孔毅：《论南朝齐梁士族对政治变局的回应》，《重庆师院学报》（哲学社会科学版）2003年第3期。

② 丁福林：《东晋南朝谢氏文学集团研究》，世界图书出版西安有限公司，2014，第301页。

③ 吴正岚：《六朝江东士族的家学门风》，南京大学出版社，2003，第111页。

哲学观念到审美心态的生成和接受过程，并在历史文化语境中揭橥"止足"心态的理论来源及审美意蕴，挖掘并阐释"止足"对中国古典美学的价值。

一 "止足"观念溯源及历史演变

"止足"连称见于班固《汉书》："（疏广）行止足之计，免辱殆之累。"①实际上，"止足"观念在先秦便已兴起，"止足"亦作"知止""知足"，源出《道德经》"知足不辱，知止不殆""祸莫大于不知足，咎莫大于欲得"等语。老子的"止足"观念生发于他对人性之欲的认识，东周后期生产力发展，受欲望的驱使诸侯争战不止。先秦诸子提出了各种应对良方：儒家主节欲，墨家主禁欲，老庄主寡欲。老子首先从生存层面论证穷奢极欲带来的危害："五色令人目盲，五音令人耳聋，五味令人口爽，驰骋畋猎令人心发狂，难得之货令人行妨。是以圣人为腹不为目，故去彼取此。"② 即人要止步于口腹之欲，追求耳目之娱有损于主体感官。不知足也会招致祸患而使生命无法长久。因此，当止则止方可"常足长保"。欲望不仅会过度毁灭个体，还会引发社会混乱。老子追求"邻国相望，鸡犬之声相闻"式的"小国寡民"的社会状态，而不止足会让人追逐欲望，导致争端四起，国家昏乱。洞见到人性私欲的无限与物质资料的有限之间矛盾的老子指出：圣人之所以能使国家长治久安，是因为对民众他能够"虚其心，实其腹；弱其志，强其骨。常使民无知无欲，使夫智者不敢为也。为无为，则无不治"③ 圣人能引导人内心平静，知足止足，这是"止足"在实践层面的应用。最后老子从本体论"道"的层面为"止足"提供支撑，"上善若水，水善利万物而不争。处众人之所恶，故几于道……夫唯不争，故无尤"④。水自足自存，润泽万物而不自恃，顺其自然而不好胜，接近于道，因此人也要荡涤过度的欲望，做到"去甚、去奢、去泰"，"持而盈之，不如其已；揣而锐之，不可长保……功遂身退，天之道"⑤。木秀于林风必摧之，适可而止方为"天之道"。至此，老子立足止欲的现实，从生存方式、社会实

① （汉）班固撰，（唐）颜师古注《汉书》，中华书局，1962，第 3053 页。
② （魏）王弼注，楼宇烈校释《老子道德经注校释》，中华书局，2016，第 27～28 页。
③ （魏）王弼注，楼宇烈校释《老子道德经注校释》，第 8 页。
④ （魏）王弼注，楼宇烈校释《老子道德经注校释》，第 20 页。
⑤ （魏）王弼注，楼宇烈校释《老子道德经注校释》，第 21 页。

践、本体论等层面完成了对"止足"的哲学建构。

　　继老子之后，庄子从现实超越与精神自由出发论证"止足"理论价值。《庄子·盗跖》篇借用"无足"（贪婪之人）、"知和"（清廉之人）两个人物对话来告诫人们：过分追逐现实利益会使人丧失真性。《庄子·让王》亦云："知足者，不以利自累也；审自得者，失之而不惧；行修于内者，无位而不怍。"① 知足才会获得精神自由，他宁做泥泞中自足自乐的曳尾龟，也不愿在庙堂之上追求功名利禄。庄子对诸子百家在认识论上的争论也嗤之以鼻："故有儒墨之是非，以是其所非而非其所是。"② 这种争论依旧是内心不止足的表现，大道因此受到遮蔽，精神不得自由。

　　秦汉时期，刚强进取，铺张凌厉成为思想文化的主流样态，但"止足"思想作为潜流仍继续存在，《礼记》开篇："敖不可长，欲不可从，志不可满，乐不可极。"③ 可见老子知足避祸思想的延续。此时期"止足"也进一步外化在部分士人的言行中。《史记·范雎蔡泽列传》："欲而不知足，失其所以欲；有而不知止，失其所以有。"④ 汉宣帝时，疏广、疏受叔侄受到皇帝恩宠，获赏颇丰，后二人年老体衰，退位让贤，班固《汉书》称赞疏广为："行止足之计，免辱殆之累。"⑤ 疏广叔侄二人此后亦成为后世"止足"的标杆与典范。《后汉书》赞曰："（张）霸贵知止。"⑥ 班昭《女诫》称："纵恣既作，则侮夫之心生矣。此由于不知止足者也。"明确将"止足"作为贤妻的行为规范。综上，秦汉时"止足"开始从哲学观念落实为一种日常的行为准则。

　　曹魏时，政局动荡，新的时代背景赋予"止足"以新的动因与意涵。老子云："持而盈之，不如其已。"人们也常用"戒盈"来指代"止足"。在政治家的眼中，"止足"是安抚人心、团结内部的口号。曹操"挟天子以令诸侯"，政治权力的扩张招致人们的忌惮。为稳定政局，他并未贸然称帝，而是一再"自明本志"，告诫自己身居高位也不可骄傲自满。曹丕亦如此，其《戒盈赋序》曰："避暑东阁，延宾高会，酒酣乐作，怅然怀盈满之

① （晋）郭象注，（唐）成玄英疏，曹础基、黄兰发整理《庄子注疏》，中华书局，2011，第510页。

② （晋）郭象注，（唐）成玄英疏，曹础基、黄兰发整理《庄子注疏》，第34页。

③ 杨天宇：《礼记译注》，上海古籍出版社，2004，第1页。

④ （汉）司马迁：《史记》，中华书局，1963，第2424页。

⑤ （汉）班固撰，（唐）颜师古注《汉书》，第3053页。

⑥ （宋）范晔撰，（唐）李贤等注《后汉书》，中华书局，1965，第1245页。

戒，乃作斯赋。"① 诸葛亮在《诫子书》中提到："非淡泊无以明志，非宁静无以致远。"表面是写给垂髫之子的一封家书，希冀其恬淡寡欲，持满戒盈，但这未尝不是诸葛亮身处高位，面对谗言四起时团结盟友们的策略，因此他在《前出师表》提到："苟全性命于乱世，不求闻达于诸侯。"② 由此可知，"止足"在曹魏时期更多是作为一种政治姿态被标榜而存在。魏末，司马氏专权，士人纠缠在名教与自然的精神矛盾之中。"止足"形态更为复杂，在此阶段"止足"开始凝聚为一种人格精神和审美心态。这种演变肇自嵇阮对政坛黑暗的批判和对理想境界的追求，嵇康曾与向秀锻铁于大树之下"以自赡给"，自给自足，并在《与山巨源绝交书》中以"七不堪""二不可"表明远离黑暗政治的决心，他向往"手挥五弦，目送归鸿"的玄远之境，"处处以己之执著高洁，显名教之伪饰"③。阮籍纵情豪饮以躲避和司马氏结亲，不求高官厚禄，"止足"于步兵校尉。他在《清思赋》中塑造了更为玄邈的审美之境："声飂飂以洋洋，若登昆仑而临西海，超遥茫渺，不能究其所在。"④ 嵇阮二人"止足"于内心高洁自由之理想，其"止足"彰显了玄远超脱的人生境界。

西晋司马氏以杀戮问鼎，随着嵇康被诛，向秀失图，立身高洁的人格逐渐成为"遗响"，惠帝后士人多各依其主，利益多寡取代道义成为士人的行为动机，即"士无特操"，贾谧二十四友、乐广等都是典型。这一时期士人虽标举"止足"，但其精神内涵逐渐世俗化了。随着向秀、郭象二人对庄子"逍遥义"的再阐释，"止足"之"足"实现了从内向外，从雅到俗的转换，由嵇阮的"足于内心高洁的人生追求"转换为西晋文人的"足于当下现实的物质享乐与审美"，"适性逍遥"成为对"止足"的最好诠释。满足于现实人生欲望代替了对玄远人格之境的积极追寻。如果说嵇康、阮籍的"止足"发挥了"盈满则止"意涵中"戒满"的面向，那么向郭则发展了"止足"意旨中"进取"的面向，嵇阮止足政治利益而获得了精神超越，向郭则强调在本性规定的范围内追求最大限度的欲望满足，以"任其性"为士族追求物欲与感官满足提供合理支持。前者代表魏末晋初士人高洁的人格，后者则是西晋中后期士人奢靡享乐心态的彰显。潘岳虽然高唱"览

① 夏传才、唐绍忠校注《曹丕集校注》，河北教育出版社，2013，第 81 页。
② （三国）诸葛亮著，段熙仲、闻旭初编校《诸葛亮集》，中华书局，2020，第 6 页。
③ 罗宗强：《玄学与魏晋士人心态》，天津教育出版社，2005，第 100 页。
④ 陈伯君校注《阮籍集校注》，中华书局，1987，第 34 页。

止足之分，庶浮云之志"①，但"止足"也只是其要名藻饰的手段而已。"止足"在西晋文人中呈现世俗化的倾向，但同时也带来了日常生活的雅化与审美化，下文将详论。另外，嵇阮"止足"精神内涵被东晋葛洪、陶渊明等人继承，《抱朴子·外篇》有《知止篇》，葛洪抨击追名逐利之徒，强调减少欲念，澡雪精神，发扬了嵇康的批判锋芒。陶渊明安贫乐道，不为五斗米折腰，他的"止足"是出自内心的真与纯，继承了嵇阮的人格精神。可见，两晋时期"止足"呈现为高蹈超越与委任自然两种审美人格范式。

随着南朝皇权的复归，士族在军事、政治领域全面收缩，"止足"从个体行为演变为群体行为与社会风尚，《梁书》列《止足传》："有寡志少欲，国史书之，亦以为《止足传》云。"② 王微与从弟僧绰书云："何尝不以止足为贵。且持盈畏满，自是家门旧风。"③ 任昉《为褚谘议蓁让代兄袭封表》曰："贲世载承家，允膺长德，而深鉴止足。"④ 同时"止足"还有一个更加审美化的称号，即"尚素"，"止足"审美心态导致了人们对"素"的推崇和认可。"谦退""素退"成为"止足"在此时期最为典型的审美人格范式。南朝齐孔稚珪："以冲尽为心，以素退成行。"《南史·谢晦传》，谢瞻劝诫谢晦曰："吾家以素退为业，汝遂势倾朝野，此岂门户福邪。"⑤ 谢弘微"志在素宦，畏忌权宠，固让不拜"⑥。"素"即未染色的丝织品，《释名》曰：朴素也，已织则供用，不复加巧饰也。在皇权复归的背景下，士族无意染指权力，标举冲淡谦退、恬淡超脱的人生态度，饮酒、下棋、谈玄、鼓琴、经史、文艺成为士族"止足"人格的外在表现。文化修养的超拔脱俗与对恬淡谦退人格的推崇，亦是士族高门群体面对寒门兴起时为区分士庶所做的最后努力。

至此，经过哲学命题、政治口号、人格范式、家训家风等环节，"止足"理论发展完成，并成为中华民族内在的精神特质，"知足常乐"成为人人熟稔的座右铭、口头禅。要之，"止足"不仅是不同历史语境下谦退自保

① （清）严可均校辑《全上古三代秦汉三国六朝文》，中华书局，1958，第1987页。
② （唐）姚思廉：《梁书》，中华书局，1973，第758页。
③ （梁）沈约：《宋书》，中华书局，1974，第1666页。
④ （清）严可均校辑《全上古三代秦汉三国六朝文》，第3195页。
⑤ （唐）李延寿：《南史》，中华书局，1975，第525页。
⑥ （唐）李延寿：《南史》，第552页。

的处世方式，在文化与审美语境中它更是值得挖掘的具有丰富阐释空间的人格美学和审美心态。

二 "止足"审美意蕴的生发与建构

历时梳理先秦至六朝"止足"观念，可以看到"止足"在不同时代不同的行为方式。而从审美文化视角观照，"止足"又是逐渐生成和完善的审美范畴。这种审美意蕴的逻辑建构又分三个阶段。

先秦时期，"止足"审美特质包裹在老子哲学思想之中，但同时也孕育着美学阐释的无限可能。老子始终立足于对文明异化的批判来看待美与艺术问题，他认为审美不应该使人产生"目盲""耳聋""口爽""心发狂"的效果，美伴随着感官快感，但是过度的刺激不仅会戕害感官而且会使人沦为欲望的奴隶。因此，圣人"为腹不为目"，王弼注解道"为腹者以物养己，为目者以物役己，故圣人不为目也"①。"为腹"和"为目"象征两种欲望，前者是朴素的感官欲望，后者是不知足的"甚爱""多藏"的欲望。"少私寡欲"要求人"寡欲"而非杜绝欲望，老子对素朴的欲望不仅肯定，而且持欣赏、品味的审美态度，"甘其食，美其服，安其居，乐其俗""恬淡为美""道之出口，淡乎其无味"。外在物欲的"止足"与适当克制带来的是内在的精神超越。老子肯定和追求的不是外在的、表象的、易逝的、感官的快乐之美，而是内在的、本质的、常驻的精神的美，这种美不仅是对人的生命的自由的肯定，更是一种精神境界与审美心境，它"淡乎其无味，视之不足见，听之不足闻，用之不足既"②。它"希声""无形""无名"但又超越一般的具体形式，并与"道"相通，对于这种"至美""大道"只能用纯洁的精神去直观、去体悟、去玄鉴，而对外在欲望的不知足反而会遮蔽内在的感官。聚守精气，平和无欲，才合养生之道。

庄子继承了老子的精神超越，进一步从相对主义的角度出发对外在纷繁复杂、充满欲望的感官世界进行解构，"毛嫱丽姬，人之所美也，鱼见之深入，鸟见之高飞，麋鹿见之决骤，四者孰知天下之正色哉"③。动物与人的观照尺度不同，悦人耳目的事物在动物眼中可能形如怪物。声色犬马、

① （魏）王弼注，楼宇烈校释《老子道德经注校释》，第 28 页。
② （魏）王弼注，楼宇烈校释《老子道德经注校释》，第 87 页。
③ （晋）郭象注，（唐）成玄英疏，曹础基、黄兰发整理《庄子注疏》，第 51 页。

美姬财货、功名利禄同样如此，这些东西不仅相对存在，而且变动不居，是易流逝的存在。面对世人沉浸物欲而不知足的现象，庄子认为唯一的途径就是进行精神挽救与人格重建。"落（络）马首，穿牛鼻，是谓人。"在庄子看来，最初人性淳朴无杂，但后来文明发展，机心四起，文明异化，人朴素本性丧失，在满足物欲中不知"止足"："且夫失性有五：一曰五色乱目，使目不明；二曰五声乱耳，使耳不聪；三曰五臭薰鼻，困惾中颡；四曰五味浊口，使口厉爽；五曰趣舍滑心，使性飞扬。此五者，皆生之害也。"① 这种全性保身的生命美学观又被《淮南子》继承："五色乱目，使目不明；五声哗耳，使耳不聪；五味乱口，使口爽伤；趣舍滑心，使行飞扬。此四者，天下之所养性也，然皆人累也。"② 另外，庄子还塑造了很多至人、真人、神人的形象及身体有残疾的王骀、申屠嘉、叔山无趾、哀骀它等人，这些人不执着于世俗的死生、贫贱、穷达，能够自足自存，安时处顺，以独立自主和人格自由来寻求解脱。综上，老庄从全性保身的生命美学维度以及精神自由的人格美学两个方面完成了对"止足"的审美内涵的理论建构。魏晋时稽康、阮籍沿此路径继续践行。

曹魏两晋是"止足"审美意蕴的深化期与实践期，这一时期士人吸收佛、玄理论，开凿出"止足"中"不满而进"的意涵，同时将"止足"落实为高蹈超越与委任自然两种审美人格范式。

魏晋士人对"止足"观的接受由王弼首发其端，他援道释儒，创造性地继承了老子对精神世界的开掘，在注解"众人熙熙，如享太牢"一章时，他提到："众人迷于美进，惑于荣利，欲进心竞，故熙熙如享太牢，如春登台。言我廓然无形之可名，无兆之可举，如婴儿之未能孩也。"面对世人对外在欲望竞奔不止的情形，王弼引导人们回归内心的平静的"婴儿未孩"之状态，即"无形无名之称"的精神人格，王弼在《论语释疑》中对其进行申述："荡荡，无形无名之称也。夫名所名者，于善有所章而惠有所存，善恶相须，而名分形焉。若夫大爱无私，惠将安在？至美无偏，名将何生？故则天成化，道同自然。"③ 而这种境界过于超蹈，王弼又吸收儒家个性修养理论为其提供践行依据，在注解"天下有道"条时，他说道："天下有

---

① （晋）郭象注，（唐）成玄英疏，曹础基、黄兰发整理《庄子注疏》，第 245 页。
② （汉）刘安编，刘文典撰，冯逸、乔华点校《淮南鸿烈集解》，中华书局，1989，第 268 ~ 269 页。
③ （魏）王弼著，楼宇烈校释《王弼集校释》，中华书局，1980，第 626 页。

道，知足知止，无求于外，各修其内而已……贪欲无厌，不修其内，各求于外，故戒马生于郊也。"① 《论语》云："克己复礼，为仁。一日克己复礼，天下归仁焉。"朱子解克己复礼，其言曰："克是克去己私。己私既克，天理自复，譬如尘垢既去，则镜自明；瓦砾既扫，则室自清。"可知，儒家讲求修养功夫，克制自己不合理的、过度的欲望，使自己的内心符合礼法的要求。而王弼则调和儒道，沟通天人，将儒家对欲望克制的修养功夫与道家所追求的高蹈人格结合，"儒家的人格执着而坚实，但往往失之于小气与拘执，那么道家人格则高蹈无为，通脱自然，两种人格的互补方能成就所谓既入乎其内又出乎其外的人格境界"②。

　　嵇康倡导"养生论"，将老庄提倡的见素抱朴、少私寡欲"止足"观念落实到实践层面。他从形神关系展开论述，其《养生论》云："精神之于形骸，犹国之有君也；神躁于中，而形丧于外，犹君昏于上，国乱于下也。"③"形恃神以立，神须形以存。"④ 形神密不可分，形足则神聚，形散则神亡，嵇康提出呼吸吐纳，服食养身等方法使形神相亲，表里俱济。又从反面论证不知足的危害："而世人不察，惟五谷是见，声色是耽。目惑玄黄，耳务淫哇。滋味煎其府藏，醴醪鬻其肠胃。香芳腐其骨髓，喜怒悖其正气。"⑤ 嵇康虽然提到养生能够得享千年，但他的着眼点并非追求长生不朽，与其尸位素餐、行尸走肉不如在艺术与审美的境界中获得人性的提升。在《与山巨源绝交书》中他提到："吾顷学养生之术，方外荣华，去滋味，游心于寂寞，以无为为贵。"⑥"无为"正是他人格独立与精神自由的真实写照。对外在物欲的不知足会阻碍精神自由，"外物以累心不存，神气以醇白独著"。由此他提倡"清虚静泰，少私寡欲""知止其身，不营于外"，最终做到《答难养生论》中说的"以大和为至乐，则荣华不足顾也；以恬淡为至味，则酒色不足钦也。苟得意有地，俗之所乐，皆粪土耳，何足恋哉？"⑦ 可见，"止足"在嵇康这里实现了方法与目的的统一，形体对欲望的"止足"是导向更为玄远的人生之境的途径与方法，而"止足"亦可以指"止足于"精

---

① （魏）王弼注，楼宇烈校释《老子道德经注校释》，第 125 页。
② 袁济喜：《中国古代文论精神》，山西教育出版社，2005，第 166 页。
③ （三国魏）嵇康著，戴明扬校注《嵇康集校注》，中华书局，2014，第 253 页。
④ （三国魏）嵇康著，戴明扬校注《嵇康集校注》，第 253 页。
⑤ （三国魏）嵇康著，戴明扬校注《嵇康集校注》，第 254 页。
⑥ （三国魏）嵇康著，戴明扬校注《嵇康集校注》，第 198 页。
⑦ （三国魏）嵇康著，戴明扬校注《嵇康集校注》，第 304 页。

神的自足与完善，它是人存在的意义与最高目标。阮籍的"止足"则体现在其对待政治的态度上，不同于嵇康，阮籍在政治上仅止步于"言及玄远"，对人物也是不置臧否，政治上的"止足"心态也带来了阮籍对理想境界的期待，他的人生之境相较于嵇康更加高远与虚幻。由此可见，嵇阮的"止足"是对老庄超蹈高洁的人生境界的实践与展开。

西晋时，随着嵇阮的逝去，向秀失图，以及向、郭对庄子"逍遥游"的再阐释，士人逐渐从名教与自然的矛盾中解放出来，进一步发挥"止足"意蕴中"不足而进"的一面，由少私寡欲变成拥抱欲望，人生境界趋向世俗化："苟足于其性，则虽大鹏无以自贵于小鸟，小鸟无羡于天池，而荣愿有余矣。""夫小大虽殊，而放于自得之场，则物任其性，事称其能，各当其分，逍遥一也，岂容胜负于其间哉！"① 郭象认为，万物"性各有分"，"止足"于其自身的规定性，在"自得之场"中"任其性""称其能""各当其分"方可逍遥。此种观念启示士族追求自身阶层（性）对应的物质需求（分），并且发挥"分"的最大效能，自此，"止足"中的"足"实现了由内向外的重心偏转，士人将人生经历投入世俗的享乐中来，尽情享受当下的快乐。西晋士人审美情趣的雅化也来源于此，他们把怡情山水嵌入纵欲享乐的人生趣味之中，将日常生活审美化。"止足"审美意蕴的迁转，亦可从建筑史、艺术史的演化中窥见消息：此时也是庄园建筑日渐发达的时期，汉末以来，具有军事实用功能的"坞壁""坞堡"开始演变为两晋时期以娱乐审美为导向的"庄园""别墅"。西晋石崇"有别馆在河阳之金谷，一名梓泽，送者倾都，帐饮于此焉"。金谷别墅规模巨大，面临金水，沿山而下，有竹柏果木近万株，有高台飞阁，有池沼，有田园。据《世说新语》，石崇家中厕所里也放有甲煎粉、沉香汁之类的名贵香料，别庐中还有伎乐，人既可以纵情山水之中，享弋钓之乐，又可以诗酒宴饮，自足自乐于人间之欢娱。潘岳描写到："何以叙离思，携手游郊畿。朝发晋京阳，夕次金谷湄。回溪萦曲阻，峻坂路威夷。绿池泛淡淡，青柳何依依。滥泉龙鳞澜，激波连珠挥。前庭树沙棠，后园植乌椑。"名士张翰称："使我有身后名，不如即时一杯酒。"王瑶曾分析汉末以来文人饮酒是"为了增加生命的密度，是为了享乐"，而"对死的达观正基于对死的无可奈何的恐惧，而这也正是（汉末魏晋文人）沉湎于酒的原因"。《世说新语》载："祖士

---

① （清）郭庆藩撰，王孝鱼点校《庄子集释》，中华书局，2012，第1页。

少好财，阮遥集好屐，并恒自经营。同是一累，而未判其得失。人有诣祖，见料视财物。客至，屏当未尽，余两小簏箸背后，倾身障之，意未能平。或有诣阮，见自吹火蜡屐，因叹曰："未知一生当箸几量屐？'神色闲畅。于是胜负始分。"① 祖约与阮孚二人一个好屐，一个好财，但从二人的态度可以看出，前者移情于屐是以审美享受为目的，而好财的阮孚则是以占有为目的，因此胜负即分。可见，西晋文人"止足"于物，同时又能够不为物质所奴役，享乐其中，呈现一种日常生活审美化的倾向。

东晋时期，支遁对"逍遥义"进一步发挥，"若夫有欲，当其所足，足于所足，快然有似天真"②。同样强调对当下的满足。张湛对《列子》进行发挥，将人的命运导向了更加玄远而无法把握的境地，他认为人之生没有什么必然性，而是天地委任自化的结果，"是天地之委形也。生非汝有，是天地之委和也。性命非汝有，是天地之委顺也。孙子非汝有，是天地之委蜕也"。因此，他并不追求决然不变的本体与玄邈高蹈的人生境界，人生的意义就在于"止足"于当下性的衍生。西晋时期世俗性的审美人格逐渐演化为和光同尘、委任自然、安时处顺的人格美学。在这种人格美学的观照下，士人对生与死、名与利都采取一种若即若离的超然态度，追求一种淡泊宁静之美，这种人生态度又与佛教所推崇的"般若"之境相结合。在佛教世界观下，现实世界如镜花水月，毫无留恋之处，无须汲汲于功名利禄，一切皆空，对万物不要执着。佛教渲染的超脱境界，其精髓是超然、悠然、隐遁、空灵的心态与天机清妙与世无争的清净彼岸世界，这些都成为士人的精神追求，充满佛理思想的空幻理念亦化为诗境意蕴。东晋士人的"朝隐"心态正是这种人格的典型体现，王导："略不复省事，正封篆诺之。自叹曰：'人言我愦愦，后人当思此愦愦。'"③ 士人虽身居高位，却消极应对，如同隐居一般。王羲之《兰亭集序》云："虽趣舍万殊，静躁不同，当其欣于所遇，暂得于己，快然自足，不知老之将至。"④ 这种入其中又出其外的心态，正是"止足"和光同尘的人格的写照。

南朝时期是"止足"审美意蕴的内化与完成时期，此时期"止足"落

---

① （南朝宋）刘义庆著，（南朝梁）刘孝标注，余嘉锡笺疏《世说新语笺疏》，中华书局，1983，第 392～393 页。

② （清）郭庆藩撰，王孝鱼点校《庄子集释》，第 1～2 页。

③ （南朝宋）刘义庆著，（南朝梁）刘孝标注，余嘉锡笺疏《世说新语笺疏》，第 196 页。

④ （唐）房玄龄等：《晋书》，中华书局，1974，第 2099 页。

实于更为具体的文化实践形态之中，得到更多人的内心认可，也呈现出更加丰富的审美韵味和时代风貌。

梁代新野庾氏庾诜："止足栖退，自事却扫，经史文艺，多所贯习。"① "（谢）瀹建武之朝，专以长酣为事，与刘瑱、沈昭略交，饮各至数斗。"② 谢览"颇乐酒"，曾经向梁武帝提及自己的弟弟谢举，言其"识艺过臣甚远，唯饮酒不及于臣"③。柳世隆"世隆少立功名，晚专以谈义自业。善弹琴，世称柳公双璩，为士品第一。常自云马稍第一，清谈第二，弹琴第三……垂帘鼓琴，风韵清远，甚获世誉"④。"止足"亦内化到高门士族的心中。他们在日常书写酬唱中会下意识地流露出"止足"的观念，谢灵运同时代的谢惠连在《咏螺蚌诗》提到："螺蚌非有心。沉迹在泥沙。文无雕饰用。味非鼎俎和。"⑤ 称赞蚌能够韬光养晦，避祸于水底。刘宋末谢庄在《竹赞》中提到："瞻彼中唐，绿竹猗猗。贞而不介，弱而不亏。"⑥ 可见他所追求的是恰到好处、圆融通达，依违两可之间的人生状态。南齐谢朓在官职节节攀升之际，仍常流露"止足"谦退之愿望。《始出尚书省》："因此得萧散，垂竿深涧底。"⑦《直中书省》："安得凌风翰，聊恣山泉赏。"⑧ 任昉在给王俭的文集作序时提到："因赠（袁）粲诗，要以岁暮之期，申以止足之戒。"⑨ 梁元帝萧绎《全德志序》曰："人生行乐，止足为先。但使樽酒不空，坐客恒满。"⑩ 梁谢几卿多次称疾退隐："使夫一介老圉，得篷虚心末席。去日已疏，来侍未屦；连剑飞凫，拟非其类；怀私茂德，窃用涕零。"⑪ 当时很多学者也注意到该风气之盛行，因此很多人在撰写史书时都将"止足"之人单列，除《梁书·止足传》外，当时还有徐善心著有"《止足传》一卷"⑫。《刘子》亦有"戒盈"篇，颜之推在《颜氏家训》中单列"止足"篇教育

---

① （唐）姚思廉：《梁书》，第 751 页。
② （唐）李延寿：《南史》，第 562 页。
③ （唐）李延寿：《南史》，第 563 页。
④ （梁）萧子显：《南齐书》，中华书局，1972，第 452 页。
⑤ 逯钦立辑校《先秦汉魏晋南北朝诗》，中华书局，2017，第 1197 页。
⑥ （清）严可均校辑《全上古三代秦汉三国六朝文》，第 2631 页。
⑦ （南朝齐）谢朓撰，曹融南校注《谢朓集校注》，中华书局，2019，第 207 页。
⑧ （南朝齐）谢朓撰，曹融南校注《谢朓集校注》，第 211 页。
⑨ （清）严可均校辑《全上古三代秦汉三国六朝文》，第 3202 页。
⑩ （清）严可均校辑《全上古三代秦汉三国六朝文》，第 3050 页。
⑪ （唐）姚思廉：《梁书》，第 709 页。
⑫ （唐）魏征等撰：《隋书》，中华书局，1973，第 1430 页。

后代切不可汲汲于功名利禄，"宇宙可臻其极，情性不知其穷，唯在少欲知足，为立涯限尔"①。

综上，将"止足"放在审美文化语义场下进行观照，可以看到该范畴从理论到人格实践，再到文化审美行为，其美学意蕴也在逐渐丰富，最终成为一种含蓄内敛的审美价值取向，沉淀在中国人心中。

三 "止足"与阴柔等相关美学范畴

许慎《说文解字》"止部"释"止"曰："止，下基也。象草出有止，故以止为足。凡止之属皆从止。""止"的象形宛如一株草立在一块地上，又可代指人足，后又引申为停止、静止，如《周易》艮卦云："艮，止也。时止则止，时行则行。""足"本义为脚，后发展出"充实，完备"之义，如《诗经》："降尔遐福，维日不足。""止足"意为止足完备、自足主体所需即可，无须过分地向外攫取，它指向的是内在与自身的完满，代表着自然自性，静态而非扩张性的人格特质。老子笔下的"慈""俭""不争""致虚""宁静""无为"即这种含义的概括，"婴儿""赤子"则是这种观念的具象化，婴儿是自然自性的纯粹之状态，包含了一切德行，自足于内，而神气外化。他的啼哭清脆嘹亮，毒蛇猛兽不伤。婴儿虽为至柔之物，但至柔则能驰骋至坚，足于内者无待于外，"人之生也柔弱，其死也坚强。万物草木之生也柔脆，其死也枯槁。故坚强者死之徒，柔弱者生之徒"②。王弼提到："以无为为居，以不言为教，以恬淡为味，治之极也。"③ 由此可推知，"止足"指向了一种最初的、真全完足的不受外物扰乱，外物无法撄其心的精神状态，与"恬淡""含蓄""守柔"等范畴相互指涉，构筑并体现了中国美学中恬淡素朴、内敛含蓄、阴柔的面向，也影响着中华民族的审美心理。

"止足"与美学范畴"恬淡"相关。"止足"与进取、不满相对，从处世方式与人格类型来看，后者代表着一种扩张性的人格，"止足"则蕴含着静止、守成的行为方式和性格倾向。从审美与创作角度进行解读，前者更趋向于技巧的流露与外在展示，后者则是强调止步于表达意思即可，不需

---

① 王利器：《颜氏家训集解（增补本）》，中华书局，1993，第 343 页。
② （魏）王弼注，楼宇烈校释《老子道德经注校释》，第 185 页。
③ （魏）王弼注，楼宇烈校释《老子道德经注校释》，第 164 页。

要华丽的表现技巧。这与老子对"形式美"的批判以及儒家文论中"辞达"说的观念亦相通。老子提到"信言不美，美言不信"。誓言以达意为主，其本身已是自足的存在，而如果言辞过分修饰，往往是因为说话的主体掩盖或者扭曲原有的意图。另外，浮华与巧饰本身也会让人关注表象，而失去对原意的把握和思考。因此，老子对花哨、浮华、错彩镂金的"形式美"往往充满着警惕。"大巧若拙，大辩若讷。""大丈夫处其厚，不居其薄；处其实，不居其华。"庄子继续对此发挥，衍生出"朴素而天下莫能与之争美"的自然本色的审美观，过分雕琢、巧饰，对文字本身的"不知足"都是出于"成心"或"机心"，违反自然朴素之美。儒家也追求朴素恬淡，孔子认为，"辞达，而已矣"，即言语表达意思就足矣。后世韩非子提倡"君子取情而去貌"，汉代《淮南子》提到"白玉不琢，美珠不文"。钟嵘《诗品·绪论》："东京二百载中，惟有班固《咏史》质木无文。"[①] 这种对恬淡审美趣味的追求，后经陶渊明及王维诗歌创作实践的进一步发展，最终在司空图的诗歌理论中得到升华，《二十四诗品·冲淡》云："素处以默，妙机其微。饮之太和，独鹤与飞。犹之惠风，荏苒在衣。阅音修篁，美曰载归。遇之匪深，即之愈希。脱有形似，握手已违。"梅尧臣、苏轼等人所践行的"平淡"审美趣味亦可沿波讨源至先秦"止足"观念。

　　"止足"与另一美学范畴"含蓄"相通。老子从全性保身的角度立论，认为人应该谦逊、守成，反对锋芒毕露，所谓："持而盈之，不如其已。揣而锐之，不可长保。金玉满堂，莫之能守。富贵而骄，自遗其咎。功遂身退，天之道。"[②] 老子所追求的就是满而不盈、含而不露、光而不耀的处世智慧。这种处世智慧逐渐发展为后世和光同尘、隐逸藏用、韬光养晦的隐士审美人格的象征。从对真理的把握与言说的角度介入，老子所追求的是终极真理，但却无法言说，佛家讲"言语道断"，语言是揭示道的途径方法之一，但这种方法同时也对"道"的无限性、开放性进行遮蔽和限制，在《道德经》中我们处处可以看到老子对终极真理言说之难的痛苦，"道生一，一生二，二生三，三生万物""吾不知其名，强字之曰道，强为之名曰大""天得一以清，地得一以宁，谷得一以盈，万物得一以生"。因此，多说无益，点到为止，止足已矣，成为老子言说的一个重要方式。有限的言语已

---

① （梁）钟嵘著，曹旭集注《诗品集注》，上海古籍出版社，1994，第12页。
② （魏）王弼注，楼宇烈校释《老子道德经注校释》，第21页。

经足够，任何过多的描述都是无益的，道家对华丽的言辞以及巧妙的论说方式毫无兴趣，甚至觉得对"道"言说本身都是无用的，老子提到"知者不言，言者不知"，所谓"目击道存"，直觉体悟了万物之大道的人无法用语言准确描述其本质，故而不言。"含蓄"就是有限、"止足"的言与无限、广博的"意"之间的碰撞，对"道""美"等的理解无法离开"言"或者说由"言"所构筑出来的意象世界或者意义世界，但是"美"与"道"又必然不会局限于言说出来的内容，它往往溢出承载它的语言，含蓄蕴藉之美由此产生。所谓"大音希声，大象无形，道隐无名"，"道之出口，淡乎其无味，视之不足见，听之不足闻，用之不足既"。所谓得鱼忘筌，舍筏达岸，止足于最简单的物象与言辞，但留下了丰富的阐释空间。六朝时期这种观念被进一步发挥与开掘，刘勰的"隐秀"说与钟嵘的"滋味"说深得道家含蓄蕴藉、知足知止之意涵。刘勰《文心雕龙·隐秀》中说："隐也者，文外之重旨者也。"① 钟嵘提倡"滋味说"，即"文已尽而意有余，兴也"。在《诗品》中标举"池塘生春草""高台多悲风""明月照积雪"等诗句。唐李白提倡"清水出芙蓉，天然去雕饰"。皎然在《诗式》中提出："但见情性，不睹文字，盖诣道之极也。"在晚唐司空图那里"含蓄"被厘定为一个批评术语，"含蓄"品中提到，"不著一字，尽得风流"，其《与李生论诗书》云："近而不浮，远而不尽，然后可以言韵外之致耳。"南宋严羽《沧浪诗话》将"言有尽而意无穷"推向极致，"其妙处透彻玲珑，不可凑泊，如空中之音，相中之色，水中之月，镜中之象，言有尽而意无穷"。后世的杨载、吴乔、王士禛、王国维等人继续对此开掘，含蓄美成为一种民族审美形态以及美学境界。

"止足"还与阴柔之美相连。从文化品格来看，道家重视雌与柔，强调"守柔为贵"，这种观念与老子所继承的史官传统相关，同时也肇始于母系氏族社会的"恋阴"情节。他从天地化生的角度歌颂阴柔之美的壮大与可贵，"谷神不死，是谓玄牝，玄牝之门，是谓天地根。绵绵若存，用之不勤"②。阴柔、柔弱不仅承载了生的职责与希望，而且阴柔还具有强大的能力，婴儿与赤子虽然骨肉柔弱，代表着至柔的东西，但是在老子看来，至柔则能驰骋至坚，足于内者无待于外，止足于内，即包裹了无限的可能，

---

① （南朝梁）刘勰著，范文澜注《文心雕龙注》，人民文学出版社，1958，第 632 页。
② （魏）王弼注，楼宇烈校释《老子道德经注校释》，第 16 页。

生生之大道蕴含其中。所以老子强调"弱者道之用"。南北朝刘勰《文心雕龙·镕裁》："刚柔以立本，变通以趋时。"①"刚"与"柔"成为一对独特的审美类型，用来评价艺术作品。清代桐城派代表人物之一姚鼐将由"刚"与"柔"延伸出的"阳刚"与"阴柔"作为两个美学范畴予以正式明确界定，在其《复鲁絜非书》与《海愚诗钞序》等文中他对"阴柔"与"阳刚"进行了描述，以极具文学性的笔法阐述了二者的特征，发展了传统的"阳刚阴柔"的美学理论："天地之道，阴阳刚柔而已。文者，天地之精英，而阴阳刚柔之发也……其得于阴与柔之美者，则其文如升初日，如清风，如云，如霞，如烟，如幽林曲涧，如沦，如漾。"此外，清代刘熙载在自己的美学理论典籍《艺概》中也有所表述。

　　以孔孟为代表的儒家思想继承了《周易》中"刚健笃实"的一面而重阳刚进取，但对"止足"以及与之相关的"恬淡""含蓄""阴柔"等美学范畴的揭示提醒我们，以老庄道家为代表的"阴柔之美"同样作为一种哲学智慧和价值观念影响着中华民族的审美心理。

四　余论

　　六朝时"止足"从哲学术语上升到实践层面，变为审美人格以及社会风尚，相较北朝，"止足"在南朝世家大族中表现得更为明显，检索《魏书》《北齐书》《北周书》《北史》，提到"止足""知止"的地方很少，这可能是因为在北朝少数民族，皇帝掌握权力，不需要担心士族分有权力，士族也无须通过"止足"策略来保障自己的生存。但更应该注意的是，奉行"止足"之人多出身于在南朝仍保持一定势力的士族家庭。然而士族支脉不同，生存处境不同，对"止足"的认可程度也有所差别，实力稍弱并希冀重新振兴家族声望的士族可能并不一味强调"止足"而呈现躁进的心理状态。

　　综上所述，"止足"不仅是哲学命题，更是具有深刻美学意蕴的美学范畴，"知足常乐"已经沉淀在中国人的血脉中构筑了我们的精神品格。"止足"与恬淡、含蓄、阴柔等美学范畴共同构筑成中国美学中代表阴柔美的向度，它与阳刚一面相对，亦属于中国美学的一个向度，"不满而进，盈满则止"，柔中带刚、刚柔相济，阳刚美与阴柔美共同构成了蔚为大观的中国古典美学。

---

　　①　（南朝梁）刘勰著，范文澜注《文心雕龙注》，第543页。

中国古代审美经验中的嗅觉功能

盛颖涵[*]

摘要：相较于视觉和听觉，嗅觉在西方美学理论中一直处于被忽视的地位，但中国古代的审美经验却揭示出嗅觉的独特功能。就一般经验而言，嗅觉涉及心理、情感、记忆等方面的功能，在审美领域中，嗅觉可以与其他感觉一起合作参与审美活动，也能单纯以气味为对象构成独立的审美经验。与其他知觉经验不同，嗅觉在距离上更具灵活性，既使主体与对象产生具身化的直接接触，又能在二者间开辟出流动的审美空间。嗅觉以主动性开启并贯穿整个审美活动，敏锐地捕捉气味变化，充分调动情感与想象，从而呈现丰富复杂的时空结构。在沟通感性愉悦与精神感悟的同时，揭示主体与对象通过呼吸与气味构成的生命连接，抵达对象的存在深处，并形成了鼻观这种以直觉的洞察力为内核的审美鉴赏路径。

关键词：审美　嗅觉　鼻观

Olfactory Function in Ancient Chinese Aesthetic Experience

Sheng Yinghan

Abstract：Compared with vision and hearing, olfaction has always been

---

* 盛颖涵，浙江大学文艺学研究所博士研究生。

neglected in western aesthetic theory, but the aesthetic experience of ancient China reveals the unique function of olfactory sensation. As far as general experience is concerned, it involves the functions of psychology, emotion, memory and so on. In the field of aesthetics, olfaction can cooperate with other senses to participate in aesthetic activities, and it can also form an independent aesthetic experience with smell as the object. Different from other perceptual experiences, olfaction is more flexible in distance, which not only makes the subject and the object have direct contact, but also opens up a flowing aesthetic space between them. Olfaction opens and runs through the whole aesthetic activity with initiative, catches the change of odor keenly, fully mobilizes emotion and imagination, and presents rich and complex space—time structure. At the same time of communicating perceptual pleasure and spiritual perception, it reveals that the subject and the object reach the depth of the object's existence through the life connection composed of breath and smell, and formed the aesthetic appreciation path with intuitive insight as the core.

Keywords：Aesthetic；Olfactory Sensation；Bi Guan

一直以来，西方美学史上关于审美知觉的论述就以视觉和听觉为主导，嗅觉与味觉、触觉由于与身体关联密切，更容易激起生理快感而被认为是低级感觉，从而在审美领域长期处于被贬低和忽视的边缘地位。不论是柏拉图、亚里士多德还是经验主义那里，都默认在所有感官之中，视觉和听觉最为智慧，嗅觉被认为是主观化的个人感受从而不具备审美特性，这一点延续至康德，对审美对象的欣赏只限于形式不涉及质料，嗅觉经验的对象是质料，所以与美无关。黑格尔也认为嗅觉与欲望直接相关，距精神较远，鼻子只是一个功利性的器官而已。然而，在中国古代审美经验中，嗅觉却未尝被这般贬低。古典园林作为文人士大夫的重要生活场所，其中花草树木的点缀必不可少，香草美人的文化传统更是加深了花草气味的审美内涵，游园赏景之时，香气甚至可以成为主要的审美对象。在文学作品中，不论是古典诗词还是长篇小说也都有很多对嗅觉经验的独特描绘，它们往往比其他类型的经验更能唤起读者的真实感受。在唐宋大为盛行，一直流传至今并影响整个东亚文化的香道传统，也表明嗅觉在古代审美活动中有一席之地，古代文人的生活起居总是离不了香，香可以入墨入茶，制纸染书，丰富多元的嗅觉经验渗透进日常细节之中。它总是以其敏锐性迅速打开感官的阈阀，直接唤起情感与想象，并在时间的绵延中捕捉和分辨不同的层次与变化，由细微精妙的丰富感受通达精神的愉悦，所以我们有必要重新思考嗅觉这个容易被忽略的感觉功能在审美活动中的作用。

一　嗅觉的一般功能

首先，我们结合心理学的相关内容简单介绍一下嗅觉经验在生活中的一般功能。与其他感觉相比，嗅觉一般不太为人所注意，但它仍然是我们日常活动的重要组成部分。嗅觉器官在胎儿生长的早期阶段就已发育，并快速与大脑相连，对于新生儿来说，一开始与母亲最紧密的纽带主要依靠嗅觉连接，这一点在很多哺乳动物身上都一样。诸多实验表明，母亲可以仅仅依靠嗅觉辨认出自己的孩子，而沾有母亲气味的衣物也可以让婴儿睡得更加安稳，可以说人与世界的最初联系离不开嗅觉。嗅觉神经主要作用于大脑中负责情绪、行动与记忆的边缘系统（limbic），这个边缘系统非常古老，它在人类进化早期就已成型，从而导致对气味的感知常常伴随着情感活动，具有感性的原初意义，而嗅觉神经与语言区域以及左半球新皮层的联系非常微弱，所以尽管对气味的感受很鲜活，但一般很难用语言来加以描述，这也导致它成为"沉默的感觉"。嗅觉对气味的记忆能够保持较长时间，"心理学实验证明，确认虽然我们分辨气味的准确率只有20%，一年后，我们能够以几乎相同的准确度记住这些气味。相比之下，视觉识别在最初测试的几分钟内显示出100%的准确率，但这种准确率随着时间的推移迅速下降"①。这是由于大脑的边缘系统包括海马体，而海马体与记忆相关。嗅觉的记忆功能不仅在于长时间记住气味，还能把遥远的过去世界活生生地呈现出来，与其他感觉记忆的不同之处在于，嗅觉记忆不是中性的，它总是带有浓厚的情感色彩，这一点在生活中常常被印证。此外，嗅觉也是医治身心的一个窗口，中医常常通过熏焚特定的草药或香料来达到提高免疫力、消炎镇痛、润肺止咳的效果，某些植物芳香能够舒缓焦虑或抑郁的

---

① J. Douglas Porteous, *Smellscape in the Smell Culture Reader*, edited by Jim Drobnick, Oxford: Berg, 2006, p. 93.

情绪。嗅觉还与味觉功能密切关联，咀嚼食物时，气味分子会经口腔上升至嗅觉器官，味道会被嗅觉加强，如果失去嗅觉，对味道的感知能力将被严重削弱，因此，嗅觉在日常生活中的作用不容忽视。

由于作为嗅觉对象的气味具有变化不定、虚无缥缈的特性，许多思想家都倾向于认为嗅觉不可靠，然而这一点不仅在科学上站不住脚，在审美领域也遭到了众多艺术家的反驳，对于创作者而言，气味是保留回忆的秘密场所，也是笔下人物、事物灵魂的载体，嗅觉往往蕴含着未被意识到的隐秘深度和惊人力量，所以，我们有理由通过中国古代审美活动中的嗅觉经验进一步细致探究它在审美领域中的作用。

二　中国古代审美活动中嗅觉经验的层次

审美活动中，嗅觉经验有着丰富的层次，从最基本的知觉层面开始，细腻地捕捉不同香气的质地和变化，在敏锐感知的基础上诱发想象，构成生动的情感体验。嗅觉以其主动并深入丹田的嗅闻使香气抵达身体内部，审美活动因而具备了一种鲜活流动的身体感。在具身化的感知中，抵达自身与对象存在的深处，继而诱发深层的精神交流，同时也体现出嗅觉在调节主体与对象之间距离远近的灵活性。从感官的快意到情感与想象的愉悦，再到精神层面的交流汇通，嗅觉体验开启并贯穿了审美活动的各个阶段。

（一）　感性感知层

嗅觉体验的第一步是开启感觉器官，比如沉香中的奇楠就以极具穿透力的香气，让沉睡的感官瞬间清醒，在一股清凉的味道中，由嗅觉开始，不仅呼吸变得清爽，连耳目也通透起来，整个感官系统从迟钝滞涩走向敏锐透彻，身心为之一震，逐渐放松，情绪随之舒畅，一种轻快的感觉油然而生。一个与世俗隔绝的私人空间产生了，"吏退焚香百虑空，静闻虫响度帘栊"（范成大）。俗世的烦忧在嗅觉的愉悦中一扫而空，香气成了隔绝日常琐事的一道屏障，把这些沉重的枷锁卸去之后，人才能具备涤除玄览，虚静空明的审美心胸，使嗅闻由浅入深。凝神专一，将香气深深吸入，直至其抵达丹田，稍做停留，感受香在体内的蕴化，然后再缓缓呼出，通过这种循环往复，香气与身体在这种有规律的节奏中渐渐融合。

嗅觉经验的形成离不开时间，只有在时间中才能逐渐把握对象的质地和变化，依然以奇楠为例，在开始的清凉之后，继而是瓜香、果香，最后是乳香，从清冽的轻盈到甘甜的饱满再到醇厚的浓郁，嗅觉经验在不断的新奇感中绵延积淀。嗅觉经验对香味浓淡变化的感知也在时间中进行，像清幽淡雅的兰香，"悠然凌空去，缥缈随风还"，香味于流连徘徊中卷舒聚散。这种似有若无、形影无踪的特点带来一种朦胧之美，"惚兮恍兮，其中有象，恍兮惚兮，其中有物"（老子）。因为香气的不稳定和无形性，主体更加专注于转瞬即逝的当下，沉浸于每一时刻中。嗅觉的神经元传导速度比其他感觉系统要慢许多，尤其不像视觉那样迅速敏捷，不过却在无意中拉长了审美体验的时间，它缓慢地进行感知和分辨，耐心地使香气逐渐成形，唯有在时间的发酵中，味道才能完整地显现出来。嗅觉经验一方面与时间同行，另一方面也凝固时间，它把流动的香气凝结为感性的结晶，从而留住这种体验。由于嗅觉信息保持在神经中枢的时间更持久，气味一旦被嗅觉把握便会非常稳定，由此转化为坚实可靠的审美记忆。

嗅觉体验不仅在时间中绵延，也在空间中展开。日常感知中，它可以大致定位香气的来源以形成物理意义上的空间，[1] 而在审美活动中，嗅觉更能主动构造出具有审美意味的空间。"迎燕温风旎旎，润花小雨斑斑。一炷烟中得意，九衢尘里偷闲。"（黄庭坚）有时，适宜的温度和湿度会构成香味弥漫氤氲的天然条件，像诗中这种温热空气和绵绵细雨的春天，很容易把香气锁住，使其保持在固定的浓度范围内，比如"香圣"黄庭坚调制的"深静香"，在这样的环境下更显其恬淡幽寂的气质，整个世界浓缩在一个永恒不变的纯粹空间中，深沉厚重，仿佛宇宙混沌未开时的寂寥静谧。或如整片山林的梅香，"万物正枯槁，岭梅独香沸"（王余佑），浓烈的香气蒸腾而出，周身的空间都喧哗膨胀起来，空气在强烈振动下如风暴般将主体瞬间裹挟其中，这种嗅觉体验往往在视觉感知之前发生，通过嗅觉对空间的感知预先引发气势磅礴的震撼。中国古代的制香技艺非常发达，不同配比的香材、药材结合而成的合香往往不仅能带来历时性的浓淡变化，还能产生共时性中的丰富层次，从而充实嗅觉体验。陈敬《陈氏香谱》卷3中记有一种"复古东阁云头香"，以沉香的厚重悠长为地基，辅以金颜香绵密醇滑的奶香居于中层，加上栀子等馥郁清甜的花香轻盈浮于其上，再通过

---

① 相关论述详见 Benjamin D. Young, "Perceving Smellscapes," *Pacific Philosophical Quarterly*, 2020, 101 (2): 203 – 223。

一定的辅料进行过渡，构成了不同的质地结构，使每一段经验过程都立体充盈，含义饱满。通过对香料组合、结构安排和比例措置的感知构造出大体的空间形式，并进一步体察细节之处，补充局部的质地属性，让空间丰满起来，这需要嗅觉能力在宏观和微观两个层面的协调。嗅觉在构造空间时也遵循格式塔组织原则，倾向于把相似调性的气味归为同一层级，并区分出不同空间层次，比如花香有着向上漂浮的轻盈感，沉香则是往下沉淀的厚重感，两种体验的结合构成具有张力的格式塔结构，在力的动态平衡中实现空间的稳定。

自然界中也有许多植物有香味，我们进行欣赏的时候，不仅观其色相，也品其味道，视觉关注有形的对象，嗅觉则捕捉无形的气味，视觉对象占据着固定的位置，而气味在它周围延展出无形的空间，成了环绕在视觉对象周围的"灵晕"，构成将主体与对象包围在一起的境域，使主体浸没其中，带来一种直接的身体感，但这种身体感又不同于触觉接触的实在性，它毕竟是无形的。欣赏者时而把目光放在形象的颜色、姿态上，时而将视线模糊，转而投身于香气弥漫的空间中，使审美活动不再局限于对象化的焦点，而是扩大为一个较为广阔的境域，在对象及其境域间产生一种回环往复的流动和张力。嗅觉具有一种独特的"双重性"，亚里士多德认为，"嗅觉似乎就是处于那些可触性感觉（例如触觉和味觉）与以别的事物为媒介的感觉（如视觉和听觉）之间的中间性感觉"[1]。恰好居于所有感官的中间位置，它在与对象保持一定距离的同时依然具备与事物相接触的身体性，既可以借助一定媒介来远距离感知，又可以零距离地进行品味，体现了嗅觉功能的灵活。一方面，嗅觉把审美从对象化的桎梏中解放出来，扩大了审美空间；另一方面，嗅觉又让主体与对象之间的距离充满了身体化的亲近可感，从而拉近二者的关系，避免理性化的视觉造成的抽象和主客对立。因此，主体与对象得以在一张一弛中产生动态的审美活动，而这正来自嗅觉对距离的灵活掌控，利用嗅觉的这种特点细致安排园林植物就可以达到对空间进行间接塑造的效果。

嗅觉经验在时空中展开，不过，不同于物理或日常时空的外在性和可度量性，这里的时空在嗅觉经验中被浓缩、拉伸而具有审美意味，它当下构成并显现自身，具有一种内在的充实圆满和全然自足的独立，从主体与

① 〔法〕阿尼克·勒盖莱：《气味》，黄忠荣译，湖南文艺出版社，2001，第166页。

对象的亲密联结中产生结构的动力，因而摆脱了机械客观的属性。

（二）情感想象层

相较于其他知觉方式，嗅觉更能直接唤起主体的情感、想象、记忆功能。因为嗅觉功能的运作方式具有直接性，嗅觉器官的一个重要组成部分是嗅球，它"实际上是大脑的一部分，是大脑的延伸，因此，嗅球是大脑与外界的最直接的接口"①。"嗅觉神经是唯一直接连接到脑半球的神经……嗅觉'神经'完全不是一种神经，而是脑的一部分，与脑前叶紧密相连。"②与其他感觉系统将信息传送到大脑需要经过丘脑的中继不同，嗅觉的信息传导系统更为直接。相对来说，由于嗅觉与认知系统的关联远没有视觉那么紧密，且与大脑的边缘系统关系异常密切，它反而与情感、回忆这一类感性体验更为密切，我们在感知气味时，情感与想象活动也随之发生，可以说嗅觉与审美有着天然的亲缘关系。

欣赏自然对象时，由于其他事物的掩盖或夜色笼罩，我们往往未见其形，先闻其味，恰好形成了一个单纯的嗅觉审美世界，例如闻到远远传来的水仙香气，我们会情不自禁遥想其月下轻盈之态和水边摇曳之姿，这种想象甚至比直接观看更具吸引力，也更能延长审美享受。嗅觉不仅能够引发对现实之物的想象，还能产生对情境的想象，如陈敬在《陈氏香谱》中记载的"韩魏公浓梅香"，让人仿佛置于"嫩寒清晓，行孤山篱落间"，清冷的雪夜，天空悬着一轮弯月，与水边梅花相伴，香味打开了一片清空幽寂之境。在此过程中，嗅觉引发了情感与想象的空间，但这种想象并不就此完全脱离感知而流于漫无目的的任意幻想，它始终依附于嗅觉本身，并在气味的层次变化中体会情感的起伏转折。

嗅觉经验中的情感与想象跟其他知觉能力的参与有关，由于知觉总是具有整体性，嗅觉会带动一系列相关联的知觉体验，审美对象在向一种感觉开启的同时也向所有感觉敞开。正如塞尚的静物画不仅致力于让人看到苹果的颜色，感受它沉甸甸的质地，甚至还要让人闻到它的香味一样，嗅觉也能唤醒其他感觉。每种香味都有多重感觉特点，比如触感的粗犷与丝滑、味觉的青涩与滋润以及视觉上的圆润与尖峭等。在以竹香为主的合香

---

① 〔英〕瓦勒莉·安·沃伍德：《芳香疗法情绪宝典》，冯凯译，中信出版社，2014，第 22 页。
② 〔英〕艾弗里·吉尔伯特：《鼻子知道什么》，徐青译，湖南科学技术出版社，2013，第 225 ~
226 页。

中，欣赏者不仅能嗅到它清淡的木质香味，还能听见树叶窸窣作响，阵阵清风扑面而来，一股绿意在眼前弥漫，这在审美活动中被称为"通感"。引发通感的原因在于不同知觉系统的运行模式具有一定共性，且系统之间存在迁移和共享机制，嗅觉触动其他感觉的同时，也会被其他感觉所深化，各种性质的叠加加深了嗅觉对气味的理解，使其更具穿透力，由此而来的想象会更加丰富。《红楼梦》中宝钗身上的冷香、秦可卿卧房中的甜香、林黛玉袖口的奇香都从嗅觉层面描画人物的品性，成为一种隐喻，不仅让人物形象如在目前，也能从中一窥其内心世界。

从创作者的角度来看，对气味的分类组合同样离不开嗅觉的想象。与文学、绘画、音乐一样，香也是符号的艺术，制香师运用的符号既不是大自然的原始气味，也不是忠实地对自然进行复制，而是把自然转化为符号，通过符号对嗅觉感受进行重组，从而唤起欣赏者相应的感受，而如何在感受与符号间达成一致是一门精妙的艺术，需要想象力和精湛的技艺。对创作者来说，气味符号的产生是嗅觉进行分类的结果，由于负责嗅觉信息加工与情绪处理的脑区高度重合，不仅气味的嗅觉属性可以被迅速把握，也连带产生了情感特质，通过嗅觉可以建立起气味与情感的关系网络，从此每一种气味都有自己独特的轮廓、调子，直到气味的稠度、深度、宽度和潜在的情感维度全都呈现出来，符号化过程才算完成，这需要嗅觉进行极为精细的加工。尽管有的气味会因与其他气味组合而变调，但它毕竟从一团混沌不清的模糊感受中被固定下来，成为一个可被运用的符号。也只有在符号化之后，气味才能成为香水的构成要素，这个过程一方面来自嗅觉自身的深度加工能力，另一方面来自它与情感、记忆等领域的密切合作。

创作者通过嗅觉对气味进行符号化的"转译"，由气味组合而成的调性以及结构又形成了更为复杂立体的符号系统，然而这个过程并不是一种抽象，而是审美知觉与情感化的结果，欣赏者无须对这些嗅觉符号进行理智的解码，只需借助于直接的知觉经验：通过嗅觉与其他感觉的合作，以及它与情感、想象的密切关联所产生的具体可感的体验来进行"破译"，于再创造中获得自由游戏的愉悦。

（三）精神领悟层

在对自然美的欣赏中，嗅觉不是一种沉溺于感官享乐的肤浅感觉，并非只有迷人的香气才会吸引它，树木、草药等令人沉静的植物气味也在嗅觉审美的范围内，嗅觉不仅可以轻松捕捉令人愉悦的花香，也能探寻更为隐秘内敛的自然味道。为了感受这种不易察觉的气味，必须把注意力从各种纷繁的外在感觉中撤出，关闭视觉的游移和听觉的嘈杂，转而专注于一种更加幽渺深邃的感觉，放缓呼吸节奏，拉长呼吸的时间，这时，细微之处才慢慢敞开。当沉静的气味带来安宁静谧之感时，我们与审美对象建立起一种原初的关联，即通过对气味的察觉，发现自己与对象共通的生机与活力。植物散发气味的同时在呼吸，而我们呼吸的同时也散发着身体的味道，呼吸和气味都是生命活动的基本状态，因而我们在吸入对象气味的同时，对象也在嗅闻我们。此时，我不是站在对象之外而仿佛在它之中，感到自己正从事物中涌现出来，它似乎成了我生命的延伸，我与对象的同质性在气味的交织中显现出来。梅洛－庞蒂认为这是因为"我的身体是用与世界（它是被知觉的）同样的肉身做成的，我的肉身也被世界所分享，世界反射我的肉身。世界和我的肉身相互交织（chiasme）"①，嗅觉在审美活动中的双向性揭示了主体与对象的缠绕、侵越和融合状态，我与对象平等地相互交流，这种交织不仅是身体性的，也是精神性的，在气息的相互应和中，自然的精神与生命的灵性逐渐得以彰显。

　　清人董若雨创造了一种振灵香来熏蒸草木，发扬芬芳，振灵香的原料极为寻常，只是在配比上有精细的讲究。以振灵香为引子，嗅觉的欣赏对象就不只局限于那些特殊的香木香草，天下但凡有香气的百草千花都可以用来熏蒸，使香味更加充分地显现出来。它以空性为根本，虚己，而后容纳万物、调和殊异，并不喧宾夺主，而是退为事物的背景，以无为之态尽万物之变，遍历众香而不被羁绊。同时又能以自身激发千万种香，"振草木之灵，化而为香"，这时被激发出的香气不是草木的外在属性而是一种经"提炼"和"净化"过后的精纯之物，是内在生命的结晶，由此，气味引发出一种敬重感，让人意识到对象不仅是生命，它具有同我们一样沉甸甸的灵魂。无独有偶，古罗马哲学家卢克莱修也这样认为，气味"既在身体深处形成，又费劲地从身体深处发出。与固定在表面的、且容易抹去的颜色相反，气味甚至深深地扎根在物体中心"②。气味绝不是轻易可以抹去和消散的东西，它与嗅觉深刻而微妙的联系最不容易被觉察，气味不仅是事物

---

① 〔法〕梅洛－庞蒂：《可见的与不可见的》，罗国祥译，商务印书馆，2016，第 317 页。
② 〔法〕阿尼克·勒盖莱：《气味》，黄忠荣译，第 166 页。

的本质属性，更是它的灵魂，甚至能"唤起本体论的沟通"。因而可以说嗅觉经验在抵达事物深处时，具有一种其他感觉经验都无法代替的根本性，它可以在无边的黑暗和寂静中，以最纯粹、最直接的方式触及事物的核心。在审美活动中，嗅觉所触及的灵魂不是纯然抽象之物，而是活泼泼的当下存在，包含着丰富多样的内涵，"蒸薄荷，如孤舟秋渡，萧萧闻雁南飞，清绝而凄怆。蒸茗叶，如咏唐人，曲终人不见，江上数峰青"①。在这里，品香者用极具画面和声音效果的描绘来表现薄荷的清凉孤寂和茗叶的低回悠长，体现了嗅觉经验在审美过程中形成的独特精神境界。

　　古代文人常常通过熏香来静坐参禅，《楞严经》就记载过一位香严童子闻香悟道的事迹，体现出佛家"六根互用"的观点，不仅表明所有感官的平等，而且领悟之径也是多种多样的。通过香味涤除身心的迷障，借助嗅觉的敏锐和直接性直指本心，"隐几香一炷，灵台湛空明"（黄庭坚）。嗅觉经验与对象始终保持着距离，气味无形无迹，聚散不定，来无所从，去无所至的特点更能让欣赏者体会到世间的无常和万物的空性。嗅觉不仅提供了一条使主体与对象产生亲密连接的途径，也在这种原初的关系中引发对对象内在精神的领悟，并于无声的交流中达到心灵的契合，从而获得形而上的感悟。

三　鼻观
——一种审美鉴赏的方法

　　"鼻观"这个概念最早来自佛教六根互用，一通俱通的思想，由于嗅觉的对象是香气，又称为"香观"。清人钱谦益将"香观"作为诗文品评的方式，蒲松龄也在小说中讲述了盲僧"以鼻观文"的故事，从此，鼻观说由佛家的悟道之径转为审美鉴赏的一种角度。

　　钱谦益在《香观说书徐元叹诗后》中详细阐释了"香观"说的内涵："有隐者告曰：'吾语子以观诗之法，用目观，不若用鼻观。'余惊问曰：'何谓也？'隐者曰：'夫诗也者，疏瀹神明，洮汰秽浊，天地间之香气也。目以色为食，鼻以香为食。今子之观诗以目，青黄赤白，烟云尘雾之色，杂陈于吾前，目之用有时而穷，而其香与否，目固不得而嗅之也。吾废目

① （清）董说：《非烟香法》，黄宾虹、邓实编《美术丛书》二集第4辑，浙江人民美术出版社，2013，第261~262页。

而用鼻，不以视而以嗅。诗之品第，略与香等。或上妙，或下中，或斫锯而取，或煎笮而就，或熏染而得。以嗅映香，触鼻即了。而声、色、香、味四者，鼻根中可以兼举，此观诗之便法也。'"① 这段话有这样几层含义，首先，诗歌具有澄澈心灵、涤荡尘世污浊的净化作用，正如香气可以淘洗五脏、清明神思一样，这种审美效果通过鼻观可以更加直接地抵达。其次，目视侧重于对诗歌意象的欣赏，容易流连于各种浮华绮丽的视觉表象，而那些专以娱目的作品更是通过创造各种堆叠变幻的意象来吸引人，从而带来眼花缭乱的效果，以至于陷入"五色令人目盲"的困境，其实诗歌的真正意味往往在意象之外，而这一点视觉无法领略。鼻观以香为审美对象，香气在这里指的是超以象外的意境，从有限的象进入无限的境，由实入虚，捕捉诗歌内在的风神气韵，如花香从枝叶间蒸腾而出，感受形色之外的性灵抒发，同时能在时间的绵延中品味余香，带来长久的审美愉悦。由于嗅觉与情感有着紧密关联，天然带有一种拒绝机械分析的倾向，所以能够保持浑然一体的完整感受，这就更能体现出诗歌意境的圆融统一。如果说对意象的感知需要读者发挥一定视觉想象力，那么意境的产生意味着读者必须发挥更强的创造力，突破一时一地的具体意象，达到无限时空下的超越性感悟，在这一点上，可以说鼻观比目观更具创造性。再次，鼻观具有敏锐的直觉性，一触即觉，不假思量，不仅可以评判出诗歌的品第，还能判断它的创作方法是生硬地截取还是耐心地浸润，对诗歌来说，形象可以斧凿，香气却难以生造，有无意境以及意境的高下，通过鼻观都可以鉴别，因此，嗅觉内涵一种理性的判断力，并且是以直觉而非分析的方式表现出来。这一点在尼采那里也得到了印证，他认为嗅觉可以觉察到眼睛和理性都看不到的地方，"嗅觉是真理的感觉……在探索真理的过程中，取代了从压制本能的斗争中产生的冷漠逻辑，除了它的基本功能外，嗅觉还保证了一种'第六感觉'，即直觉认知的功能"②。虽然他主要是从认知角度来谈论嗅觉，但审美鉴赏包含着一定直觉的知，因而嗅觉在哲学与审美中都意味着一种独特的作用。同时，高妙意境的营造往往无迹可求，看不到运思安排的痕迹，不过通过细腻的嗅觉或许可以捕捉些许蛛丝马迹，尽管大多只可意会，不可言传。最后，"声、色、香、味四者，鼻根中可以兼举"。这

---

① （清）钱谦益：《钱牧斋全集》第 6 册《有学集》第 48 卷，上海古籍出版社，2003，第 1567 页。

② 〔法〕阿尼克·勒盖莱：《气味》，黄忠荣译，第 205～206 页。

里"味"的概念需要尤为注意,"味"自古以来就是诗歌品评的重要方式和标准,以老子的"味无味"为开端,后来逐渐从哲学领域延伸至审美领域,发展出体味、玩味、寻味的鉴赏方式,诞生了滋味、韵味、余味等审美范畴,从而形成历史悠久的"艺味说"鉴赏体系,其中以"至味"为最高审美境界,体现出味觉的审美化与精神化历程。在这里,钱谦益认为通过鼻观也可以实现对滋味的辨别,说明嗅觉包含了味觉体验。如前所述,味觉功能就其本身而言需要依赖嗅觉辅助才能识别味道,比如对茶的品评既要闻香又要尝味,这两个关键环节都离不开嗅觉参与,即便说嗅觉包含味觉有过分拔高前者之嫌,不过"艺味说"要以鼻观为前提这一点至少还是合理的,到此,嗅觉被隐藏在背后的价值才真正显现出来。

钱谦益所提及的鼻观的特点从一个侧面体现出嗅觉的优势和对视觉的反思,尤其是嗅觉具有直接的身体感,突破了文本表层的限制,对诗歌意境进行整体感知,从而抵达审美对象的内在世界。同时它也具有深刻的洞察力,以极具穿透性的直觉体会文本的深层意境。尽管在鼻观论这里,主张嗅觉可以作为鉴赏的方法其实是一种类比或隐喻,它不可能直接运用在文学批评中,所谓香气环绕也是形象化的解释,不过这样的类比多少说明了嗅觉感知的一些特点以及潜在的深度,对于我们了解嗅觉在审美中的功能给予了思路的延伸和启示。

结　语

中国古代审美活动中,嗅觉感知既可以充当审美活动的引子,又能与其他感觉功能相配合,形成丰富的审美感受,同时它有自己的专属领地,可以单纯凭借自身构成独立的审美体验。与情感和想象功能的天然亲近使嗅觉更容易激发人们的审美感受,并触动其他感官一同参与。嗅觉具有直接的身体感,不仅揭示了主体与对象通过呼吸与气味构成的基本生命连接,也打通了从感官愉悦到精神超越的路径,体会到气味作为事物本质的灵性,并在尊重和平等中实现深层交流。嗅觉以敏锐性捕捉气味在时空中的展开,以洞察力评判审美对象的价值,它暗含的智慧深邃悠远,如同香气氤氲,虽不起眼,却经久不散。近些年来,西方学者也陆续开始关注嗅觉经验对文化记忆的塑造和在艺术实践中的应用,我们也可以在中西互参中进一步探讨嗅觉经验研究的可能空间,以及与科技结合对未来艺术发展的丰富和延伸。

从圣境和谐到两极分化

——美学视域下的张载气学人性论

张学炳[*]

摘要：张载以气学为理学奠基，其思想以气化宇宙生成为始，以框定人性的伦理目的为终。他将人性论置于气论的宇宙图景之下，"太虚"的"至静无感"状态是人性的根源，"气"的聚散清浊决定了人性的天地之性与气质之性。在用最高理性的"天德"弥合"天地之性"与"气质之性"时，张载以自然理性之真（天道）强化伦理目的之善（天德），三纲五常的伦理道德又功利地成为封建后期统治的无形力量。人性呈现为天德高悬和情欲收束的两极分化状态，这一状态代表着在宋代宗法制度趋向瓦解的背景下，刚性僵化的伦理本体使前代人性结构中理性与感性的形而中结构被打破，和谐的圣境人性之美趋于瓦解。

关键词：张载　气学　圣境　天道　天德

From Sacred Harmony to Polarization

—Zhang Zai's Qi Theory of Human Nature from the Aesthetic Perspective

Zhang Xuebing

Abstract：Zhang Zai took Qi as the foundation of neo-Confucianism,

---

[*]　张学炳，首都师范大学文学院博士研究生。

and his thought began with the birth of the universe and ended with the ethical purpose of framing human nature. He put the theory of human nature under the cosmic picture of Qi theory. Tai-Xu's state of "silence without feeling" is the root of human nature, The gathering and dispersing of qi determines The nature of heaven and The nature of temperament. In bridging the "nature of heaven" and "nature of temperament" with the highest rational "Tian-De", Zhang Zai uses the truth of natural reason (Tian-Dao) to strengthen the goodness of ethical purpose (Tian-De), the ethics of the "San Gang Wu Chang" became the invisible power of the late feudalism. Human nature presents itself in a state of polarization between celestial virtues and erotic bandages, this state represented that under the background of the patriarchal clan system tending to collapse in the Song Dynasty, rigid ethical ontology breaks the formal and central structure of rationality and sensibility in the previous generation's human nature structure, the harmonious sacred realm of aesthetics of human nature tends to disintegrate.

Keywords：Zhang Zai；Qi；Sacred；Tian-Dao；Tian-De

人性问题是儒家的核心命题，从孔子以"仁"为人性之本，到孟子的人性四端学说，再到荀子的"性恶"论，人性话题是儒家展开其学说的基础。作为理学的奠定者之一，张载用气学思想在特定历史条件下对儒家学说做了一次较为系统的更新，更新的起点虽然在气学宇宙论，但落脚点却在包括人性论的伦理学。张载在内的绝大部分理学家号称直追先秦，其人性论与先秦多有相同的表述，然而相同的表述背后却是不同的时代背景和理论导向。理学被称为新儒学，代表着哲学思潮的历史转向，其中当然包含美学的转向。从美学的视角，剖析张载人性论述中感性与理性的状态及结构，会对古代后期的哲学、美学转向有新的把握。

一　合虚与气，有性之名
——由气论到人性论

张载对理学初创的贡献是创建了一套气化的宇宙生化理论，但对宇宙世界的探索并不是他的目的所在，其目的在以封建伦理道德为主要规定的人性论上。作为人和万物共有的"性"，是从何而来呢？这还要返回到张载的宇宙论。张载说："太虚无形，气之本体，其聚其散，变化之客形尔；至静无感，性之渊源，有识有知，物交之客感尔。客感客形与无感无形，惟尽性者一之。"① 这里明确"性"的"渊源"即源头是"至静无感"，结合"太虚无形，气之本体""客感客形与无感无形"，可知"太虚"与"无感无形"有关，我们可以用"无形太虚"对应"至静无感"，"无形太虚"的"至静无感"状态便是"性"的渊源。由气论到性论，张载对人性的展开连接着清通的"太虚"，贯通着高远的天道（天理）。

人性是一个总括性的概念，张载说："由太虚，有天之名；由气化，有道之名；合虚与气，有性之名。"② "合虚与气"即合湛一至静的"太虚"与聚散过程中的"气"的各自属性，相应地也就是合"天地之性"与"气质之性"而成的总的"性"。"性其总，合两也"③ 即合"天性在人"④ 与"饮食男女皆性也"⑤，也就是说人性包含"天地之性"与"气质之性"两方面，连接太虚世界与气化万物两端。"性"是张载对立统一辩证逻辑中代表统一性的一面，也是本体的一面，即"性者感之体……体万物而谓之性"⑥。"性"的统一性主要是"天命之性"的统一性："天命之性的根源在于神的'合一不测'和天的'参和不偏'。而性的这一'合'的本质倾向，禀赋于形体之中就成了一种朝向外的倾向：'性通乎气之外'，也即超越形气之私、与他者建立起血脉感通的倾向。"⑦ 张载并无明确的天性、人性的界别，二者常常是相通的，例如张载"由太虚，有天之名；由气化，有道之名；合虚与气，有性之名"句似在说天之性（天性），但紧接着"合性与知觉，有心之名"句显然是说人性，因此这里天性、人性合为"性"。所以张载也说："感者性之神，性者感之体。在天在人，其究一也。"⑧ 即"性"在天、在人究其根本是一回事，在此意义上，天性即人性，人性即天性。但定义为天性的人性只能是"至诚"，是天地之性。

---

① 《张载集》，中华书局，1978，第 7 页。
② 《张载集》，第 9 页。
③ 《张载集》，第 22 页。
④ 《张载集》，第 22 页。
⑤ 《张载集》，第 63 页。
⑥ 《张载集》，第 63~64 页。
⑦ 杨立华：《气本与神化：张载哲学述论》，北京大学出版社，2008，第 108 页。
⑧ 《张载集》，第 63 页。

在气化的过程中形成现实的人性，即合"天地之性"与"气质之性"的总的人性。但是现实的人性是不完满的、充满缺陷的，它有"通极于无"①的可能性和必要性。张载思想中的"性"是一个形而上的概念，形而上表现在至高无上的绝对性（"天所性者通极于道……天性在人"）和本体统一性（"一太极两仪而象之"②），人性的形而上属性来自"天"，来自"太虚"，是天性授予人性的。人性的本体性、统一性可以用"神"来表示，"神"即太虚的合一不测。因为人性本体上的"神"，所以人性可感可化，"感"和"化"是形而上的人性连接形而下的世界的方式。太虚世界是至静无感的，但太虚世界的合一不测属性蕴含着"感"的潜能。若以人性为本体，"感"也可以说人性的"神"，因为"感"乃"阴阳交感"，是人性中相反相成的阴阳二仪得以对立转化的关键所在，无"感"，人性就无法贯通形上形下世界，就会"形自形，性自性"③，故"感而通"，这里的"通"就是形上、形下世界的贯通。所以把"感"说成人性的"神"是从与形下世界联通的角度说的，"神"为人性之本，"感"为人性之"神"，张载的表述是"感"为"性之流"。"流"即是言形上、形下的贯通，即是"动"，如果从"性"上说是"感"，那么从"神"上说就是"动"。④"感"可以贯通形上、形下世界，"动"则是"气"表示在无形"太虚"和有形"万物"间的转化不息，即"至虚之实，实而不固；至静之动，动而不穷"⑤。张载的人性论中，还有"化"，他说："一物两体，气也；一故神，两在故不测。两故化，推行于一。"⑥"化"与"神"高度关联，如果说"神"指人性统一的方面，"化"则指人性内部对立转化的方面，正因为人性内部"化"的对立转化机制，所以能够"变化气质"，也即能够由"气质之性"到"天地之性"，而这一变化的结果就是"诚"。张载说："至诚，天性也……人能至诚则性尽而神可穷矣。"⑦"诚"既是天的最高伦理学表征"天性"，又

---

① "性通极于无，气其一物尔。"见《张载集》，第64页。
② 《张载集》，第10页。
③ 张载言："知虚空即气，则有无、隐显、神化、性命通一无二……若谓万象为太虚中所见之物，则物与虚不相资，形自形，性自性，形性、天人不相待而有，陷于浮屠以山河大地为见病之说。"见《张载集》，第8页。
④ "天下之动，神鼓之也，神则主乎动，故天下之动，皆神之为也。"见《张载集》，第205页。
⑤ 《张载集》，第64页。
⑥ 《张载集》，第10页。
⑦ 《张载集》，第63页。

是人追求的与天合一的最高人性状态。

二　天德高悬，情欲收束

——人性论的两极分化

　　最高的人性就是天性，不同的是，天之性全然是"诚"是善的，而人之性却有善有恶。其中善的部分与天之性相通，源于太虚。恶的部分源于气化之后的有形，也即气聚之后的形态。所以他在讲天之性的时候也是在讲人之性。人与物，智与愚的不同是禀受天性的不同，但天性的禀受是通过"气"及"气化"完成的。气质之性源于气聚之后的形。天性作为最高人性对应的是天德作为最高理性。张载说："神，天德，化，天道。德，其体，道，其用，一于气而已。"① 这里，张载开宗明义就讲"德"为体，"道"为用，"德"之"神"具有总览全局的统一性，"道"之"化"中对立矛盾的自然理性是统一中的对立，所以"德（天德）"在层次上高于"道（天道）"。张载说："神化者，天之良能，非人能；故大而位天德，然后能穷神知化。"② 所谓"穷神知化"就是圣人以道德主体穷究和感知"天道"在对立统一中不测玄妙和生生之化，以"穷神知化"的名义，"天德"与"天道"紧紧绑定在一起，而且"天德"凌驾于"天道"之上，成为"天道"之用的本体。

　　当"天德"成为人的最高理性，体认"天德"，言行切近"天德"便成为人之为人的最高准则，达到"天德"的状态便成为人一切行为的最高境界。我们说张载的人性论贯通着形上和形下两个方面，即人性是一个总体性的概念，总的人性蕴含着天地之性和气质之性两个方面。但张载人性论的上述两个方面呈现一边倒的状态，这种状态从张载论述人性的起源处就定了基调：性（人性）来源于"至静无感"即"无感无形"，产生的理性就是天德。一旦"物交"，就会产生"客感"，人就会"有识有知"，但这里的"识"与"知"只能是"闻见之识""见闻之知"，代表着感性。唯"尽性者"能统一"至静无感"与"物交客感"，统一"无感无形"与"客感客形"，统一"德性之知"与"见闻之知"。所谓的统一并不是二者的调

① 《张载集》，第 15 页。
② 《张载集》，第 17 页。

和，而是将后者统一消融到前者，也即将"物交客感""客感客形""见闻之知"消融统一在"至静无感""无感无形""德性之知"中，后者只是凸显前者的陪衬，是到达前者的阶梯，甚至可以不通过后者，直达前者。这也就为心学抛开"道问学"，越过"格物穷理"，直达"尊德性"，直接体认"天理良知"埋下了伏笔。

张载由以气论思想为特色的宇宙论到气清浊聚散关联的人性论，尽管强调无感无形，突出天地之性，但依然直面气聚万物的有形世界，依然承认饮食男女皆性的气质之性。这也是他与释老斗争的武器之一。当理性世界借着天道的高度变为超验永恒的天德时，万物形色的有形世界和饮食男女的感性情欲与人的超绝理性的矛盾张力愈显突出。

> 湛一，气之本；攻取，气之欲。口腹于饮食，鼻舌于臭味，皆攻取之性也。知德者属厌而已，不以嗜欲累其心，不以小害大、末丧本焉尔。[1]
> 人之刚柔、缓急、有才与不才，气之偏也。天本参和不偏，养其气，反之本而不偏，则尽性而天矣。性未成则善恶混。[2]

人的饮食日用之生存本能和感性情欲都是"攻取之性"，属于气之偏，人必须通过养气来反本，回归天地之性的本然状态。在认识到张载思想中情欲感性状态的基础上，我们必须清醒认识到张载的有形世界和气质之性在其思想中的地位和作用：从外在讲，这是儒家重视现实人生的古老背景使然，也是与佛老交锋的需要；从内在讲，这是张载的伦理学目的论因要规范收束感性世界而触及感性世界。承认人性中的情感欲望客观存在使得张载认识到现实的人性就是包含情欲在内的综合的人性。而张载为人性划定的方向却是脱离、超越现实的人性走上人性的最高境界——天地之性（天德、天德良能、天道），天地之性与气质之性呈现两极对峙，对峙下要求用前者统一后者，或者经由后者到达前者。超越现实人性就是要在天地之性与气质之性二者的对峙中穷理尽性、知礼成性：

① 《张载集》，第22页。
② 《张载集》，第23页。

"自明诚"，由穷理而尽性也；"自诚明"，由尽性而穷理也。①

天下之理无穷，立天理乃各有区处，穷理尽性，言性已是近人言也。既穷物理，又尽人性，然后能至于命，命则又就己而言之也。②

"尽人性"之所以要在气聚散的物质领域穷究物理，一方面是在人性的起源处追溯人性的物质根基"太虚无形……至静无感，性之渊源"，由此体认到"通天下为一物"，此"一物"就是万古不变之"理"（天理），穷理（理为一）在于精义，尽性（性为一）则可入神，因此只有真正了解"理""性"为"一"才能达到"穷神知化"的程度，而能达到"穷神知化"程度者必定是"德盛仁熟"之人：

《易》谓"穷神知化"，乃德盛仁熟之致，非智力能强也。③

德盛者，神化可以穷尽，故君子崇之。④

另一方面是将社会理性（人德）与自然理性（天道）结合，将人德放置在天道之上，人德因攀升到天道高度具有了超验永恒的属性。这样经由天道获得超越属性的天德反客为主，成为本体的存在。

三　圣境的瓦解

——气论人性的美学流变

张载极力整合气论与人性论（"天地之塞，吾其体；天地之帅，吾其性"），弥合"天地之性"与"气质之性"（"尽性者一"）。在最高理性上，张载将代表气论理性的"天道"与代表人性论理性的"人德"整合为"天

---

① 《张载集》，第 21 页。
② 《张载集》，第 235 页。侯外庐等认为："'穷理尽性以至于命'是三个不同等级但又互相连接的认识阶段。'穷理'为第一阶段，指穷尽体现在万事万物中的'天理'。……'尽性'是第二阶段，即尽人性，穷尽人所禀赋的道德品行，以达到与'天性'的合一。……'至于命'是最后一个阶段，亦即通过穷尽'天理''天性'，而达到对'天命'的最终体悟。"见侯外庐、邱汉生、张岂之主编《宋明理学史》下册，人民出版社，1997，第 116 ~ 117 页。
③ 《张载集》，第 17 页。
④ 《张载集》，第 218 页。

德"的概念。他说：

> 有天德，然后天地之道可一言而尽。①
> 圣不可知者，乃天德良能，立心求之，则不可得而知之。②

天德是天的道德属性，贯通到人身上，就是人性中的善，是人性中的"天地之性"，这也就是张载论述道德良知先天永恒性的逻辑来源。

一方面，神圣天德具有无上的超越属性，它"圣不可知"，"神，天德""神化者，天之良能，非人能；故大而位天德""天德即是虚，虚上更有何说也"③。张载对"天德"做出了某种神秘化解释。另一方面，"天德"好像又很实际、很具体，"大学当先知天德，知天德则知圣人"④"惟君子为能与时消息，顺性命、躬天德而诚行之也"⑤"刚健笃实，日新其德，乃天德也"⑥"克己要当以理义战退私己，盖理乃天德"⑦。天德就是克己为仁、躬行义理的道德伦常。"天德"的神不可测与具体可行代表着两个世界、两种境界。这实际上就是高不可测的天德表述背后具体实在的伦理功利目的：天德不是别的什么玄虚之物，它实则是人间具体的、日用的伦常规范、道德教化，是"三纲五常"封建等级秩序的另一种表述。我们认为，对于"天德"，张载之所以先要论述一番其神秘不可知性，再论述其具体可行性，是因为神秘的"天德"借助的是最高的自然理性（天道）的能量，是最高的自然表述——天的抽象属性，"天德"具有的超越性、永恒性正来源于此；后一个具体"天德"是功利的社会理性的抽象，它有着特定的社会内容，是对特定历史时期社会秩序规范、伦理规则的凝练，它代表的是封建社会后期的伦理秩序。由神秘性、神圣性的"天德"到具体化、功利化的"天德"，其路径正是张载由天性及人性，由宇宙论到伦理学的宏观路线。在这里，张载努力营构的统一性的"天德"实际上天然地会分裂为两个世界：飞升上天界高度的自然理性天道世界和下坠到功利凡俗的社会理性人

---

① 《张载集》，第15页。
② 《张载集》，第17页。
③ 《张载集》，第269页。
④ 《张载集》，第64页。
⑤ 《张载集》，第51页。
⑥ 《张载集》，第116页。
⑦ 《张载集》，第130页。

德世界。张载的"天德"正是飞升的天道与坠落的人德的人为组合。在张载极力将二者弥合为一时，"天德"即凸显出两种倾向：高远天道工具化与圣境人德实利化。

"天道"本是自然理性的抽象，其所具有的形上高度是自然理性飞升后的抽象高度，其飞升过程就是与感性世界的分离，即抛弃具体可感的有形有色世界，飞升到抽象、永恒、冷峻的真理境界成为最高理性。"但是，最高的理性又不能没有善，尽管它已经没有善的根基。于是，一种并非源于人心信仰而是出自人为强制的善，就像颜色一样涂到了'道'上面。"① 所谓高远天道工具化就是飞升到天界的自然理性（天道）实际上成为天德凸显其神圣高度的工具，张载说"德，其体，道，其用"，也就是我们说的高远天道工具化。

圣境人德实利化就是被放置在高远天界的人德，其神圣光辉的高远境界所指向的或者说其最终目的却不是这一境界本身，而是功利的具体的伦理目的。也就是说，无论如何形而上地用"神不可测""圣不可知"等描述"天德"，其最后落脚点还在现实人事，还在人事间的道德教化和实利追求。所谓圣境，② 有着特殊的意涵，它代表着一种古代的和谐美的状态。这种人性美就是古代中国人在世俗中蕴含着非世俗性也即超越性，正是这种非世

---

① 邹华：《中国美学原点解析》，中华书局，2013，第 330 页。
② 邹华从上古宗教中考察中国古代人性结构的状态，认为与西方相比，中国古代宗教中的祖先神灵、祖先崇拜由于严酷的自然环境及氏族血缘关系的强大作用而没有转化为英雄崇拜，没有与自然神灵、自然崇拜一起飞升到天界高度，没有形成西方的上帝观念。反而是以祖先为英雄，使得祖先神灵强化了自身，并形成了对自然神灵的下拉作用。同时，被下拉的自然神灵也提升了祖先神灵。这样本向天界飞升的自然神被下拉到人间，失去了彼岸世界的神性与刚性，原本在低平人间的祖先神被自然神抬升，提升了它的超拔属性。原始宗教中的自然崇拜、自然神灵和祖先崇拜、祖先神灵最终形成自然理性和社会理性，自然理性可用"天道"来表示，社会理性可用"人德"来表示。"向彼岸飞升的自然神灵反而下贯，向此岸下沉的祖先神灵反而超拔。……（至上神）这种状态，我们称之为'居间性'。"（邹华：《中国美学原点解析》，第 16～17 页）正是这种居间性决定了中国古代人性中理性的形而中状态，也决定了理性与感性的中和。"正是下沉的祖先神与飞升的自然神的上下拉动，导致了至上神既不远离人间，又不沉溺世俗，既不远离自然又不沉溺物质的居间性，在人性结构上，则形成了理性既不脱离感性又不混同感性的'形而中'特点，形成了一种天然的特殊的美感倾向和审美关系。"（邹华：《中国美学原点解析》，第 15 页）于是，"自然理性在下贯过程中柔润化了，具有了社会理性的人间性和情感性；社会理性在提升的过程中凝固化了，具有了自然理性的规范性和有序性。自然理性和社会理性的聚中……在凡俗的人性中追求高远的神性，我们称之为'圣境之美'"（邹华：《中国美学原点解析》，第 16～17 页）。

俗性和超越性使中国文化追求的现世精神能够持久而富有意义，能够支撑民族的文化心理结构。邹华说："在中国古代宗教中，自然神的下贯使自然保持了它的生动完整的一元状态，避免了神与物的分离，而祖先神向天道的攀升，则避免了神与人、灵与肉的二元化对立。至上神所隐含的理性化，不再采取脱离人的感性存在的方式，它的神性就体现在人性中，或者说灵就在肉中，天道就在欲求中。"① 我们要注意到这种人性美的根基和背景是祖先崇拜与自然崇拜的结合，是社会理性被自然理性提升，或自然理性因社会理性而下贯。

但是上述祖先崇拜和自然崇拜相互作用的基础和背景从宋代开始发生了历史的变化。日本学者内藤湖南认为唐代和宋代分别是中国的"中古"和"近世"，其"唐宋变革"论影响巨大。钱穆也说："中国历史，……唐末五代结束了中世，宋开创了近代。"② 所谓"宋开创了近代"在本文中要着重强调的就是进入宋以后建立在祖先崇拜基础上的宗法制度开始衰落。钱杭在宗法制度的研究中以北宋为界划分出前后两种宗法形态。③ 罗炳良将这种宗法形态变迁的原因总结为四点：一是唐末五代社会动荡冲击宗法体制；二是"朝为田舍郎，暮登天子堂"④ 的科举取士及官僚流动等制度；三是土地制度下的土地所有权转换频繁和农民对地主的人身依附关系松弛；四是阶级结构和阶级关系的变化，即魏晋六朝庄园经济中的部曲、奴客在宋代宗族制度瓦解下成为封建国家的编户，人身不再隶属宗族地主，取得一定独立地位的自耕农和佃农得以自由迁徙。在上述基础上，罗炳良得出这样的结论：宗法制度及其观念发展到宋代，标志着中古社会的宗族制度瓦解，封建社会后期的家族制度形成。⑤ 罗炳良的结论与我们对中国古代后期宗法制度趋于瓦解的判断是一致的。

宗法制度开始瓦解，祖先崇拜出现衰落，由祖先崇拜而来的社会理性和由自然崇拜而来的自然理性的逆向聚中的机制趋向坍塌解体。这样，社会理性对自然理性的吸引力、下拉作用减弱。"道"开始脱离形色物象和凡

---

① 邹华：《中国美学原点解析》，第 277 页。
② 钱穆：《宋明理学概述》，九州出版社，2011，第 1 页。
③ 钱杭：《周代宗法制度史研究》，学林出版社，1991，第 286 页。
④ （宋）汪洙：《神童诗》，华龄出版社，1997。
⑤ 罗炳良：《宗法制度与宋代社会》，《北方工业大学学报》1992 年第 4 期，第 89～95 页。

俗肉体向抽象高远的天界飞升，"德"开始从居中高度下坠到功利具体的平实人世。于是人性的神圣光辉的天界高度不再，换来人世间的功利实在。天道和人德处于居间状态之下的圣境人性失去了支撑，圣境人性的和谐美状态失去了凝聚力。于是出现了我们上面论述的情形：高远天道工具化与圣境人德实利化。

天道与人德的中国古代形而中结构坍塌解体背景下的高远天道工具化与圣境人德实利化，虽然说的是天道与人德两个方面，但实际上只有一个侧重点，那就是坠入低平人世的人德及其被放置在天道高度的状态。那个高远的天道从来不是重点和目的，① 只是工具和衬托。于是实质上出现了两套社会理性（人德）：一套是被人为置于天道高度的人德（天德）；一套是实已坠入低平人间的人德（实利人德）。包括张载在内的理学家极力追捧、建构前一个人德，极力否认、鄙弃后一个人德，这也是理学家大张旗鼓地严于义利之辨的原因之一。对于"圣境"人德（被人为置于天道高度的人德）的追求有其古来的传统在，这既是宋代新儒家的创新（吸收释老理论成果），也是对儒家传统的继承。但这一继承也只能是话题范畴、理论资源的继承。前一套人德俯视、鄙夷后一套人德，后一套人德却渗透、把持前一套人德。理学家对于前一套人德的建构、推捧也是在维持（至少在形式上）那个趋于解体的形中圣境人性，所以从形式表述上看，无论是先秦儒学还是宋明理学，儒家都讲求在凡俗的人性中追求高远神性。但在先秦儒学那里，凡俗人性与高远神性处于逆向聚中的居间和谐状态，这种对神性的追求是本真、自发甚至潜意识的追求，这种对神性的追求可以说是一种结果，其起点远在上古就已经发端，其过程糅合在原始宗教信仰之中，理性化的先秦儒学只是一种总结。而宋代理学那里凡俗人性和高远神性已经伴随着宗法社会的衰落而分离，二者的和谐状态只能逐渐变为历史的美好追忆和现实的虚伪愿景，这时，所谓在凡俗的人性中追求高远神性事实上变为将三纲五常的伦理秩序架设了天道的刚性和权威。

在上述内容中，我们将在凡俗人性中显现高远神性的天人合一状态称为天人合圣的人性圣境之美，之所以将这种人性状态称为人性圣境之美，是因为其中暗合一种天然的审美倾向，也即这种天人合圣状态下的人性结

---

① 这也使宋明理学的格物致知的认识论并没有导向追求自然真理的科学探索。

构中理性与感性呈现特殊的审美状态①：社会理性与自然理性的逆向聚中机制，形成了"理性既不脱离感性又不混同感性的'形而中'特点，形成了一种天然的特殊的美感倾向和审美关系"②。在张载这里，从美学上讲，人性的和谐圣境之美状态发生了变化：诚如我们之前论述的那样，张载人性论呈现高远天道工具化与圣境人德实利化的趋势，这实际上是人性论中形而中和谐机制解体后的倾斜或两极分化，在张载的极力强调下，人性中的理性就是攀升到天道高度的天德，而坠落到低平人世的追求功利的社会理性是不被承认的，但实际上功利性的社会理性不仅不会因为张载极力排斥而消失，反而成为其高悬天德的目的。所以张载人性论结构中的理性，从形式上看，已经占据了天道的高度，俯视着低平的人世；从实质上看，特定时期伦理秩序的功利目的是它的内容。张载在极力排斥低平人世的功利理性的同时，也将情感意欲等人性中的感性内容一并排斥掉了。③ 张载引用《乐记》中的材料，"人生而静，天之性也。感于物而动，性之欲也"，将"人生而静，天之性"与"气散而为太虚"的"无感无形"相结合，变为"人生而静，天之性，气之虚，气之无形"；又将"感于物而动，性之欲"与"气聚而为万物"的"客感客形"相结合，变为"感于物而动，性之欲也，气之聚，气之客形"。这里，人性与人欲对立起来，虽然极个别时候，也承认维持人生存的最基本的人欲存在的合理性，但从根本上讲，张载是否定、排斥人欲的。张载反对告子"生之谓性"的观点："以生为性，既不通昼夜之道，且人与物等，故告子之妄不可不诋。"④ 我们认为，"生之性""气质之性"不光是人性，而且是人性的基础，没有人的生物学基础，也不会有人的感性动力。先秦礼乐传统下要求"理"和"情"、"仁"与"欲"

① 所谓审美状态即在作为审美意识基础的人性结构中，感性与理性两个基本层面的特殊合成形成的审美的状态。"感性与理性作为人性结构的两个基本层面，具有认识论和存在论的双重意义……人性结构的审美合成，是认识论和存在论的综合或交叉，具体地说，它或者是认识论的理智思维（理性）与存在论的情感体验（感性）的结合，或者是存在论的价值判断（理性）与存在论的感性形式（感性）的结合。前一种结合既保留了认知的倾向，又化解了理智思维的抽象性，成为审美的直觉；后一种结合既保留了意欲的冲动，又阻断了价值目的的实践性，成为审美的观照。直觉与观照是审美意识所特有的两个侧面或两种状态。"见邹华《中国美学原点解析》，第 9～10 页。
② 邹华：《中国美学原点解析》，第 15 页。
③ 虽然张载也讲"饮食男女皆性也，是乌可灭？然则有无皆性也，是岂无对？"（《张载集》，第 63 页）但这里的"性"是未区分气质之性与天地之性的总的称呼。
④ 《张载集》，第 22 页。

也即道德与情欲中节的和谐状态，也就是《论语》"发乎情，止乎礼义"，《中庸》"喜怒哀乐之未发，谓之中；发而皆中节，谓之和"。在包括张载在内的理学家那里，这种"中节"和谐状态似乎已经被打破，几乎一边倒向"礼义"、道德，道德对情欲全面压迫，"绝乎情，崇乎礼义"，"未发谓之性，已发谓之情"，人性的和谐状态被已发未发问题打破。人性的和谐圣境的天然审美结构解体崩塌后，人为天道位置的理性以伪善高度和实利内核对感性形成强大的制欲效应。在张载的人性论世界中，天地之性与气质之性近乎理性与感性，二者的关系从已无理性既不脱离感性又不混同感性的"形而中"审美状态的影子，变为了理性排斥、压制感性的非美状态。

上述为张载在理学初创背景下的人性结构，事实上，理学框架之外，理学的伦理规范之外还存在着被遗弃、被压制的鲜活人性。这里理性层面展现为商品大潮下人心的功利机巧和人际的实利计算（算计），感性层面展现为理学话语压制之外的肆欲追求。这个看似混乱、嘈杂的鲜活人性状态或许是理学发展后期瓦解理学创造新的学术范式、激活新的人性思潮的内在动力。

中国古代审美文化研究 ◀

汉画蕴含的道家文化思想

唐　建[*]

摘要：道家是先秦诸子流派中重要的一支，对哲学理论思维的发展贡献巨大。汉画中以"孔子见老子"为重要题材的作品众多，楚民俗文化中原始巫术文化及神奇瑰丽的神话传说为汉画注入了神秘浪漫主义的艺术魅力，道家思想对汉画审美理念的嬗变作用持续影响着中国画的审美，对中国画的著名美学思想"气韵生动""传神写照""知白守黑""天人合一"等，产生了巨大的影响，并一直贯穿中国画精神的内核。汉画中对"神韵"的追求、对"简"的崇尚、对"拙"的表现等审美理念均源于老庄思想，它对精神自由的无限向往与执着追求奠定了汉画浪漫与写意精神的艺术基调。

关键词：汉代绘画　黄老思想　神仙方术　道教　道教文化

Taoism in the Paintings of the Han Dynasty

Tang Jian

Abstract：Taoism is one of the most significant schools of pre-Qin philosophers, and has made great contributions to the development of philosophical theory. "The meeting of Confucius and Laozi" is a common subject of

---

* 唐建，中国艺术研究院教授。

paintings of the Han Dynasty. Taoism changed the aesthetics of paintings of the Han Dynasty and continued to influence the aesthetics of Chinese paintings, such as the concepts of "rhythmic vitality", "expressive portrayal", "knowing white and guarding black" and "the unity of heaven and man". It runs through the core of the spirit of Chinese painting. The Taoism of Lao Zi and Zhuang Zi determines the aesthetic concepts of "romantic charm", "simplicity", and "clumsiness" in Han paintings, its infinite yearning and persistent pursuit of spiritual freedom laid the artistic tone of romantic and freehand spirit of paintings of the Han Dynasty.

Keywords：Paintings of the Han Dynasty；Huang-lao Thought；Fairy and Divination；Taoism；Taoist Culture

儒释道思想是中国传统文化精神的基本内核，它的产生、形成与发展受到诸多因素的影响，同时它形成思想后又反作用于各个领域。道家作为最具影响力的本土文化思想，后来演变发展成为中国本土宗教"道教"。早期汉画中以"孔子见老子"为重要题材的作品众多，黄帝和老子的形象在汉画中比比皆是，由此可以窥见其中所流露出来的黄老崇拜意识。道家思想对汉画审美理念的嬗变作用持续影响着中国画的审美，汉代的《淮南子》和《论衡》两部哲学著作深深地影响着中国美学史，它们疏离了审美与道德观念的密切关系，以"自然"为旨趣，发展成为"澄怀味象"的美学命题；推动了"元气自然论"的形成与完善，探讨了"形""神""气"内在的联系，而衍生了形神论及以"气韵生动"为旨归的美学思想。《淮南子》"君形者"的思想更是东晋顾恺之著名美学思想"传神写照"论的直接来源；老庄思想蕴含"放浪形骸"的浪漫主义情怀，其中"大巧若拙""知白守黑""气韵论"等文化思想深入中国画的骨髓。

早在汉代"画像"一词已然出现，《汉书·赵充国传》及《汉书·武帝纪》中均有涉及。到了宋代，赵明诚的《金石录》、洪适的《隶释》及《隶续》等金石学著作中，近代意义"画像石"一词逐渐出现。狭义的汉画则主要是指汉画像石，本文中所涉及的"汉画"研究范围，主要是指汉画像石、画像砖、墓室壁画、帛画及漆画等。

一 黄老思想与道教思想的异同

汉代文艺思想具有浓厚的道家色彩，它深刻地影响着汉画艺术的审美思想与艺术表现。道家是先秦诸子流派中重要的一支，其在秦汉之际的发展历经了由先秦避世到汉初治国方略的黄老之术再到东汉末年的道教的历程，对哲学理论思维的发展贡献巨大，其中养生论元气论影响深远，深刻地影响着汉代的生死观、长生论和宇宙观，汉画中很多的题材和内容都反映着上述内容，尤其是神仙方术渗入后东汉时期尚黄老、修仙道的思想对汉代墓葬观和墓葬艺术的作用重大。班固谈到"道家者流，盖出于史官"①，司马迁言史自黄帝始，亦是受道家思想影响。楚国"官学"背景良好，早期官学中鬻熊子、倚相和观射父等都在传播和影响着楚国的道家思想，著名的隐士如老子、接舆、老莱子、范蠡等更是对道的释义、传播与改造功不可没。而《黄帝四经》中"恒先之初，迥同太虚""名实相应"的思想、《尸子》的推崇公心反对私心及正名名分之教、《鹖冠子》"天地成于元气"的元气论及以黄老刑名为本兼论诸学的融合思想等影响甚大。道家思想在不同程度上影响着儒、墨、杂等诸学派，如天道自然、虚静、无为等思想被儒家融合与吸纳。到了秦末汉初，汉朝统治者吸取秦王朝覆灭的教训，而那时又百业待兴，需要与民休息，因而黄老之学得以广泛传播，并实现了由道论向社会性的倾斜和实践。西汉初七十余年间均是黄老之学主导着治国思想与实践，即"持以道德，辅以仁义"②。

就目前所出土的涉及黄老崇拜意识的汉画而言，西汉比东汉画面内容相对简单，技法不如东汉成熟。如兖州博物馆藏的西汉线刻"老子画像"，画面左格中，老子形象高大立于画面中心，而且肌理有别于其他人物，凸显了老子被尊崇的地位（见图1）。又如微山县文化馆藏的西汉线刻"孔子见老子画像"，孔子率众人拜见老子，体现了对老子的尊敬，并甘愿向其问道。后因时局的变化，儒学兴盛，黄老学说没落，东汉时期日渐式微而融入道教文化。

道教与黄老之学有着千丝万缕的联系。道教成立初始是依托道家黄老

---

① 安平秋、张传玺分史主编《汉书·艺文志》，汉语大辞典出版社，2004，第786页。
② （西汉）刘安等著，许匡一译注《淮南子全译》，贵州人民出版社，1993，第359页。

图 1　老子画像（局部）　兖州博物馆藏　西汉

资料来源：中国画像石全集编辑委员会编《中国画像石全集》第 2 卷《山东汉画像石》，河南美术出版社、山东美术出版社，2000，第 13 页。

思想而得以生存、发展，并为世人所接受的，但是与此同时它也注入了自己本教的哲学思想，对黄老思想进行了宗教化和方术化的改造和发展，这是由一种无神论向有神论演变的历程，由消极避世转向积极入世，从而发展成为具有自身特色的大众宗教哲学。道家与道教联系与差异并存，道教依托黄老学说却又在发展过程中形成了自己的特点，"道家哲学具有理性的无神论色彩，道教哲学具有有神论的神秘色彩；道家哲学是消极无为的，道教哲学是积极有为的；道家哲学是隐士哲学，道教哲学是方士哲学；道家哲学是超世的，道教哲学是忘世的。道教哲学的一些基本概念和主要范畴，是从老庄学派和黄老之学继承来的，它实际上是道家黄老之学的宗教化和方术化"①。

　　黄帝在道教中被神化，老子被奉为道教的始祖——太上老君，道教亦奉"道"为最高信仰。因此，到了东汉时期，"孔子见老子"的画面多了起来，技法较西汉高超娴熟，人物体貌传神，场面多为三人以上，或者是老子、孔子、项橐，或者众弟子参与其中（见图 2）。仅东汉嘉祥出土的汉画像石中就有"孔子见老子"主题的画面十余幅之多。此外，道教的主题如黄帝升仙、长生不死、修炼成仙等，在汉画中也多有表现。

---

① 牟钟鉴、胡孚琛、王葆玹主编《道教通论——兼论道家学说》，齐鲁书社，1991，第 333～334 页。

图2　孔子见老子　私人收藏　东汉

资料来源：陈海华主编《汉代画像石上的人文与体育：汉缘阁藏汉代画像石拓片赏析》，河北教育出版社，2008，第11页。

　　具体来说，与道家思想密切相关的汉画图像还有因对"太一神"的崇拜而创作的"太一"像。"太一"是《老子》中所指称的"道"的别名，象征"天道"，主宰万物。"太一"神揽阴阳，制四方，左右怀抱伏羲与女娲，四灵环绕，成为常见题材之一。后来神仙学派在汉代与"重生""养生""乐生""长生不老"等道家观念融合渗透形成道教文化，其神仙方术、修炼成仙等思想在汉画中均有所体现，如汉画中有着大量对西王母进行刻画的作品，其因拥有能制作长生不死之药的玉兔而备受尊崇，尽管其状貌被描绘得十分恐怖"西王母其状如人，豹尾虎齿而善啸，蓬发戴胜，是司天之厉及五残"①。东王公亦是长生不老的象征，传其左右各一羽人捣制长生不老药，《神异经》如是描述"东荒山中有大石室，东王公居焉，长一丈，头发皓白，人形鸟面而虎尾，载一黑熊，左右顾望"②。人人想成仙而驱鬼，因此汉画中龙、鹤、鹿、凤等均为神禽瑞兽，乘其与羽人同行而"升仙"入仙界；还有的希冀借助"琴"的神力"化去不死"，修道成仙。相应的驱鬼辟邪、祭祖祀神、镇凶纳吉的题材也不断出现，如专门打鬼的神荼、郁垒及方相氏等，石墓的墓门上多画有打鬼的仙人像。

　　总的来说，道家思想对汉代的丧葬观、生死观及神仙方术、宇宙观等都产生了重要影响，从而对汉画艺术创作包括主题内容、思想、艺术特征

---

① （汉）刘向、刘歆编，思履主编《彩色图解山海经·西山经》，中国华侨出版社，2012，第60页。

② （汉）东方朔：《神异经》，湖北崇文书局，清代。

及形象塑造等作用匪浅。

二 黄老思想崇拜意识在汉画中的体现

西汉时期，"黄老之学"作为当时的政治统治思想和社会主流思潮对汉画影响颇深，这种影响主要体现在出现了对黄帝与老子的主神崇拜意识及相关图像。"黄老之学"是"黄学"和"老学"的统称，初期二者并未并置在一起，而是独立的两种学说，是原始道教的不同流派。"黄帝"之学和《道德经》起于战国，均是在承继古代"道论"的基础上产生和发展而来，道论上有着相同及相近之处，都以"道"为万物之本原，但在具体的论点上又各自自成一派，有着思想上的分流。"黄学"由于政治原因兴盛于西汉，彼时可谓盛极一时之显学。1973年长沙马王堆汉墓出土的《黄帝四经》帛书，弥补了先前"黄学"资料缺失的遗憾。

"黄学"并非黄帝所作，而是鉴于黄帝崇高的政治地位，战国中期出现了大批托名为黄帝的著作。《汉书·艺文志》所载12类26种黄帝之书，属于道家的书居多，道家对黄帝的尊崇促进了其在思想文化上至高地位的形成与确立。汉画中的黄帝是以主神的形象出现的（见图3），有的是"黄帝升仙"（见图4），有的是"黄帝暨日月神像"，等等。老子的神格很高，仅居于西王母之下，孔子见老子的道教仪式在汉画中非常常见。黄老并用是到了司马迁《史记》和班固《汉书》，为了所建理论体系的需要而对《黄帝》与《老子》之学求其大同，未做分辨，思想界限模糊混用，以致被后世误用。

汉丞相曹参首次将"黄老之学"运用到政治之中，用来治理国家。从出土的《黄帝四经》的内容来看，汉初所采用的"黄老之学"应主要是黄学思想。西汉道家著作《淮南子》创作于汉初背景下，对《黄帝四经》和《老子》均有吸收和改造，乃黄老思想的贯通之作。由该著作可以看出黄老之学"治术"属性鲜明，追求"阴阳大顺"之用，它极为维护尊卑等级制度，强调绝对地忠君，以"治身"为理论基础终至"治国"之术。它所主张的"无为"主要是黄学积极意义上的"无为"理念，包含刑名法术之学。

图3 黄帝 山东嘉祥武氏祠武梁祠西壁画像石
资料来源：朱锡禄编著《武氏祠汉
画像石中的故事》，山东美术出版社，
1996，第10页。

图4 黄帝升仙 藏于徐州汉画像石馆 东汉
资料来源：武利华主编《徐州汉画
像石》，线装书局，2004，图一一九。

　　综合黄老学说而言，其理论涉及的方面广泛，思想内容丰富，主要包括以"道"为本体和法则的道论，"因循"理论、阴阳五行论、精气论，道法结合、法教合一之政论，阴阳刑德之政令论，治身心、养生见解，等等，对后世影响深远。黄老之学的成果是吸收了多家思想后发展而成的具备自身思想体系特征的学说，其中道家、阴阳家与黄帝之学最突出的贯通点为"推天道以明人事"，融合了历法、天文、占星术、阴阳五行与治国方略等，追求内圣外王之境界。

　　不同时期的黄老之学，因时代发展和社会需要而呈现不同的特征和内容上的差异。汉初，刘邦登基后以黄老政策与民休息，到了刘邦末年已然"偃兵息民，天下大安"；惠帝时期已形成"天下宴然""衣食滋殖"的局面。窦太后对黄老之学的忠实信奉与身体力行，汉文帝和汉景帝对黄老思想的崇尚和推广实行，以及皇室贵族及将相大臣们的崇尚与执行等，对经济、文化的影响巨大。董仲舒时期，因统治需要甚至将黄老思想中的"君道无为"加以变化后用作治国方略。

　　鉴于"黄老之学"所带来的社会政治影响及其对经济重要的恢复作用，

黄老崇拜延续了很长时间。《后汉书》记载，楚王英"晚节更喜黄老，学为浮屠斋戒祭祀"；汉桓帝"祠浮图、老子"于"濯龙宫"等。[①] 黄老的神格化将黄帝、老子升格为神仙进行崇拜。由于西汉黄老之学的显学地位及东汉的后续影响，汉画中多有对黄老思想及崇拜意识的体现，如对黄帝、老子尊崇地位及神格的表现，阴阳五行说，养生，气论等。

以主题是"孔子见老子"的汉画为例，"孔子适周问礼"见于先秦两汉古文献记载，《庄子》《史记》中亦多有记述，一方面体现了"礼"的内容，如嘉祥县武氏祠文物保管所藏的东汉早期的两方孔子见老子画像石；另一方面，可能体现了老子在汉代道教信仰中的大神"太上老君"的尊崇地位，拜见老子受书得道是一种神圣的道教仪式，并成为升仙的关键性步骤（见图5）。从汉画来看，出土了多块刻绘有"孔子见老子"画像的汉画像石，目前山东地区出土者占大多数。此类图像主题相同，在构图和表现形式上有所差异，一种形式是孔子、老子、项橐三者构图，老子拱手相迎，孔子手捧贽礼，稚童项橐则立于其间，曾有"项橐三难孔子""昔仲尼，师项橐"的传说，被誉为"圣公"的项橐成为联系孔子与老子的生动纽带，集传说、信仰等于一体，丰富了画面构成。如嘉祥宋山村出土的画像石"孔子见老子"（见图6）、陕西绥德出土的东汉墓墓门右立柱画像中的"孔子见老子"等。另一种形式是孔子率众弟子立于老子面前进行礼拜，榜题刻有"老子也"，七人躬立其后。孔子率众弟子贽礼拜见，榜题为"孔子也"，其中将子路、颜回、子张三位门生的名字题榜其上。此种形式的图像构图中心突谒。山东嘉祥宋山村出土的画像石图像中，老子手扶曲杖，礼迎宾客，老子、孔子身后诸人形成韵律之感，人物姿态动静结合。东汉晚期的车骑出行画像见图7。还有一种形式是画面仅三人，执礼相迎之老子，执贽揖躬之孔子，奉简肃立之孔子弟子，人物榜题分别为"老子""孔子""子"，可以参见四川新津崖墓石函（见图8）。从同一主题"孔子见老子"形式多样的汉画构图中，可以看出该主题的流行和黄老之学的广泛影响，老子神化为"太上老君"后，众人认为通过修道方可成仙。

西汉道家著作《淮南子》的问世可谓黄老之术盛行于世的有力佐证，其中阴阳五行说是很重要的组成部分之一，在中国传统哲学思想中影响广泛，它既是古人的宇宙观信仰，又对自然科学、人文科学等影响至深，对

---

① （南朝宋）范晔：《后汉书》，汉语大词典出版社，2004，第 954、138 页。

图 5　孔子见老子（局部）　山东东平汉墓壁画　山东省博物馆藏

资料来源：贺西林、李清泉：《中国墓室壁画史》，高等教育出版社，2009，第 34 页。

图 6　孔子见老子　嘉祥宋山村出土

图 7　孔子见老子　车骑出行画像　嘉祥县武氏祠文物保管所藏　东汉晚期

资料来源：《中国画像石全集》第 2 卷《山东汉画像石》，第 122～123 页。

中国人思维模式的形成亦作用重大。其初期分别为"阴阳说""五行说"，经过战国后期方术士们加以改造利用，直至汉代才形成了具备宗教神学观念特征的阴阳五行说，并广泛流行。阴阳五行思想贯穿汉代人生活的方方面面，对墓葬思想亦是影响深远，既包括墓地的选择，亦有墓室结构的整体布局，还有汉画中所反映的阴阳五行思想等。"五行"原指五星之运行，以星历建五行。汉代，天地相结合的"五行"进一步与"阴阳"相结合，开始盛行阴阳五行说。其最终由《汉书·五行志》汇流成河，并在《白虎

图 8　孔子见老子　孔子问礼图（局部）　四川新津崖墓石函
资料来源：高文编《四川汉代画像石》，巴蜀书社，1987，第 77 页。

通德论》后演变成为体系完备的天神感应版的阴阳五行说，披上了宗教神学的外衣。《淮南子》中有关阴阳的论述多处可见，如 "阴气胜则为水，阳气胜则为旱"①"日月照，阴阳调"②。综合来看，黄老崇拜中很重要的一部分内容为阴阳五行的运用，汉画中亦多有表现。如南阳市麒麟岗汉画像石墓（见图9），墓葬时间为东汉早中期，其前室墓顶的天界图像内容全面而丰富，画面壮观，天象主题鲜明。主神头戴山形冠端坐于构图中心，上下左右分别为朱雀、玄武、青龙、白虎四灵，张衡在其著作《灵宪》中称，"苍龙连蜷于左，白虎猛据于右，朱雀奋翼于前，灵龟圈首于后，黄神轩辕于中"③，画面主神或为黄帝，或为太一神，其神格特征鲜明，是黄老崇拜的重要内容。据《晋书·天文志》记载："北斗七星在太微北，七政之枢机，阴阳之元本也。故运乎天中，而临制四方，以建四时，而均五行也。"④这体现了东西南北中的五方观念及金木水火土的五行思想。阴阳则表现为画面中心两侧的羲和捧日和常曦捧月，星象内容则处于画面的最两端处，为南斗六星、北斗七星，云气缭绕。整幅画面以图像和构图的方式表现了以阴阳五行为表现方式的天人感应，既有天象，又有神仙崇拜，是当时黄老思想的体现。又如山东滕州官桥镇大康留庄出土的日月星象图（见图10），

① 顾迁译注《淮南子·天文训》，中华书局，2009，第 60 页。
② 顾迁译注《淮南子·泰族训》，第 278 页。
③ （宋）范晔：《后汉书·天文志》，上海古籍出版社、上海书店，1986，第 816 页。
④ （唐）房玄龄等：《晋书·天文志》，中华书局，1974，第 290 页。

日月当空，日月相望、阴阳相和。相较于周围的星象来说，日月比例可谓巨大，占据了画面的大部分空间，表达了汉代对阴阳五行观念的重视，以及人们希望阴阳调和的美好愿望。还有山东滕县黄家岭出土的日月合璧图（见图11）。日月为同心圆重叠在一起的画面称为"日月合璧"，取自自然界中日环食的天文现象。日月和既是万物阴阳调和、万物生长、国泰民安的好兆头，又是夫妻和睦以求死后同葬的企盼。阴阳交泰方能使万物交通，是祥瑞之象，是阴阳五行思想重要而直观的表现方式之一。

图9　天象图　南阳市麒麟岗汉画像石墓　墓顶一（前室）

资料来源：韩玉祥、李陈广主编《南阳汉代画像石墓》，河南美术出版社，1998，第143页。

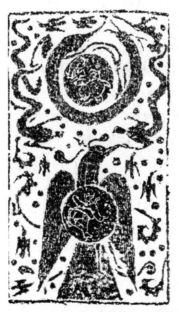

图10　日月星象图　山东滕州官桥镇大康留庄出土

资料来源：张道一：《画像石鉴赏》，重庆大学出版社，2009，第384页。

图 11　日月合璧图　山东滕县黄家岭出土

资料来源：张道一：《汉画故事》，重庆大学出版社，2006，第 185 页。

三　老庄思想对汉画的影响

汉画中对"神韵"的追求、对"简"的崇尚、对"拙"的表现等审美理念均源于老庄思想，它对精神自由的无限向往与执着追求奠定了汉画浪漫与写意精神的艺术基调。老庄思想对汉画的影响集中体现在精神层面，然后精神上的追求与变化又会以具体艺术特征的方式在画面中呈现出来。老庄思想作为本土文化哲学思想体系的重要源头之一，其核心为"道"，源于"道可道，非常道""道之为物，惟恍惟惚"①。《老子》"道法自然""万物负阴而抱阳，冲气以为和"②、《庄子》"天地与我并生，而万物与我为一""真者，精诚之至也。不精不诚，不能动人""故圣人法天贵真"③等思想精髓为汉画艺术所吸收运用。"道"是万物之源，亦是万物生长的动力之源，它以自身的"无形体"之"常无"生发天地"有形体"之"常有"。老庄思想凝练、简短，却被后世做了多向度的阐发，恰如清代著名学者纪晓岚所评"综罗百代，广博精微"，足可见其影响之深。道家思想的核心是"道"，老子"道法自然"的自然观、"大道至简""见素抱朴"的素

① 陈鼓应：《老子注译及评介》，中华书局，1984，第 53、148 页。

② 陈鼓应：《老子注译及评介》，第 232 页。

③ 孙通海译注《庄子》，中华书局，2007，第 39、360 页。

朴观、"知白守黑"的色彩观、"负阴抱阳"的阴阳相成观、"致虚极，守静笃""清静无为"的虚静观、"惟恍惟惚"的意象观、"大巧若拙"的守拙观、"万物得一以生"的体道合一观等审美观念已然植入了汉画艺术精神的本质，进入灵魂深处。庄子对于有与无、美与丑的主观性阐发，对于自然之美和素朴之美的推崇，对空灵之境的求索，怪奇浪漫的创作思想，想象与思想上的逍遥、自由，以及"法天贵真"的生命美学等都为汉画注入了浪漫主义的美学因子及"真"的美学特质，为汉画冲破"形"的樊篱走向"神"的表达奠定了审美观念的基础。

可见，老庄思想对汉画艺术精神的影响主要体现在对形神关系的认知与处理上，其思想的影响倾向于不拘泥于"形"而追求"神"的艺术表达，使得汉画形成了写实与写意两种艺术倾向，并为后世的"意境说"奠定了一定的萌芽之思。对汉画艺术特征的影响表现为对"简""疏""朴""拙""自然""写意""淡""天真""虚实""浪漫""怪奇"等的艺术追求。老庄思想对汉画的黑白色彩观及画面上"实景"与"虚白"关系的处理等都作用匪浅。例如河南博物馆藏有一块画像砖（见图12），局部画面上是一男子弯弓跪射一只凶猛的老虎。画面用充满朴拙之气的线条将射箭者沉稳的气度、高超的箭术，以及白虎的怒吼、威胁刻画得极其传神，将一人一兽间剑拔弩张的对抗状态表现得淋漓尽致，至简的线条把握住了人与虎的形神特征。构图布局疏朗，充满天真、自然之趣。又如泰安市博物馆所藏的大汶口墓前室中立柱画像（见图13），以夸张的造型、律动的身姿、无界限的空间观念塑造着充满浪漫主义色彩的画面。上层画面中，侧身躬腰、体态夸张的神怪似在配合着朱雀优美华丽的展翅之姿而翩翩起舞。中层画面神怪与熊伴扭动着腰身，牵手而舞，姿态欢畅而充满韵律感。下层画面头首口舌相对、躯体交织缠绕的双龙，尾部还落有两只小鸟，予人以无限遐想的空间。

四　神仙方术观念在汉画中的体现

神仙方术起于上古，源于对未知"命运"及"无穷之宇宙"的恐慌和对生命的渴望。它以"万物有灵"为基点，以"天人感应"为支撑，在形成过程中吸收了诸家学说为己所用，形成了形式多样、内容丰富的特定知识领域，然后又渗透到社会生活的方方面面，成为中国传统文化的重要组

图 12　射虎（局部）　画像砖　西汉中期

资料来源：《中国画像砖全集》编辑委员会编《河南画像砖》，四川美术出版社，2006，第 8 页。

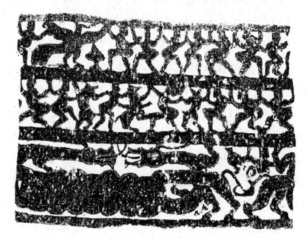

图 13　大汶口墓前室中立柱画像　东汉晚期

资料来源：《中国画像石全集》第 1 卷《山东汉画像石》，第 180 页。

成部分，影响深刻而广泛。人们对长生不死的期盼和对死后升仙的美好愿景导致了神仙方术的兴盛，可以说它是汉代墓葬文化的核心内容和思想，是一种精神导向。汉画中所塑造的"神之又神"的仙境，仙气缭绕、云雾弥漫，有着既威严又和蔼可亲的神仙，有着引导升仙的羽人及欢腾飞舞的神兽、神禽、神怪，还有仙草、仙药等。这种盈满、浪漫的空间让人的心灵不再空虚、畏惧，让人在沉醉中自由徜徉于精神的天堂。

　　例如，武氏祠左石室屋顶前坡东段画像（见图 14），画面第一层中，数位羽人在前面骑翼龙引路；仙人驭乘三翼龙之云车随后前行；后面亦有羽人乘翼龙随行，姿态各异。最左端一人站立，持笏恭迎。画面其余处羽人

踏云而行，翼龙穿行其间。画面曲线的运用给人带来活泼的美感，飞扬的
姿态让人注目流连，让人感受到了灵动的仙境。第二层占据了画面的大部
分空间，端坐于云上的主神西王母、东王公给人一种祥和之感，羽人侍立
周围。中部云气缭绕，诸多羽人穿行其间。这种令人向往的仙境，甚至映
衬得死亡不再是一件可怕的事情，而是充满着希望，在一片和乐融融的欢
快氛围中抵达理想的天国。神仙方术在帮助人们寻找精神的皈依时，力图
摆脱生命在时空中的局限感，使生命挣脱时空的束缚，从而获得恒久的生
命和精神的自由，这是人对神性的渴望与向往。

图 14　武氏祠左石室屋顶前坡东段画像　约东汉桓帝建和二年（148）
资料来源：《中国画像石全集》第 1 卷《山东汉画像石》，第 62 页。

　　先秦时，方术指道术。《庄子·天下》"天下之治方术者多矣"① 中的
"方术"指"治道艺术"，秦代以后专指方士之术。② 在刘安等拟编著《淮
南子》时，据《淮南子·高诱序》中描述其"招致宾客方术之士数千人"，
"天下方术之士，多往归焉"③。《汉书·淮南王安传》曰："又有中篇八卷，
言神仙黄白之术，亦二十余万言。"④ 可见，黄老之术中的神仙方术、长生
久视之道既是《淮南子》中的重要内容，亦是道家思想的重要组成部分。
燕齐海滨起源的神仙方术在汉代尤其是汉武帝时已然盛极一时，可谓成于

---

① 孙通海译注《庄子》，第 374 页。
② 陈永正主编《中国方术大辞典》，中山大学出版社，1991，第 7 页。
③ （西汉）刘安等编著，（东汉）高诱注《淮南子》，上海古籍出版社，1989，第 1～2 页。
④ （东汉）班固撰，（唐）颜师古注《汉书·淮南王安传》，中华书局，1962。

两汉，《史记·封禅书》中记载，"海上燕齐之间，莫不扼捥而自言有禁方，能神仙矣"①，说明了神仙方术的盛况。

道术的前身是方术，包括方技和术数。它主要包括预测术，追求个体的养生、长生久视之道，以及其他杂术。②《汉书·艺文志》则将方技分为"经方""医经""神仙""房中"，将术数分为"历谱""天文""五行""杂占""蓍龟""形法"。③

神仙是"道"之信仰的具象化、形象化体现。"神仙"主要与求仙相关，包括导引、服食、行气等术，其中"服食"关系最大，其药以金石为主，追求的目标为成仙、长生、不死。④汉画中常常出现的掌管不死仙药的西王母，羽人捣药、玉兔捣药，灵芝等图像都是其重要的体现。例如，出土的资料中，马王堆帛书中的《五十二病方》所列的一些矿物质药类，是炼丹常用的成分，由此可窥豹一斑。马王堆帛书中的"天文气象杂占""避兵图"等亦是神仙方术中的重要内容（见图 15、图 16）。神仙方术思想除了影响汉画的题材内容外，还带来了影响其审美理念和审美理想的创作观，为汉画艺术形象的塑造插上了想象的翅膀。汉先民所创作出的图像符号除了积淀了社会功用的内容和价值，有着理性的思辨外，还为其中凝聚着的情感、思想和理想幻化出了热烈而谨严、荒诞不经又不失虔诚的形象，为汉画艺术的独特面貌做出了自己的努力和贡献。

汉画中神仙方术的相关内容较多，如河南偃师辛村新莽墓中的壁画（见图 17），掌管不死仙药的西王母与捣药的玉兔以大比例的形式处于画面构图中心，以鲜明的形象和形式彰显了西王母的主神地位。下方绘有蟾蜍和九尾狐。蟾蜍本身药用价值极高，而"万岁蟾蜍"又有"肉芝"之称，胜于灵芝，为长生之不死灵药、仙药。九尾狐即寓意生殖之功能，"尾"则寓意天象中的星宿之尾宿，"九"在中国传统文化中象征"阳之极数"，"九尾"又象征"九阴"。

这幅图像绘于门阙内方砖上，使九尾狐又具有了辟邪祥瑞之象征。画面虽然并不复杂，却集合了长生、天象、不死灵药等主题。又如，金谷园新莽墓壁画，图像内容丰富，其中西壁南段上有两砖，各绘有仙人驭青龙、

① （西汉）司马迁著，韩兆琦译注《史记·封禅书》，中华书局，2010，第 2253 页。
② 谢松龄：《天人象：阴阳五行学说史导论》，山东文艺出版社，1989，第 94 页。
③ 陈永正主编《中国方术大辞典》，第 7 页。
④ 李零：《中国方术考》，东方出版社，2000，第 301～306 页。

图 15　天文气象杂占　马王堆帛书

资料来源：李零：《中国方术考》，图版一。

图 16　避兵图　马王堆帛书

资料来源：李零：《中国方术考》，图版二。

图 17　西王母仙庭　壁画　河南偃师辛村新莽墓

资料来源：贺西林、李清泉：《中国墓室壁画史》，第 30 页。

仙人乘白虎两图；北段两砖有一砖上绘羽人立龙背之戏龙图。北壁上绘有大神祝融和羽人戏天马。羽人与虎、龙、马的共同出现表达了引魂升天之主题，神仙的出现则表达了求仙之主题。再如，西安交通大学附小墓壁画（见图 18），穹顶上圆内上下分别绘有月、日，外廓两大圆之间以四灵定位，绘以星宿表现二十八宿天象，人物与动物间以其中。圆外有祥云、仙鹤。后壁上绘有羽人手持灵芝，为墓主人引魂升天。

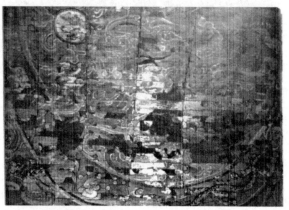

图 18　二十八宿天象图（局部）　壁画　西安交通大学附小西汉墓

资料来源：贺西林、李清泉：《中国墓室壁画史》，第 22 页。

　　道家文化思想对中国书画的浸染至深，同时老庄思想所蕴含的浪漫主义情怀在汉画的创作理念中表现得淋漓尽致，追求精神娱乐的主体意识和审美理想得以张扬。尤其是魏晋以后，审美趣味和风尚使崇山乐水、回归自然、崇尚自由等对自然的向往和对精神的追求促进了写意精神的萌生与发展，更是从根本上影响着中国画审美思想的根基。它更加关乎艺术家的生命力、精神性和创造性，以及绘画作品本身的艺术生命。道家思想包罗万象、思接千载的宇宙观和"天人合一"的理念，使中国画家观照自然万物，承载天地元气，表现出主客体的融合与统一，这种审美理念上的根本改变所产生的巨大影响一直延续至今，是中国画审美的精神家园。

书法美学中的骨、骨力与风骨解读

张树天[*]

摘要：中国书法艺术表现出的"骨力""骨气""风骨"是最为重要的审美范畴。"骨力"是书法内在精神的骨骼笔力。"骨气"指从书法作品内部漫溢出来的生命力和骨力气势。"风骨"是指在作品苍茫劲健的笔力外观下，从内部溢出的强大人文精神内核。

关键词：书法 骨 骨力 骨气 风骨

Interpretation of Gu, Gu Li and Feng Gu in Calligraphy Aesthetics

Zhang Shutian

Abstract：The most important aesthetic categories are "Gu Li", "Gu Qi" and "Feng Gu" in Chinese calligraphy art. "Gu Li" is the bone pen strength of the inner spirit of calligraphy. "Gu Qi" refers to the vitality and bone momentum overflowing from the inside of calligraphy works. "Feng Gu" refers to the powerful humanistic spirit core overflowing from the inside under the boundless and vigorous appearance of the works.

Keywords：Calligraphy；Gu；Gu Li；Gu Qi；Feng Gu

---

* 张树天，内蒙古师范大学新闻传播学院教授。

在我国的古典美学中，除却"气""气韵""神采"之外，"骨力""骨气""风骨"等也是十分重要的审美范畴。书法艺术尤其重视这些与骨相关，并由此衍生的一系列审美范畴。但是，为什么中国书法自古就崇尚"骨"？为什么在创作中，"骨力""骨气""风骨"成为书法审美的高标准？本文试图就此问题展开论述。

一 "骨"：作为力量感的表达

"骨"的观念最早由老子提出，《老子》第三章："是以圣人之治：虚其心，实其腹，弱其志，强其骨。"第五十五章："骨弱筋柔而握固。"① 骨是生命体的有机组成部分。无论是《庄子·秋水》的"此龟者，宁其死为留骨而贵乎，宁其生而曳尾于途中乎"②，还是《韩非子·安危》的"闻古扁鹊之治其病也，以刀刺骨"③，都是在这个层面上的运用。但是也应该看到，老子已经从人的生命存在角度注意到了看得见的"骨"与看不见的精神性的"志"之间的关系。这种哲学理念影响了后世的艺术理论。在书法品评和书法理论方面，从魏晋开始关于"骨"的论述就非常多。

> 余览李斯等论笔势，及钟繇书，骨甚是不轻，恐子孙不记，故叙而论之。④
> 善笔力者多骨，不善笔力者多肉；多骨微肉者谓之筋书，多肉微骨者谓之墨猪；多力丰筋者圣，无力无筋者病。⑤

"余览李斯等论笔势……"一句出自王羲之的《书论》，他指出李斯和钟繇都很重视书法的骨法。"善笔力者多骨……"一句出自卫夫人的《笔阵图》（传），她将"骨"和"肉"、"力"和"筋"作为评价书法的一般标准，高度评价"多力丰筋"。"骨""筋""血""肉"正是人的肉体的构造，

---

① 冯达甫译注《老子译注》，上海古籍出版社，1991，第8、126页。
② 江苏广陵古籍刻印社影印《庄子集解》，扬州古籍书店，1991，第126页。
③ （战国）韩非：《韩非子》，上海古籍出版社，1989，第68页。
④ 华东师范大学古籍整理研究室选编、校点《历代书法论文选》，上海书画出版社，1979，第28页。
⑤ 《历代书法论文选》，第22页。

现在已然被用作评价艺术作品的准则。概因之汉字的造字方法是"六书"，且最主要的是"象形"，汉字能够带给阅读者丰富的联想，往往能体现出汉字构成的支撑和组织结构，而这些正如同人的肉体一样，也就能引起人们对于"骨"和"筋"的联想。正因如此，"骨"被用在书画品评领域之初，其作为骨骼支撑的力量感常常得到强调。

上述两位书法大家都以品评人的生命体的形式来评价书法作品。魏晋时期的人物品评很看重"骨"。《昭明文选》宋玉《神女赋》云："骨法多奇，应君之相。"[1]《史记·淮阴侯列传》云："贵贱在于骨法，忧喜在于容色。"[2] 王充《论衡·骨相》认为："人命禀于天，则有表候于体，察表候以知命，犹察斗斛以知容矣，表候者，骨法之谓也。"[3]《昭明文选》曹植《洛神赋》云："奇服旷世，骨像应图。"[4] "骨"在人物品评中就是指人的骨相，即骨骼长相。在儒家看来，人的形容体貌骨相在一定程度上是与道德品行相一致的。外在之"相"是内在之"骨"的形式化呈现。因此，书法作品的品评很重视"骨"以及"骨"所体现的生命的运动感。如王僧虔《又论书》认为张芝是大书家，对其掌握了"筋"和"骨"的书法给予了很高的评价："伯玉得其筋，巨山得其骨。"[5]《笔意赞》解说了什么是"骨"丰"肉"润："骨丰肉润，入妙通灵。"[6] 无独有偶，唐代的孙过庭在《书谱》中也对"骨"进行了限定："假令众妙攸归，务存骨气；骨既存矣，而遒润加之。"[7] "遒润"是含有艳美之感的"丰润"的意思。陶弘景在《与梁武帝论书启》中将"骨"和"肌"进行对比，指出评价书法的标准是"使元常老骨，更蒙荣造，子敬懦肌，不沉泉夜"[8]。萧衍《答陶隐居论书》将"骨""媚""肉""力"四项要素作为评价书法的标准，"纯骨无媚，纯肉无力"[9]。无论是骨丰、遒润，还是老骨、纯骨，都是对以骨为支撑的书法作品的更高层面的要求。从以上的论断可以看出，书法艺术对于

---

① （南朝梁）萧统编《昭明文选》，中州古籍出版社，1990，第 252 页。

② （西汉）司马迁：《史记》，中华书局，1959，第 2623 页。

③ （东汉）王充：《论衡》，上海古籍出版社，1990，第 26 页。

④ （南朝梁）萧统编《昭明文选》，第 255 页。

⑤ 《历代书法论文选》，第 60 页。

⑥ 《历代书法论文选》，第 62 页。

⑦ 《历代书法论文选》，第 130 页。

⑧ 《历代书法论文选》，第 69 页。

⑨ 《历代书法论文选》，第 80 页。

"骨"的期待已经不仅仅止于其原初所具有的力量感的含义。

　　"骨"字融入了更多人文的东西,已不再是单纯的力量和力量感。人的精神层面的东西已经初露端倪,中国传统的知人论世的品评方法再一次得到体现。这一点从书法艺术"骨"论的发展过程中也可以看出,除了表面体征之外,"精髓感""精神感"逐渐有了明显的体现。唐代欧阳询在《传授诀》中指出"忙""缓"和"势""骨"、"肥""瘦"和"形""质"为评价书法的一般性标准:"最不可忙,忙则失势;次不可缓,缓则骨痴;又不可瘦,瘦当形枯;复不可肥,肥即质浊。"① 对于具有北派严谨书风的欧阳询来说,形式的重要性不言而喻,所以他提出的这一系列概念范畴是有着深刻意义的。而且整个唐代是审美"尚法"的时代,形式感上的规矩性是必须的,但是形式之外的东西在这里其实并没有被忽略,"痴""枯""浊"等反向的审美追求仍然是书法的终极目标。张怀瓘《书断·神品》在张芝的条目中说到韦诞称张芝为"草圣",也提出以崔瑗的"肉"、张芝的"骨"和"劲骨丰肌"为评价书法的通行标准:"韦诞云:崔氏之肉,张氏之骨。其章草《金人铭》可谓精熟至极,其草书《急就章》,字皆一笔而成,合于自然,可谓变化至极。羊欣云:张芝、皇象、钟繇、索靖,时并号'书圣',然张劲骨丰肌,德冠诸贤之首。"② 在卫瓘的条目中也将张芝的"筋""骨""肉"作为评价的标准:"常云我得伯英之筋,恒得其骨,靖得其肉。伯玉采张芝法,取父书参之,遂至神妙。"③《书断·妙品》在胡昭的条目中也提及张芝的"筋""骨""肉":"羊欣云:胡昭得其骨,索靖得其肉,韦诞得其筋。"④《书断·能品》在智果的条目中提出以王羲之的"肉""骨"作为评价标准:"尝谓永师云:和尚得右军肉,智果得右军骨。"⑤ 在王知敬的条目中提出"肤""骨"兼备的评价标准:"工草及行,尤善章草,入能。肤骨兼有,戈戟足以自卫,毛翮足以飞翻。"⑥ 在卷末的总评中也以劲"骨"作为评价的标准,推张芝为第一:"若章则劲骨天纵,草则变化无方,则伯英第一。"⑦ 在卷末的总评谈到"体势"时,也以张芝的"骨"作

　　① 《历代书法论文选》,第105页。
　　② 《历代书法论文选》,第177页。
　　③ 《历代书法论文选》,第179页。
　　④ 《历代书法论文选》,第184页。
　　⑤ 《历代书法论文选》,第200~201页。
　　⑥ 《历代书法论文选》,第202页。
　　⑦ 《历代书法论文选》,第206页。

为评价的标准："卫恒兼精体势，时人云：得伯英之骨。"① 窦臮《述书赋·上》也将"骨""力"作为评价的标准："元宝刚直，两王之次。骨正力全，轨范宏丽。"② 从这些论断可以看出，唐人已经将"骨"字完全放在一个大的文化背景下谈论，既有明确的形式美感的要求，也有深层的人文色彩，内外兼顾，形成了较为完整的品评规范。唐代之所以成为中国书法史上可以和汉代、魏晋并提的高峰，就是因为这一时代的书法家、书法理论家都能够从审美高度上认知书法，并且落实在具体的书法实践中。

宋代书法，比之唐代有所不及，但苏、黄、米、蔡亦为可观。作为综合性文人的苏东坡，其在书法认知上不输唐人。苏东坡云："书必有神、气、骨、肉、血，五者阙一，不为成书也。"③ 黄庭坚和苏轼的看法似乎相同："肥字须要有骨，瘦字须要有肉。"④ 徐浩《论书》则很全面地提出了"骨""气""肉""力"的评价标准。他详细地对汉魏晋唐书家进行了阐述："厥后钟善真书，张称草圣。右军行法，小令破体，皆一时之妙。近世萧、永、欧、虞颇传笔势，褚、薛已降，自《郐》不讥矣。然人谓虞得其筋，褚得其肉，欧得其骨，当矣。夫鹰隼乏彩，而翰飞戾天，骨动而气猛也。翚翟备色，而翱翔百步，肉丰而力沈也。若藻耀而高翔，书之凤凰矣。"⑤ 故而宋代书法审美，基本是在重复晋唐的言论，但其也能够认知到，在对书家进行评判时，不能简单地谈及书家书作核心状貌判断的形式问题，而应该把书法作为一种纯粹的精神迹象表征看待。

明清时代的书学，从中国书法史的眼光来看，已经没有了晋唐"风规自远"的风范，也没有了宋人"尚意"的能动，无论是董其昌，还是刘熙载、包世臣，在书法审美高度上都没有提出超过前人的见解。有的只是对前人的大总结，其中刘熙载是较为典型的。刘熙载《艺概》中亦谈到"骨"，他说："北书以骨胜，南书以韵胜。然北自有北之韵，南自有南之骨也。""字有果敢之力，骨也；有含忍之力，筋也。用骨得骨，故取指实；用筋得筋，故取腕悬。""书少骨，则致诮墨猪。然骨之所尚，又在不枯不

---

① 《历代书法论文选》，第 207 页。
② 《历代书法论文选》，第 245 页。
③ 《历代书法论文选》，第 313 页。
④ 《历代书法论文选》，第 355 页。
⑤ 《历代书法论文选》，第 276 页。

露，不然，如髑髅，固非少骨者也。""骨力形势，书家所宜并讲。"① 将"骨"、"气"和"韵"同时谈论，将"骨"和"筋"并举，但这只是将唐代孙过庭、张怀瓘、窦臮的观点整合化用而已，并没有实质的发展。倒是晚清的康有为，对"骨"的理解有了新的角度，即"他山之石"，似乎超过了前人的思想。康有为在《广艺舟双楫》中说："古今之中，唯南碑与魏为可宗，可宗为何？曰：有十美；一曰魄力雄强，二曰气象浑穆，三曰笔法跳越，四曰点画峻厚，五曰意态奇逸，六曰精神飞动，七曰兴趣酣足，八曰骨法洞达，九曰结构天成，十曰血肉丰美。是十美者，唯魏碑、南碑有之。"② 他从打破旧体制的视角论及书法，提倡学习鲜活变化的北碑，而不去学习规规矩矩的唐楷。他在这里讲的"骨"就不单纯是一种力量感、形式感，也不是什么难以捉摸的人文思想，而发展成为书法作品整体的气法、字法、章法，是一种笔墨交融的技法和精神的集合体。整个明清时代的书法，基本没有做到"远逾宋唐，直攀魏晋"③，但是康有为独辟蹊径，反而把死气沉沉的晚清书法推向了一个小高峰，他的书法，成为具有独特审美风范的可圈可点的清代扛鼎之作。

二　"骨力"：生命力的呈现

最早将"骨"和"力"联系起来论述的，是南北朝书法家王僧虔，他在《论书》中说："郗超草书亚于二王，紧媚过其父，骨力不及也。"④ 后来萧衍在《答陶隐居论书》中，将"肥瘦"和"骨力"作为评价的标准："分间下注，浓纤有方；肥瘦相和，骨力相称。"⑤ 而庾元威在《论书》中提出将"骨力"和"婉媚"作为评价的标准："余见学阮研书者，不得其骨力婉媚，唯学拏拳委尽。"⑥ 这时的论述还没有完全将"骨"与"力"脱离开，骨力是相同的，有骨便有力，无力乃无骨之故。到了唐代，由于李世民酷爱书法，其在理论上也进行了探索。在《论书》中，他提出了"骨力"

---

①　《历代书法论文选》，第697~712页。

②　《历代书法论文选》，第826页。

③　上海鲁迅纪念馆编《鲁迅诗稿·郭沫若序》，上海人民美术出版社，1991，第1页。

④　《历代书法论文选》，第59页。

⑤　《历代书法论文选》，第80页。

⑥　崔尔平选编、点校《历代书法论文选续编》，上海书画出版社，1993，第22页。

和 "形势" 的评价标准："今吾临古人书，殊不学其形势，惟在求其骨力，而形势自生耳。"① 这里的骨力，已和六朝时期的说法不大相同，开始透射出其中包含的精神层面。大理论家孙过庭在《书谱》中则提出 "骨力" 和 "遒丽" 的评价标准："如其骨力偏多，遒丽盖少，则若枯槎架险，巨石当路。"② 更加彰显形式的感觉。张怀瓘在《书断·神品》中评价杜度、崔瑗时使用了 "骨力"，"韦诞云：杜氏杰有骨力，而字笔画微瘦"，"伯英祖述之，其骨力精熟过之也"③。而窦臮《述书赋·上》提出 "用笔" "结字" 和 "精神" "骨力" 相对比的评价标准："休茂尚冲，已工法则。长于用笔结字，短于精神骨力。"④ 这些就明确指出 "骨力" 与 "精神" 的统一关系。

"骨气" 一语作为人物批评语出自《世说新语·品藻》中的 "时人道阮思旷（裕）骨气不及右军"，与风格、风度一样是指人品。在《诗品·上品·魏陈思王植》中，它作为文学论是这样被记述的："其源（诗经）出于《国风》。骨气奇高，词采华茂。"⑤ 同样，在梁代其也被用作书法批评语，如《古今书评》《古今书人优劣评》中的 "气韵生动，骨法用笔"，与《画品》中的概念也很相近，是南朝时文艺方面重要的评价标准。《诗品》中的 "骨气" "词采"，《论书》中的 "骨力" "紧媚"，《采古来能书人名》中的 "骨势" "媚趣"，是同样的对立关系。精神饱满、刚健强壮的 "骨气" "骨力" 和 "词采" "紧媚" "媚趣" 也都是对立关系。唐代继承了南朝以来的这一对立关系。"妍冶" "遒丽" "妍美" 是和后者同范畴的词语。

"骨气" 作为书法审美语，指从作品内部漫溢出来的生命力和骨力气势。"风神骨气" 是指 "有风姿的格式和遒劲的笔势"，其实是 "风神" 和 "骨气" 这同一系列词语的并列。袁昂《古今书评》提出以 "骨气" 为评价标准："蔡邕书骨气洞达，爽爽有神。"⑥ 梁武帝《古今书人优劣评》也以 "骨气" 作为评价标准："蔡邕书骨气洞达，爽爽如有神力。"⑦ 李嗣真《书后品·中上品》提出将 "妍冶" 和 "骨气" 作为评价标准："文舒《西

---

① 《历代书法论文选》，第 120 页。
② 《历代书法论文选》，第 130 页。
③ 《历代书法论文选》，第 176 页。
④ 《历代书法论文选》，第 246 页。
⑤ （南朝梁）钟嵘著，周振甫译注《诗品译注》，中华书局，1998，第 37 页。
⑥ 《历代书法论文选》，第 74 页。
⑦ 《历代书法论文选》，第 81 页。

岳碑》但觉妍冶，殊无骨气。"① 孙过庭《书谱》提出了"骨气""遒润"
"遒丽"的评价标准："假令众妙攸归，务存骨气；骨既存矣，而遒润加
之。""若遒丽居优，骨气将劣，譬夫芳林落蕊，空照灼而无依；兰沼漂萍，
徒青翠而奚托。"② 张怀瓘《书议》将"风神骨气"放在"妍美功用"之
上："风神骨气者居上，妍美功用者居下。"③这可以说是代表唐代品第法的
名言。在《书断·能品》高正臣的条目中有相同的说法，不提倡"多肉微
骨"。"习右军之法，脂肉颇多，骨气微少。"④《述书赋》中的"精神""风
规""风神""骨体"也都是同一意思，并可看作"风骨"的分解说明。窦
臮《述书赋》提出以"骨气""风规""精神"为评价标准："季和慢速，
风规所属。圆转颇通，骨气未足。""论骨气而胡壮，验精神而顾峻。"⑤ 这
里的"精神骨气"也同样是"风神骨气"的意思。而与其成对立概念的
"妍美功用"，则是"美丽又巧妙的技术"的意思。"妍美"和"妍冶""遒
丽""词采"是同一系列的词语。张彦远在《历代名画记》中也说："古之
画或能移其形似而尚其骨气，以形似之外求其画，此难可与俗人道也。"
"夫象物必在于形似，形似须全其骨气，骨气形似皆本于立意而归乎用笔，
故工画者多善书。"⑥

　　清代刘熙载在《艺概》中说："书之要，统于'骨气'二字。骨气而曰
洞达者，中透为洞，边透为达。洞达则字之疏密肥瘦皆善，否则皆病。"⑦
书法的点画为"力实"，这"力实"应达到"中心"与"外界"均"透"
（穿透画纸）的境地。只有骨气洞达，字才能无病。这一观点基于包世臣的
"其中截之所以丰而不怯、实而不空者，非骨势洞达，不能幸致"⑧（《历下
笔谭》）。"骨气洞达"这一术语最早见于袁昂《古今书评》和萧衍《古今
书人优劣评》中对蔡邕书法的评语。刘熙载进而又引用了苏轼《书唐氏六
家后》（《东坡题跋》卷4）中的评语："永禅师书，东坡评以'骨气深稳，
体兼众妙，精能之至，反造疏澹'。则其实境超诣为何如哉？今摹本《千

①　《历代书法论文选》，第 138 页。
②　《历代书法论文选》，第 130 页。
③　《历代书法论文选》，第 146 页。
④　《历代书法论文选》，第 201 页。
⑤　《历代书法论文选》，第 250、249 页。
⑥　（唐）张彦远著，俞剑华注释《历代名画记》，上海人民美术出版社，1964，第 23 页。
⑦　《历代书法论文选》，第 712 页。
⑧　《历代书法论文选》，第 653 页。

文》，世尚多有，然律以东坡之论，相去不知几由旬矣。"① 智永书法的绝妙之处在于"骨气深稳"，即结实的骨骼，沉着稳重的气势，结体精妙，技法娴熟，且具有"疏澹"之味。"体兼众妙"，即智永书法的结体集中了许多优秀的情趣，因而《书断·能品》中对智永有"兼能诸体"的评语。"精能"和"精熟"是一样的，即成熟的技法。李嗣真《书后品》中的"智永精熟过人"、《书断·能书》中的"精熟过于羊（欣）薄（绍之）"等都是称赞智永之语。康有为在《广艺舟双楫》中说："《凝禅寺》如曲江风度，骨气峻整。"（《碑评第十八》）"篆书大者，惟有少温《般若台》体近咫尺，骨气遒正，精采冲融，允为楷则。"（《榜书第二十四》）② 同样继承了前人的说法，是将"骨"与"气"分开来理解的，但又将二者融合为一。

三 "风骨"：人性美的艺术传达

"风骨"为风神骨气，是中国美学的核心范畴之一。从书法审美上看，"风骨"的本质意义，是指在作品苍茫劲健的笔力外观下，从内部溢出的强大人文精神内核。它甚至已经到了可以和"意境""意象"相提并论的美学评判高度。从美学史看，"风骨"经历了从秦汉时的相术用语到被《世说新语》作为代表性人物批评语的变迁过程。"风骨"从认识人物本质的角度，发展到了认识美的本质的层面，为体悟人物理想的生命存在形式而感悟地提出了"风""骨""风骨"。接着，便是作为文学理论概念来使用的《文心雕龙·风骨》篇中的"风骨"。作为书法评论语的"风骨"，从看到的实例来讲，在唐代书法论中已经得到了展开，如在《书议》中，"风神骨气"并非"风骨"的简化概念，而是继承了文学中"风骨"的概念，将"风骨"作为草书的本质来论述的。但是，这些都还没有脱开将其作为人物批评语来论述，只不过可以说用"风骨"品评人物的风气，已经逐渐影响到艺术领域。东晋顾恺之在《魏晋胜流画赞》中用了和"骨"相关的"骨法""奇骨""天骨""骨趣""骨俱""隽骨"等词，主要还是指画中人物的骨相。而他所说的"神""以形写神""超豁高雄""天奇"等，是指画中人物的风神及超脱的风度。"风骨"作为一个美学范畴用于绘画理论和书

---

① 《历代书法论文选》，第698页。
② 《历代书法论文选》，第833、857页。

法理论，是在魏晋时代。南齐谢赫的《古画品录》首次用了"气韵"和"骨法"等概念来评论绘画作品。谢赫在中国绘画史上首先提出了"六法"的标准，毋庸置疑，这是中国书画理论中最为核心的概念。[①] 我们如果单单为了谈"风骨"这一美学概念的话，就可以将"气韵生动"这一概念理解为绘画作品中与"风神"类似的非物质化的精神表征，是其他各种要素的复合；"骨法用笔"也就是"骨"，是可以看得见、体会得到的技法的表征。在具体的品评中，谢赫主要是以"风骨"或"风骨"的同义词语为标准，他把古代和当时的画家分为六品，如对第一品中曹不兴的评语是："不兴之迹，殆莫复传，唯秘阁之内一龙而已。观其风骨，名岂虚成。"对第二品中顾景秀的评语是："神韵气力，不足前修；精微谨细，则逾往烈。"对第三品中夏侯瞻的评语是："气韵不足，精密有余。"[②] 可见，谢赫比起顾恺之来，更重视"风骨"，更讲究生动、雄壮而有风神。后来孙过庭在《书谱》中说各种书体需"然后凛之以风神，温之以妍润，鼓之以枯劲，和之以闲雅。故可达其情性，形其哀乐"。赞美王羲之："是以右军之书，末年多妙，当缘思虑通审，志气和平，不激不厉，而风规自远。"[③] 清朱和羹认为："欧、柳之雷霆精锐，不少风神。风神者，骨中带肉也。"[④] 上述所讲的这些"骨法""风神""风规""风骨"，是理论家们认为的中国书法最高标准，是"骨中带肉"，更是"规"，是"神"，足见"风"和"骨"事实上已经成为中国文学艺术的核心美学观念。

受到文学、绘画中"风骨"论的影响，书法理论中"风骨"的观念也得到充分的发展。李嗣真《书后品·中下品》将南朝宋文帝继承王献之的"风骨"作为评价标准："宋帝有子敬风骨，超纵狼藉，翕焕为美。"[⑤] 张怀瓘《书断》在虞世南的条目中提及必须"风骨"和"体则"兼备，并将继承虞世南的"风骨"作为评价标准："族子纂书，有叔父体则，而风骨不继。"[⑥] 在齐高帝的条目中以继承王献之的"风骨"为评价标准："祖述子敬，少乏风骨。"在《书议》中说到"风骨"为草书的本质："然草与真有

---

① 参见拙文《书法的气、气势与气韵》，《书法研究》2005 年第 3 期。
② 杨成寅编著《中国历代绘画理论评注·先秦汉魏南北朝卷》，湖北美术出版社，2009，第 187、191、194 页。
③ 《历代书法论文选》，第 126、129 页。
④ 《历代书法论文选》，第 741 页。
⑤ 《历代书法论文选》，第 140 页。
⑥ 《历代书法论文选》，第 192 页。

异，真则字终意亦终，草则行尽势未尽。或烟收雾合，或电激星流，以风骨为体，以变化为用。"① 窦臮《述书赋》赞美太宗皇帝"风骨"："太宗则备集王书，圣鉴旁启。虽蹑闾井，未登阶陛。质讵胜文，貌能全体。□兼风骨，□总法礼。"② 赞美玄宗皇帝"风骨"："开元应乾，神武聪明。风骨巨丽，碑版峥嵘。"③ 杜甫在论书法时曾说："苦县光和尚骨立，书贵瘦硬方通神。"（《李潮八分小篆歌》）所谓"瘦硬"，亦即"风骨"。中国书法使用的毛笔，笔锋富有弹性，一笔下去，墨在纸上可以呈现轻重浓淡的种种变化。米芾《自叙帖》云："学书贵弄翰……要得笔，谓骨筋、皮肉、脂泽、风神皆全，犹如一佳士也。"④ 明丰坊《书诀》言："书有筋骨血肉，筋生于腕，腕能悬则筋脉相连而有势，指能实则骨体坚定而不弱。"⑤ 清代周星莲论欧阳询曰："欧、虞、褚、薛各得其秘，而欧书尤为显露。其要在从谨严得森挺，从密栗得疏朗，或行、或楷，必左右揖让，倜傥权奇，戈戟铦锐，物象生动，自成一家风骨。"⑥ 从这些书法论述足可以看出，把书法的品格和人的精神品格结合起来评价，用"风骨"一词最为贴切，既包含书法表征的"骨"，又包含人文精神的"风"，"骨"中有"风"，"风"中有"骨"，"风骨"也就成为中国文人身上具备的最高品格，是文人精神的迹化。

综上所述，书法艺术被看作一种如同人一样有着筋、骨、血、肉、气、神等特质的有机生命体，其之所以能够传达人文精神，能够吸引人，就是因为书法有"骨"，能表现出"骨力""骨气"，体现文人的"风骨"。而这些美学概念，就成了评价书法作品最核心、最重要的标准。对于书法的美学评判，就把可视可见的笔法中的"骨""骨力"等，涵盖在既可视可见，又必须领会其精神内核的"风骨"中。而这样的美学属性，也正是中国美学不同于西方美学的核心属性。

---

① 《历代书法论文选》，第 148 页。
② 《历代书法论文选》，第 253 页。
③ 《历代书法论文选》，第 254 页。
④ （宋）米芾：《米元章群玉堂帖》，二玄社，1968。
⑤ 《历代书法论文选》，第 506 页。
⑥ 《历代书法论文选》，第 726 页。

论"诗书画"三位一体文人画的审美特征

孙　鹤[*]

摘要："诗书画"三位一体的文人画，既具备互相兼容的创作手法，又具备互为借鉴的审美理念以及主旨一致的品格追求，是中国传统艺术中文化修养和艺术品味体现得最为全面的艺术形式，是中国传统文化中文人意趣及雅艺术的典型。本文将探讨其产生背景、相互关系及审美特征。

关键词：文人画　"诗书画"三位一体

On the Aesthetic Characteristics of the Trinity of "Poetry, Painting and Calligraphy" Literati Painting

Sun He

Abstract: The trinity of poetry, painting and calligraphy, the literati painting, not only has mutually compatible creative techniques, but also has the aesthetic concept of mutual reference and the pursuit of character with the same theme. It is the most comprehensive artistic form in Chinese traditional art, and is a typical representative of Chinese people's interest and elegant art

* 孙鹤，中国政法大学人文学院教授。

in Chinese traditional culture. This paper will discuss its background, relationship and aesthetic characteristics.

Keywords：Literati Painting；"Poetry, Painting and Calligraphy" Trinity；Aesthetic Characteristics

本文所谓"文人画"，不是指广义的文人绘画作品，而是指北宋徽宗时期出现并定型的一种绘画形式，它讲求画外趣味，由画作者本人自作画，并以诗赋、书法补画意之未竟处。从现存传世作品看，此类艺术形式自宋徽宗起，延及元明清，乃至民国，皆为中国画主要形式。文人作画，无不以画之题识及书法来判其雅俗。

时至今日，这种诗书画三位一体的艺术形式依然被认为是中国传统绘画艺术呈现方式的经典，它是中国传统文化与艺术有机结合的典范。

一　文人画产生的时代

古代的文化教育奉行六艺之教的原则，又具备家学渊源，因此古代文人中不乏具有多方面艺术才能者，如《世说新语·巧艺》记载：

> 羊长和博学工书，能骑射，善围棋。诸羊后多知书，而射奕余艺莫逮。
> 戴安道就范宣学，视范所为：范读书亦读书，范抄书亦抄书。唯独好画，范以为无用，不宜劳思于此。戴乃画南都赋图，范看毕咨嗟，甚以为有益，始重画。①

唐朝诗人王维和郑虔的才艺超群，备受人们称道。《新唐书·王维传》云：

> 维工草隶，善画，名盛于开元、天宝间，豪英贵人虚左以迎，宁、薛诸王待若师友。画思入神，至山水平远，云势石色，绘工以为天机

---

① 徐震堮：《世说新语校笺》，中华书局，1984，第386页。

所到，学者不及也。①

《新唐书·郑虔传》云：

> 虔善图山水，好书，常苦无纸，于是慈恩寺贮柿叶数屋，遂往日取叶肄书，岁久殆遍。尝自写其诗并画以献，帝大署其尾曰："郑虔三绝。"②

笔者翻检宋代以前留存至今的古代绘画资料，尚未发现宋徽宗时期那样诗书画一体的文人画，宋代以前的绘画，画面上没有画作者的题诗或题跋及作者用印。绘画用印的盛行，兴于元朝以后。诗与文、诗与书之间均有天然的并存特点，宋代以前，书法家有意为之的墨书作品（碑刻不计在内），其诗、文大多不是其个人杰出之作，天下第一行书《兰亭序》即酒酣之时的即兴之作，传世至今的颜真卿《祭侄稿》、杜牧《张好好诗》等诗、文墨迹，皆是无心为书的杰作；诗与画、书与画之间的关系却是长期各自独立的，《新唐书·郑虔传》所言郑虔"尝自写其诗并画以献"，并不是诗画一体，或以诗配画，而是"诗"与"画"各自单独成作。因此，我们所讨论的诗书画一体的文人画，是在宋徽宗时期成熟、定型的，其表现主题是宋代文人的情趣。换言之，诗书画一体的文人画范式，是在宋徽宗及其宣和画院的风尚下形成的。

目前能够见到的最早的诗书画三位一体的文人画，是宋徽宗宣和画院保存下来的作品。宋徽宗赵佶，史称"玩物而丧志，纵欲而败度"③，是造成北宋灭亡的重要原因。赵佶是宋神宗第十一子，其母早逝，且在宫中地位不高，赵佶因而从无做皇帝的野心，而是醉心于书画艺术和各种游戏娱乐。宋哲宗去世后，皇太后向氏因一向喜欢赵佶的聪明伶俐与温顺，坚持册立赵佶为帝。赵佶即位后，以蔡京为相，君恬臣嬉，倾国家之力经营书画事业，翰林图画院网罗众多的书画名家，《宣和画谱》二十卷，"所载共

① 《新唐书》卷202《文艺列传》，中华书局，1975，第5765页。
② 《新唐书》卷202《文艺列传》，第5766页。
③ 《宋史·徽宗纪四》，中华书局，1985，第418页。

二百三十一人，计六千三百九十六轴"①，文人士大夫亦受其影响醉心于书画，遂使书画艺术得到飞速发展。不知宋徽宗对中国古代艺术的整理、保存与发展所做贡献，能否为其荒淫误国的帝业救赎一二？

宋徽宗之前，有能力完成诗书画三位一体的文人画的人物是王诜。王诜，字晋卿，宋初名将王全彬五世孙。《宣和画谱》卷 12 "王诜"条云：

> 幼喜读书，长能属文，诸子百家无不贯穿，视青紫可拾芥。……诜博雅该洽，以至弈棋、图画无不造妙。……又精于书，真行草隶得钟鼎篆籀用笔意。……喜作诗，尝以诗进呈，神考一见而为之称赏。……其风流蕴藉，真有王谢家风，气若斯人之徒。顾岂易得哉！②

王诜与苏轼交谊深厚，其诗词、书法、绘画均有不凡造诣。其早年有志于功名，交游甚广，声誉也极佳，因而被宋神宗挑选为秦国（最后改封魏国）大长公主的驸马。魏国大长公主是宋神宗一母同胞的妹妹，王诜由此人品贵重，但受身份制约，反而失去了科举题名、博取卿相的机会。王诜在宋神宗时，因魏国大长公主的去世和与苏轼、黄庭坚往来受到宋神宗的贬黜，但宋哲宗和宋徽宗对这位姑父都非常尊重。据蔡绦《铁围山丛谈》（卷 4）记载：王诜家藏有徐碧槛《蜀葵图》二幅，残缺一半，经常为之叹息。赵佶时为端王，悄悄寻访到另一半。"乃从晋卿借半图，晋卿惟命，但谓端邸爱而欲得其秘尔。徽庙始命匠者标轴成全图，乃招晋卿示之，因卷以赠晋卿，一时盛传。"③

王诜年长宋徽宗三十多岁，宋徽宗即位不久，王诜去世。《宣和画谱》著录王诜画作三十五幅，至今传世之作尚有《渔村小雪图》《烟江叠嶂图》《溪山秋霁图》等。现存王诜《烟江叠嶂图》，与苏轼的题诗装裱在一起，两者虽有联系，但仍是各自独立的作品。王诜存世的其他作品，也没有出现诗、书、画合一的样式。宋徽宗即位的最初几年，还有一些画家也曾把名人的题诗、序跋放在自己的作品后面一起装裱成轴，这应该是宋徽宗时期文人画的发端，但完全不同于一人完成诗书画一体的文人画的性质。宋

---

① （清）纪昀：《宣和画谱提要》，《景印文渊阁四库全书》第 813 册，台湾商务印书馆，1986，第 67 页。

② 《宣和画谱》卷 12，"王诜"条，第 140～141 页。

③ （宋）蔡绦：《铁围山丛谈》，中华书局，1983，第 78 页。

徽宗或许就是受到这种装裱式样的启示，将画幅以外的题诗或序跋，融进画幅之内，由此开创了更具文化含量的绘画艺术新形式。宋徽宗精于各种画类，尤以其工笔花鸟所达到的极致唯美的境界，至今无出其右者。其画作上的书法与诗文题跋在同一空间的呈现，使其诗书画三种艺术形式与境界互为表里，相辅相成，超越了他的前辈王诜，成为文人画的先驱与典范。

　　"文人画"之"文人"是一种身份，这是首要的，而且其身份认同也是有特定内涵的。让我们先来看刘熙载《艺概·书概》中关于书法与书者修养内在关系的论述：

　　　　书，如也，如其学，如其才，如其志，总之曰如其人而已。贤哲之书温醇，俊雄之书沈毅，畸士之书历落，才子之书秀颖。书可观识。笔法字体，彼此取舍各殊，识之高下存焉矣。[①]

　　古人云"文如其人""书如其人"，那么，绘画呢？自然也是画如其人。"文人画"要表现中国古代文人士大夫的家国情怀和风流雅致的生活情趣，其作者自然也应该是熟读经史子集、能诗善书的丹青高手。换言之，宋代"文人画"出自多才多艺的文人士大夫之手，这一点通过《宣和画谱》的作者对于画家的选定即可看出其对文人身份的遴选立场。而普通画师，特别是不具备诗歌创作和书法才能的画师，无论其技法如何完善，也很难得到《宣和画谱》作者的认可，而将其排除在"文人画"作者群体之外。

　　《宣和画谱》卷7"李公麟"条云：

　　　　李公麟，字伯时，舒城人也。熙宁中登进士第。……病少间，求画者尚不已。公麟叹曰："吾为画如骚人赋诗，吟咏情性而已。奈何世人不察，徒欲供玩好耶？"后作画往往薄著劝戒于其间，与君平卖卜谕人，以祸福使之为善同意。[②]

　　再如同卷"杨日言"条云：

────────────

① （清）刘熙载：《艺概》，上海古籍出版社，1978，第170页。
② 《宣和画谱》卷7，"李公麟"条，第108～109页

杨日言，字询直。家世开封人。日言幼而有立，喜经史，尤得于春秋之学。吐辞涉事，虽词人墨卿皆愿从之游。①

李公麟和杨日言都以擅长人物画著名，同时也是精通经史、具有文学艺术多方面修养的文人，其作品虽不是经典的诗书画一体的文人画，但其诗书画各类艺事无不精擅，为《宣和画谱》作者所称道。宋徽宗以后，文人画则多以山水花鸟为主，《宣和画谱》记录了一些宋徽宗时期的山水画作者，并明确指出其士大夫身份。如其卷10《山水叙论》，"以画山水得名者，类非画家者流，而多出于缙绅士大夫"②；其卷11"李成"条，"父祖以儒学吏事闻于时，家世中衰，至成犹能以儒道自业，善属文，气调不凡，而磊落有大志"③。其卷12《山水三》所载基本上是宋徽宗时期的画家，除僧巨然外，其余十三人均为宋徽宗时期的士大夫，且多是进士出身或以门荫入仕，如王诜，乃宋英宗的驸马；王毂，为大理寺卿；刘瑗，为武胜军承宣使；其余也都是朝廷命官。这些人，出身贵族世家，自幼受到极好的教育，经史子集无不精读，留意经国济世之术，闲暇之余，以诗赋、丹青寓兴寄怀。这些士大夫，诗书画三者无一不精，据此方成为文人画的优秀作者，而得以被列入《宣和画谱》。

《宣和画谱》记录了宋代花鸟画家四十六人的事迹，直言某人不被视为有资格入选《宣和画谱》，皆因其画作失之于浅俗。如其卷15《花鸟叙论》明确指出："若牛戬、李怀衮之徒亦以画花鸟为时之所知，戬作《百雀图》，其飞鸣俯啄，曲尽其态，然工巧有余而殊乏高韵。怀衮设色轻薄，独以柔婉鲜华为有得，若取之于气骨则有所不足，故不得附名于谱也。"④ 因此，宋代的文人画，是文人士大夫家国情怀的一种寄托，创作目的是表达宋代文人高雅精致的生活趣味。

然而，这种为士人所参与的文人画风尚的形成，并非通行的教科书中所论述的那样，是中国画发展过程中自然形成的一种现象，也不是大多数人所认知的国画理所应当的发展规律，而是由高级文人集团有计划地推进和引导的一种进程和方向。诗书画的文人气质，从形式上就与市井匠人分

① 《宣和画谱》卷7，"杨日言"条，第111页。
② 《宣和画谱》卷10《山水叙论》，第121页。
③ 《宣和画谱》卷11，"李成"条，第130页。
④ 《宣和画谱》卷15《花鸟叙论》，第157页。

出泾渭，充分印证了在历史的进程中，文化的走向与审美价值体系与观念，是士大夫纠正风俗、捍卫雅文化的重要成果。对此，只需稍加回顾唐宋历史即可觅得踪迹。

众所周知，中唐以后，伴随着讲经、变文、话本、戏弄、俗赋等通俗文学的成熟，其风气开始从市井里巷和僧舍道场，蔓延到文人士大夫阶层，整个社会的审美趣味逐渐偏离传统的雅文学的轨道。到了北宋时期，随着经济的迅速发展，京师开封成为拥有上百万人口的国际大都市，其手工业与商业的发展远远超过唐代，城市的繁荣、发展壮大了新兴的市民阶层。当时，朝廷机构臃肿，庞大的官僚机构和军队需要大量服务人员和娱乐服务项目，发达的商贸需要为南来北往的经商者提供各种服务，特别是统治阶层骄奢淫逸，贪图享乐，也鼓励并促进了餐饮业、歌舞娱乐以及娼妓业的发展，京城到处是瓦舍勾栏、茶坊酒肆，夜夜笙歌，日日狂欢。市民文化的发展拉扯着文学艺术朝着"俗艳"的方向迅猛地下坠，俗文学开始成为文学的主流，俗文化及其审美趣味一步步侵占着雅文化的领地。

俗文化的泛滥，引起社会精英阶层的警觉与不安，于是，敏感的北宋文人士大夫以崇儒复古为号召，并借助文人士大夫的政治优势，相继在诗文革新、词的"复雅"以及理学成熟发展等方面取得巨大成就。在这种文化"复雅"的潮流中，艺术门类中与文人士大夫关系最为密切的书法和绘画，一直被保护性地沿着"雅正"的方向推进，最终确立诗书画一体的文人画范式，成为深受文人士大夫喜爱的吟咏性情的艺术表现样式。

二 文人画中诗书画之相互关系

诗书画一体的文人画组合，最终形成以画为先导，以诗、书为配合呼应的一种三位一体的艺术形式，诗、书、画三者既是这种样态的构成要素，也是文人画之"文"的内涵体现。由此，中国文人艺术品位显得尤其高尚，这是文化的力量和作用，也是中国传统文化滋养下的文人艺术特有的产物。

绘画之于诗书的意义，宋人郭若虚《图画见闻志》中有所总结，"文未尽经纬而书不能形容，然后继之于画也"①，这是对于绘画对诗书之功能局

---

① （宋）郭若虚：《图画见闻志》卷1《叙自古规鉴》，《景印文渊阁四库全书》第812册，第511页。

限的补充作用的精准概括，也说明了三种艺术形式于抽象与具象之间的相辅相成。文人染翰，必是有所寄托，诗、书、画在抒情功能方面，殊途同归，这便是三者能为一体的基础。其"殊途"所在，是各自形式和表达方式的区别，而非抒情本质的区别。诗书画之序，虽口称以诗为先，在实践中则是以画先导，即画先成，诗其次，书又次之。先称诗，纯属其在中国传统文化中所具有的至尊地位所致。当代书法名家并兼擅诗歌与绘画的草圣林散之，以诗为最高追求，晚年曾自题"诗人林散之之墓"，而非以"书法家""画家"为自己定名，正是这种传统文化思想的最好体现。

绘画的特质是图写实物，具象地表现物象。画者将心意寄托于相应题材以表达情志，心意不同，题材不同，即使题材相同，情态不同画风也不同，因此，画作的题材及风格是作者心境情态的象征。但绘画的具象性，相对于诗与书而言，也部分地限制了其形而上的意义，使其难以像抽象的诗、书那样深刻。宋代开始，文人介入绘画时，将诗意寄托于绘画之中，使绘画的审美价值从描摹物象升华为以意境为重。诗作为独立的艺术形式，可以充分展现诗人的情志，但在诗书画三位一体中的角色却是配合画作，使画面的深层内涵得以揭示，借助于诗作题跋表明心迹，升华绘画主旨，揭示绘画中掩藏在有形物象背后的幽深意境，对画作具象的形式给予补充和深化。苏轼《欧阳少师令赋所蓄石屏》有"古来画师非俗士，摹写物象略与诗人同"①，就是表达诗与画在抒情方面的一致性。绘画的具象性，又为诗歌难以达成的"状难写之景如在目前，含不尽之意见于言外"提供了最佳途径，使诗所言说的意境变得可观可感。苏轼认为，诗与画的审美价值也具有一致性："诗画本一体，天工与清新。"② 苏轼《次韵黄鲁直书伯时画王摩诘》："诗人与画手，兰菊芳春秋。又恐两皆是，分身来入流。"③ 赞赏诗与画集于一身的王维，因诗画双绝而难以区分界别身份。

以书法落实诗文，是一种更加细腻而准确、直观而抽象的高级的情态展现方式。书法的抽象性，是所有艺术形式中仅有的一种可与音乐相提并论者。书法的表面形态仅仅是点和线的组合，一方面，它与音乐一样，本身既是无言的，也是非具象的；但另一方面，它又具备着看似无言却已尽

---

① 《四库全书荟要》第86册《东坡全集》卷2，吉林人民出版社，1997，第83页。

② 苏轼：《书鄢陵王主簿所画折枝二首》其一，《四库全书荟要》第86册《东坡全集》卷16，第272页。

③ 《四库全书荟要》第86册《东坡全集》卷26，第398页。

言的超越性。书法的创作一次成形，没有加工、过滤、矫饰之机会，故而笔触落纸便直指人心，记录诗文的同时，已经将书者内心深处微妙的情绪和心性，外化为抽象的但又可明确感知的迹象，附载于书法中。观者根据墨迹，完全可以按图索骥，对书者情态进行准确解读。书法貌似最深奥，却又最直接，它直达书者灵魂深处，不发一言地完整呈现了书者的内心世界，同时也与诗歌一样，表达书者人格的志向与趣味。故《艺概·书概》云："写字者，写志也。"[1] 因此诗书画三位一体的艺术形式，不仅代表了中国传统艺术高雅的文化特质，更因其对作者的精神有精准刻画，对其本质有透彻揭示的功能，而具有表现作者灵魂、触碰艺术真谛的特殊意义。

就技法的直接表现而言，诗书画三者之间，书与画的技法联系更为密切，绘画的技法仰赖于书法的笔法。陈师曾《中国绘画史》明确指出：陆探微"作一笔画，连绵不断。盖王献之有一笔书，因创一笔画，以书法移于画"[2]。

元代画家柯九思在《丹邱题跋》中论画竹石云：

> 写竹干用篆法，枝用草书法，写叶用八分法，或用鲁公撇笔法，木石用折钗股、屋漏痕之遗意。[3]

这段论述中的"篆法""草书法""八分法""鲁公撇笔法""折钗股、屋漏痕"等概念，均非绘画中的外在形态或造型概念，而是书法中的笔法概念。其中"写竹""写叶"，而不是"画竹""画叶"，已然是与书法同理的表述。竹子各部分的具体画法，没有一处用"画"字去强调外形如何，而是以强调书法之笔法如何运用为陈述主旨。

柯九思论画竹石之法，全用书法的笔法概念来陈述，如非首先谙于书法，很难领略其中奥妙。这里没有讲竹石外在形态应如何做到精确逼真，而是以书法笔法强调了作画的线条品质，用"写"字点出绘画在用笔方面与书法的一致性。《说文解字·宀部》："写，置物也。从宀，舄声。"[4] 段

---

① （清）刘熙载：《艺概》，第 169 页。

② 刘梦溪主编《中国现代学术经典·陈师曾卷》，河北教育出版社，1996，第 752 页。

③ （元）柯九思：《丹邱题跋》，载俞剑华编著《中国古代画论类编》下，人民美术出版社，2004，第 1070 页。

④ （汉）许慎：《说文解字》，中华书局，1963，第 151 页。

注曰："谓去此注彼也。"释"写"为从一处流注到另一处，这显然是书法用笔时的动作要求。写，不是扫、刷、抹，也不是描，而是"流注"。"流注"，是保持力量进行灌注的意思，这实际上是对正确的书法用笔所进行的描述。就绘画而言，当然，皴擦渲染是必不可少的手段，只是传统中国画以线质为重中之重。南齐谢赫的《古法品录》中所归纳的"六法"，也是将用笔之法排在"应物象形""随类赋彩""经营位置""传移模写"之前的，而他特别提出的"骨法用笔"，即为线质的最高要求，这一要求，必经书法之训练方能领悟。

赵孟頫精通书画，他对书画关系的看法更为人熟知与认同，他的观点以诗的形式记录在其《秀石疏林图卷》（见图1）的题跋中：

石如飞白木如籀，写竹还于八法通。若也有人能会此，方知书画本来同。

图1　元　赵孟頫《秀石疏林图卷》　27.5厘米×62.8厘米　故宫博物院藏

书画同源，这一书画关系的著名论断，在很大程度上呼应了柯九思论画竹石的用笔理念，不仅获得了古今共识，今人甚至将"书画同源"理解为书与画原本属于一个本体，把书理解为汉字，把画理解为早期文明中的图画符号，认为早期的汉字因其象形性特征而兼具了书与画浑然一体的功能，书与画从史前时期就是一件事，带有象形特征的早期图案遗迹，就是绘画与文字的合体。但是，书画意义上的"书画同源"，在文字学意义上并非如此，"书与画同""书画同源"之"书"，仅仅指书法的笔法，而不是指书法的载体——汉字。这是因为汉字有自己的构成要素，即形、音、义三要素，即便上古遗迹中有明确象形特征的图案，也能通过图案所象之形，显示其所代表的意义，但没有音读，依然不能称之为"汉字"。形、音、义三要素同时具备，方可称为汉字，这是汉字的基本要素，也是汉字区别于有音有义而无形的拼音文字，以及有形有义而无音的示意图案的根本所在。

就意境创造而言，诗（包括文与词曲）书画常互相借鉴，前人对此有颇多论述，清人刘熙载《艺概·诗概》所述可做代表。

> 杜诗雄健而兼虚浑，宋西江名家学杜几于瘦硬通神，然于水深林茂之气象则远矣。①
>
> 东坡诗如华严法界，文如万斛泉源，惟书亦颇得此意，即行书《醉翁亭记》便可见之。其正书字间栉比，近颜书《东方画赞》者为多，然未尝不自出新意也。②

诗和画的意境，是其灵魂。王国维《人间词话》所说"境界"，其含义与今人所说"意境"大致相同。王国维说："词以境界为最上。有境界则自成高格，自有名句。"绘画，宋代"以画山水得名者，类非画家者流，而多出于缙绅士大夫"③，这些缙绅士大夫自身艺文修养全面，其绘画艺术自然会渗透进其他艺术理论（尤其是诗文）的影响，追求"画者，有以造不言之妙也"④ 的神韵，甚至"多取今昔人诗词中意趣写而为图绘"⑤。王国维说，"境界有大小，不以是而分优劣"，宋人创造的意境，尽管与唐人的"雄健而兼虚浑"有异，"'细雨鱼儿出，微风燕子斜'，何遽不若'落日照大旗，马鸣风萧萧'。'宝帘闲挂小银钩'，何遽不若'雾失楼台，月迷津渡'也"⑥。

就表现方法而言，诗书画之间亦多有相通之处，足以互相借鉴。刘熙载《艺概》云："善书者，点画微而意态自足，点画大而气体不累。文之沈著、飘逸，当准是观之。"⑦ "山之精神写不出，以烟霞写之；春之精神写不

---

① （清）刘熙载：《艺概》，第68页。
② （清）刘熙载：《艺概》，第161页。
③ 《宣和画谱》卷10《山水叙论》，第121页。
④ 《宣和画谱》卷5《人物叙论》，第95页。
⑤ 《宣和画谱》卷12，"王毅"条，第139页。
⑥ （清）况周颐、王国维：《蕙风词话　人间词话》，人民文学出版社，1960，第193页。
⑦ （清）刘熙载：《艺概》，第46页。

出，以草树写之。故诗无气象，则精神亦无所寓矣。"① "画山者必有主峰，为诸峰所拱向；作字者必有主笔，为余笔所拱向。主笔有差，则余笔皆败，故善书者必争此一笔。"②

王维"诗中有画"，妙在以绘画的布局、色调、意境来表现诗歌的山水美。诗歌是语言艺术，善于表现具有时间跨度的事件和人物；绘画是视觉艺术，善于表现一定空间的场景与人物。除了前辈学者指出的"通感"外，映衬、渲染都是二者在创作中常用的手法。最值得称道的是《宣和画谱》卷 7 "李公麟"条的记载："大抵公麟以立意为先，布置缘饰为次，其成染精致，俗工或可学焉。至率略简易处，则终不近也。盖深得杜甫作诗体制而移于画。"③ 杜甫的诗歌，格律精严，又跌宕起伏，李公麟平生酷爱杜诗，以杜诗的篇章布局和表现手法来构思画作，其成就自然不凡。

我们所论诗书画一体，是着眼于其艺术形式，三者共同存在于一幅绘画作品之中，强调其意境创造和表现手法有相通之处，并不是说诗书画三者的意境创造和技术表现手法是完全相同的。诗书画三者相互借鉴，相互补充，才构成了"文人画"的独特品格和艺术魅力。

三 宋代以来文人画的审美特征

诗书画合一的文人画形式独具品格，其审美特征表现在以下几个方面。

第一，高度雅化后的文人画，首先是强调意趣。

唐人诗歌追求"意兴"，书法追求"法度"；宋人诗歌追求"理趣"，书法追求"意趣"。宋代郭思所编《林泉高致集·山水训》云，"人之学画，无异学书"④，"文人画"受时代风尚影响，也以"意趣"为先。

《艺概·书概》云："高韵深情，坚质浩气，缺一不可以为书。"⑤ 此论同样可以移来论画。文人画要表现的意趣，当然是文人士大夫的胸襟抱负和情志幽思。但就具体创作实践来看，一些作者选择了从前人表现文人士大夫思想与生活的诗词意境来作画。《林泉高致集·画意》云："余因暇日

① （清）刘熙载：《艺概》，第 82 页。
② （清）刘熙载：《艺概》，第 165 页。
③ 《宣和画谱》卷 7，"李公麟"条，第 108 页。
④ （宋）郭思编《林泉高致集·山水训》，《景印文渊阁四库全书》第 812 册，第 574 页。
⑤ （清）刘熙载：《艺概》，第 167 页。

阅晋唐古今诗什，其中佳句有道尽人腹中之事，有装出人目前之景，然不因静居燕坐，明窗净几，一炷炉香，万虑消沉，则佳句好意亦看不出，幽情美趣亦想不成，即画之生意亦岂易有。及乎境界已熟，心手已应，方始纵横中度，左右逢原（源）。"① 郭思还列举了其父日常"诵道古人清篇秀句，有发于佳思者"，以及自己"亦尝旁搜广引以献之先子，先子谓为可用者"②，以资借鉴。

当然，更多的作者是直接从自己的生活体悟中提炼画的意趣。如《宣和画谱》卷12"宋迪"条中记载："好作山水，或因览物得意，或因写物创意，而运思高妙，如骚人墨客登高临赋。"③ 宋迪是宋道的弟弟，二人皆进士出身，仕宦显达。同卷"罗存"条言其"虽身在京国而浩然有江湖之思致，不为朝市风埃所汩没"④，其画则多表现"如登高望远，悠然与鱼鸟相往还"⑤ 的情思。

从文人画的"意趣"来看，其表现的多是远离凡俗的隐逸之思，这与当时的社会思潮及其对作者的影响的现实是一致的。宋神宗以后，经过王安石变法，新旧党争势同水火，这些身居官位的士大夫，本身既要得到富贵以免陷入依靠画艺才能维持生活的窘迫之境，又不愿意为仕宦所累，成为官场上蝇营狗苟的俗吏，艺术成为他们最理想的精神寄托之所。于是他们醉心其中，在书画创作中寄托自己高雅的生活品位和远离凡俗的情思。

宋徽宗时期文人画所表现的文人雅趣，在纯艺术领域彰显着魅力，其浓浓的书卷气、闲淡悠远的情思，散发着艺术创造的光芒。但是，我们还应从另一个角度注意到，这些艺术家在当时巨大社会危机即将爆发的前夜，不仅没有意识到自己身为儒者的社会责任，甚至因自己无视百姓疾苦给国家带来巨大灾难，更不要说一个伟大的作家应该具有悲天悯人的大爱，由此观之，他们并没有达到像屈原、杜甫那样横绝百代之伟大作家的思想境界。这也是宋徽宗时期文人画未能达到宋诗、宋代书法同样高度的原因。

第二，在形似与神似方面，文人画更多地强调神似。

关于形似与神似的辩证关系，前人之论颇多，要求"形神兼备"现在

① （宋）郭思编《林泉高致集·画意》，第579～580页。
② （宋）郭思编《林泉高致集·画意》，第580页。
③ 《宣和画谱》卷12，"宋迪"条，第138页。
④ 《宣和画谱》卷12，"罗存"条，第143页。
⑤ 《宣和画谱》卷12，"罗存"条，第143页。

已成为学界共识，近人齐白石"在似与不似之间为妙，太似为媚俗，不似为欺世"的评语最为精确。但探讨这个话题的发展过程，宋徽宗时期文人画对于神似的追求，还是颇有意义的。

《宣和画谱》卷 5《人物叙论》云："画者有以造不言之妙也。故画人物最为难工，虽得其形似，则往往乏韵。"[1] 不仅人物画如此，其他题材也不例外。又如《宣和画谱》卷 20《墨竹叙论》云：

> 绘事之求形似，舍丹青、朱黄、铅粉则失之是。岂知画之贵乎有笔，不在夫丹青、朱黄、铅粉之工也。故有以淡墨挥扫，整整斜斜不专于形似而独得于象外者，往往不出于画史，而多出于词人墨卿之所作。盖胸中所得固已吞云梦之八九，而文章翰墨形容所不逮，故一寄于毫楮。[2]

这里，强调"整整斜斜不专于形似而独得于象外者"，说明文人士大夫心有所悟，文章、书法都不能完全表达，只有属于神似的"整整斜斜"的"写意"画才能契合心中所思。当然，写意画是士大夫的专长，推崇"神似"是情理中事。如《宣和画谱》卷 6 称赞周昉的画不仅有形似，"兼得精神姿制"；卷 14 称赞善画牛的朱义、朱莹观察细致，深知牛的举止神情，因而"笔端深造物理"，一般画工只能是"徒为形似"；卷 17 称赞徐熙"能传写物态，蔚有生意"，称赞唐忠祚"不特写其形以曲尽物之性"，"殆亦技进乎妙者矣"；卷 18 称赞葛守昌、赵昌的花鸟画"率有生意"，"不特取其形似，直与花传神者也"。

卷 14"赵邈龊"条的记载尤其典型：

> 善画虎，不惟得其形似，而气韵俱妙。盖气全而失形似，则虽有生意而往往有反类狗之状。形似备而乏气韵，则虽曰近是，奄奄特为九泉下物耳。夫善形似而气韵俱妙，能使近是而有生意者，唯邈龊一人而已。[3]

---

① 《宣和画谱》卷 5《人物叙论》，第 95 页。
② 《宣和画谱》卷 20《墨竹叙论》，第 199 页。
③ 《宣和画谱》卷 14，"赵邈龊"条，第 154 页。

既强调"形似",又强调"气韵俱妙",与今人所言"形神兼备"主旨完全一致。但事实上,这样的艺术境界在宋徽宗时期的文人画中,只有少数人能够达到。所以,在《宣和画谱》中,尽管其一再肯定"形神兼备"的艺术标准,终因大多数画家难以两全,追求"神似"便成为更合乎文人士大夫心意的审美价值取向。

第三,文人画"忌俗""忌熟"。

文人画"忌俗""忌熟",但在《宣和画谱》中,并没有讨论这个话题。原因很简单,在《宣和画谱》作者眼中,含有低俗因素的作品是不会被收入皇家内府的,其作者也不会被《宣和画谱》收入谱中给予品评。换言之,"忌俗""忌熟"之概念当时根本不存在,这两个概念是文人画流行以后,后人总结宋徽宗时期文人画的审美观念,从而得出的审美品格。

诗书画三位一体的文人画,其审美特质也有高度一致性,其诗文、书法与绘画,均有"忌俗""忌熟"的特性。

宋人严羽《沧浪诗话·诗法》云:

> 学诗先除五俗:一曰俗体,二曰俗意,三曰俗句,四曰俗字,五曰俗韵。[1]

时代不同,对这些被称作"俗"的内容会有不同的认识,但其原则是不会改变的。诗之"俗体",即《沧浪诗话·诗体》所言"建除、字谜、人名、卦名、数名、药名、州名之诗,只成戏谑,不足法也"[2]。诗之"俗意",则指刘熙载《艺概》所言"恃才骋学,做身分,好攀引","送往劳来、从俗富贵者"。王国维《人间词话》引尼采语:"一切文学,余爱以血书者",强调了真挚二字对于文学的重要性。但诗之言志,"一戒滞累尘腐,一戒轻浮放浪"。至于"俗句""俗字""俗韵",都与过"熟"有关,陈词滥调,僻字俗语,难登大雅之堂。《艺概·文概》指出:"文有七戒,曰:旨戒杂,气戒破,局戒乱,语戒习,字戒僻,详略戒失宜,是非戒失实。"可与《艺概·诗概》互参。《艺概·词曲概》还特别强调:"词澹语要有味,壮语要有韵,秀语要有骨。""词要清新,切忌拾古人牙慧",即使是古人清

---

① （宋）严羽著,郭绍虞校释《沧浪诗话校释》,人民文学出版社,1961,第108页。
② （宋）严羽著,郭绍虞校释《沧浪诗话校释》,第101页。

新的语句，"袭之即腐烂也"①。

而书法的"忌俗""忌熟"，清人刘熙载《艺概·书概》之说颇为详细，其云：

> 凡论书气，以士气为上。若妇气、兵气、村气、市气、匠气、腐气、伧气、俳气、江湖气、门客气、酒肉气、蔬笋气，皆士之弃也。书要力实而气空。然求空必于其实，未有不透纸而能离纸者也。②

观诸古今书法现象，对照刘熙载所言十二种"气"，亦可痛下针砭。诸如所谓"妇气"，并非妇女习气，而是指缺少丈夫气概的小家子气；所谓"兵气"，是指一味粗豪，叫嚣夸张；所谓"村气"，即土气，猥琐局促之气；所谓"市气"，即市侩习气；所谓"匠气"，即书手匠人习气，虽工整规矩，但缺少气韵生动的个性；所谓"腐气"，即陈旧迂腐之气，陈陈相因，千篇一律；所谓"伧气"，即粗俗鄙陋之气；所谓"俳气"，即俳优表演、哗众取宠之习气；所谓"江湖气"，即貌似豪爽，实则装腔作势之气；所谓"门客气"，即依附权贵、谨小慎微，甚至低三下四之气；所谓"酒肉气"，即酒池肉林、夸饰富贵炫耀奢华之气；所谓"蔬笋气"，即过于清淡、缺少强筋壮骨之气；等等。种种俗气，亦有史迹可寻，如《隋唐嘉话》记载，唐太宗时，薛万彻尚丹阳公主，唐太宗常对人说："薛驸马村气。"公主听到传言，非常气恼，"不与同席数月"，以避其俗气。

至于画之"忌俗""忌熟"，清人邹一桂《小山画谱》立场明确：

> 画忌六气：一曰俗气，如村女涂脂；二曰匠气，工而无韵；三曰火气，有笔仗而锋芒太露；四曰草气，粗率过甚，绝少文雅；五曰闺阁气，条描软弱，全无骨力；六曰蹴黑气，无知妄作，恶不可耐。③

将此与刘熙载所论书之俗气进行比较，可见小异而大同：刘熙载的"妇气"泛指一种缺乏宏大气象、笔致内涵空洞乏力的气息，不仅是村妇气，也包括闺阁气，邹一桂之"俗气"，指为"村女涂脂"，实则是指造作

---

① （清）刘熙载：《艺概》，第 61、82、84、46、120 页。
② （清）刘熙载：《艺概》，第 167 页。
③ （清）邹一桂：《小山画谱》卷下，《景印文渊阁四库全书》第 838 册，第 725 页。

刻意、缺乏天真自然之习气；所谓"匠气，工而无韵"，与刘熙载所论"匠气"完全一致，无论书或画，一味强调形似，无论如何精工，一旦缺乏韵味，即为"匠气"之作；所谓"火气"，与刘熙载所论"兵气""江湖气"相类，叫嚣夸张，锋芒毕露；所谓"草气"，与刘熙载所论"村气""酒肉气""伧气"相类，皆为粗鄙丑陋，难登大雅；所谓"闺阁气"，与刘熙载所论"妇气""门客气"类同，均指缺少雄强刚健之气；所谓"蹴黑气"，在书法中为一味浓墨悍粗之书，这里与刘熙载所论"俳气""酒肉气"接近，无知狂妄，自以为是，恶俗难耐。

结束语

宋徽宗时期文人画的成熟，有赖于具备诗、书、画才艺的文人士大夫群体的形成。但是，我们还应该看到，文人画的核心是绘画，诗歌和书法处于从属的位置。单独的诗，可以无限制地表现作者的情志，而诗书画三位一体中的诗，是服务于绘画的，它不能脱离绘画主旨，并且只能以绘画主题为主题，不能离题，诗的风格和内涵都要与画面主题统一，诗的立意也要围绕绘画而设。其价值则在于对绘画主题的揭示和增强其深刻化程度。画中诗或题跋的书写，与单纯的书法作品也是有区别的。书体的选择、书法的风格等，某种意义上会受到绘画的制约，不能从心所欲。所以说，文人画所谓的诗书画三绝，是相对的，更多的时候是"三全"，因为像王维那样在诗、书、画三方面都具有超一流水准的艺术家是极其罕见的，几乎可以说绝无仅有。尤其是宋徽宗时期文人画兴起以后，文人画的作者，诗歌与书法、绘画三方面欲同时达到一流水平，非常困难，正如《宣和画谱》卷10《山水叙论》云："得其气韵者或乏笔法，或得笔法者多失位置，兼众妙而有之者，亦世难其人。"① 所以说，诗书画在各自独立的领域各有绝妙高手，诗书画三位一体时却很难"三绝"。苏轼《黄州寒食诗帖》被公认为天下第三行书，古今莫二的诗书佳构，但没有作者画作同出；宋徽宗诗书画俱全，且画与书均因风格独特而独步古今，但其诗作与宋代一流大家相比又非上乘。盖唯其难得，尤显可贵。

---

① 《宣和画谱》卷10《山水叙论》，第121页。

龚贤画论及其美学思想[*]

尹成君[**]

摘要： 在清代美术史中，龚贤作为创作与理论皆丰的、颇具代表性的画家、画论家，其绘画理论的美学思想内涵丰富并且影响深远。龚贤绘画美学思想重视传统与笔墨，追求逸品，强调师造化、出古人、创新格，这些思想不仅在因袭成风的清初画坛极其宝贵，对当下中国美术的健康发展也具有深刻的启示意义与指导作用。

关键词： 龚贤　师造化　出古人　创新格　美学思想

A Research on Gong Xian's Theories of Painting and His Aesthetic Thoughts

Yin Chengjun

Abstract： In the Art History, Gong Xian, with rich connotations and far-reaching impact in the aesthetic thoughts of his painting theories, is a representative artist and theoretician in Qing Dynasty. He emphasises the tradition and the usage of brushwork in his aesthetic thougts of painting theories. Besides, He also rejects the mere imitation of predecessors and stresses the

---

[*] 本文为国家社科基金艺术学一般项目"中国现当代美术批评史"（项目编号：21BF081）阶段性成果。
[**] 尹成君，北京语言大学教授，博士生导师。

importance of learning from nature as well as the significance of innovation. His ideas were not only invaluable in the painting circles in the early Qing Dynasty，which was characterised by a culture of imitation，but they are also a profound source of inspiration and guidance for the development of Chinese Fine Art today.

　　Keywords：Gong Xian；Learning from Nature；Excel the Predecessors；Innovation；Aesthetic Thoughts

在清代美术史中，龚贤是创作与画论皆丰的、具有代表性的画家、画论家。龚贤（1618—1689，字半千，号野遗，又号柴丈人、半亩、柴僧、钟山野老等，又有布衣、大布衣、江东布衣、安节、蓬高人等印章），明末清初著名画家，江苏昆山人。幼时家境贫寒，青年时代流寓南京，曾参与"复社"活动。入清后隐居不出，最后定居南京清凉山，写诗作画。龚贤工诗文，善书画，山水取法董源、米氏父子、吴镇、沈周，为"金陵八家"之一。他上追宋元，晚年以倪黄董巨为师，承继六法，画具文气与独立画格。龚贤的绘画曾影响当代绘画大师黄宾虹、李可染等，其画论美学思想影响至今。

一　概况

　　龚贤著有山水画技法类著述《龚半千授徒画稿》《龚安节先生画诀》等，这些作品较完整地体现了龚贤的绘画技法特色与其独特美学观。他提出笔法、墨气、丘壑、气韵为画家"四要"；他强调墨气要"厚""活""润"；他重视用笔，以中锋用笔为先；他主张笔下丘壑要"奇"而"安"，在他看来，笔法、墨气、丘壑三者兼具，则气韵自然而生。

　　龚贤的绘画理论集中反映在他晚年课徒授艺时的言教中，有《柴丈画说》、《龚安节先生画诀》以及《半千课徒画说》① 等篇章。龚贤在绘画美学思想上的贡献主要是如何观实景、构图、运用笔墨等。龚贤具有辩证的绘画理论与美学思想：一方面，龚贤重视师造化，"看真景"，"心穷万物之源，目尽山川之变"，"我师造化，安师董黄"，"要之至理无古今，造化安

---

① 　《龚半千授徒画稿》录其上半部，名《柴丈画说》。《龚半千授徒画稿》有《湖社月刊》本。

知董与黄"①，他把认认真真向自然学习作为至理；另一方面，龚贤极其重视传统，最反对盲目机械临摹古人。因此，龚贤一方面虔诚向学古人，学董巨传统；但另一方面又体会到董巨是从自然中学习而有所得并各自具有个人风格特点，便提出绘画要以造物为师。因此，在他看来师法自然，才是第一要法。

二　绘画理论及其美学思想上的贡献

1. 重传统，重笔墨

（1）湿与润的问题

龚贤的画论美学思想始终强调如何用笔，即笔墨中锋为第一，提出了湿与润的问题。中国古代画论中的"笔"论可谓自成体系，仅"用笔"这一概念就分成了板、刻、浮、枯、肥、甜、痴、沉、神、滑、软、硬、重、滞、率、混、腻、虚、灵、巧、拙、厚等二三十种。即便在清代，画家也多有讨论如何用笔，如沈宗骞《芥舟学画编》："能得神，则笔数愈减而神愈全，其轻重、疾徐、偏正、曲直皆出于自然。""故学者当识古人用笔之妙，笔笔从手腕脱出，即是笔笔从心坎流出。"②邹一桂《小山画谱》："下笔则疾而有势，增不得一笔，亦少不得一笔。笔笔是笔，无一率笔；笔笔非笔，俱极自然。"③华琳《南宗抉秘》："要使笔落纸上，精神能弃于中，气韵自晕于外，似以实熟，圆转流畅，则笔笔有笔，笔笔无痕已。"④丁皋《传真心领》："笔有法也：曰骨力，曰苍秀，曰清雅，曰中锋。能以肘肱运用者曰悬笔，得法则龙蛇飞舞，能以腕、指运用者曰提笔，得法则展转随形。"⑤《芥子园画谱·人物屋宇谱·极写意人物》："极写意人物……下笔最要飞舞活泼，如书家之张颠狂草。然以草书较真书为难，故古人曰：'匆匆不暇草书。'……故曰'写'而必系曰'意'，以见无意便不可落笔。必须无目而若视，无耳而若听，旁见侧出，于一笔两笔之间，删繁就简，而就至简，天趣宛然。实有数十、百笔所不能写出者，而此一两笔忽然而得，

① 《半千课徒画说》，载俞剑华主编《中国画论类编》，中国古典艺术出版社，2016。
② 卢辅圣主编《中国书画全书》（修订本）第 15 册，上海书画出版社，2009，第 126 页。
③ 卢辅圣主编《中国书画全书》（修订本）第 20 册，上海书画出版社，2009，第 597 页。
④ 潘运告主编《清代画论》，湖南美术出版社，2003，第 324 页。
⑤ （清）丁皋：《传真心领》，人民美术出版社，1964，第 133 页。

方为入微。"① 方薰《山静居画论》："用笔亦无定法，随人所向而习之，久久精熟，便能变化古人，自出手眼。"②

龚贤强调以中锋用笔为先，"惟中锋乃可以学大家，若偏锋，且不能见重于当代，况传后乎?"③ 在他看来，学习中锋的作用不仅仅只在于向传统大家们学习，而且中锋用笔有着独特的美学特征且与书法相同，只有"中锋乃藏"，而"藏锋乃古"。进而，他认为只有笔法"古"，绘画才能无"刻""结""板"之病，才具有"疏""厚""圆活"等独特美学特点。龚贤作画一方面擅用中锋，一方面喜用积墨法，二者间有着紧密联系。他强调绘画需具有四法，即笔法、墨气、丘壑、气韵。在他看来，"笔墨宜老"，而"墨气宜润"，且"丘壑宜稳"，只有这三者俱得，气韵则自在其中。宋代著名画论家郭熙已指出："墨色不滋润谓之枯，枯则无生意。"④ 郭熙、龚贤在此是一个意思。"滋润"是表现山水树石在大自然中的动感和韵律以及审美的韵味，滋润的绘画作品，画面就不会显得枯焦呆滞而无生气。湿，往往是水分拿捏得不好，结果使画面黑乎乎的一片，模模糊糊。龚贤提出"润墨鲜""湿墨死"，显现出湿与润的关系以及不同的审美效果。由此可以看出，龚贤强调的是在深入的生活观察基础上，画法服从于真景的深入的意境表达。通过不同层次、不同色调的色的层层染皴，进而真实地描绘湿润鲜泽的江南景色。

（2）积墨法的问题

笔墨是中国绘画的重要表现手段。墨的多样表现同样是历代画家美学追求的重要方向。"夫画道之中，水墨最为上。肇自然之性，成造化之功。""夫阴阳陶蒸，万象错布，玄化亡言，神工独运。草木敷荣，不待丹碌之彩，云雪飘扬，不待铅粉而白，山不待空青而翠，凤不待五色而𬙋，是故运墨而五色具。"（唐张彦远《历代名画记》）⑤ "分阴阳者，用墨而取浓淡也。凹深为阴，凸面为阳。山有高低、大小之序，以近次远，至于广极者也。"（宋韩拙《山水纯全集》）⑥ "运墨有时而用淡墨，有时而用浓墨，有时而用

①　《芥子园画谱》，上海书店出版社，1982，第154页。

②　潘运告主编《清代画论》，第136页。

③　潘运告主编《清人论画》，湖南美术出版社，2004，第64页。

④　陈洙龙、陈旭编著《龚贤》，中国人民大学出版社，2003。

⑤　卢辅圣主编《中国书画全书》（修订本）第1册，上海书画出版社，2009，第119页。

⑥　卢辅圣主编《中国书画全书》（修订本）第2册，上海书画出版社，2009，第627页。

焦墨，有时而用宿墨，有时而用退墨，有时而用厨中埃墨，有时而取青黛杂墨水而用之。"（宋郭熙《林泉高致》）① 而积墨法，是"在干后重复者"②，它是中国绘画用墨的干画法。五代董源、北宋米芾已参用此法，而龚贤把积墨法发展到新境界。他以积墨法画树，"加七遍墨"，具体程序是："一遍点，二遍加，三遍皴，便歇了。待干又加浓点，又加淡点，一道连总染是为七遍。"（《柴丈画说》）③ 他还有一段很详细的论述："点浓叶法，遍遍皆欲上浓下淡，然亦不可大相悬殊。一遍仍用含浆法，上浓下淡，自上点下。点完不必另和新墨，即用笔中所含未尽之墨，依次自上点下，与初遍或出或入。若所含之墨已干，将预先和成淡墨，稍茹一点于毫内。二遍已觉参差烟润，有浓淡之态矣。若只点晴林，再将干笔似皴似染，笼罩一遍。若点烟林、雨林、朝林，三遍即用湿墨，将前三遍精神合而为一，望之更为蓊蔚。朝林者，露林也，故宜带湿。此三遍只算得一遍。若点成，墨犹不甚浓，故四遍仍用一遍墨，上浓下淡，自上点下。五遍仍用四遍笔中未尽墨，参差加点一层。六遍仍以淡墨笼罩之。大约一遍为点，二遍为皴，三遍为染，四五六遍仍之。如此可谓深矣，浓矣，湿矣。然又有一种吃墨纸，至五遍仍不见黑，故又用六遍焦墨点于最浓之处以醒之。"④ 在这里，龚贤将笔法形态与墨色变化完美结合起来，他以干笔画法力求达到"积枯成润"的润泽润湿效果，进而丰富了墨色的层次变化和厚度变化。中国画历来强调用墨，且要求墨色浑厚华滋，而积墨法正是达到这种墨气淋漓厚重的重要表现手段。明唐寅就曾指出"积墨使之厚"，清王学浩《山南论画》中指出"用墨之法，忽干忽湿，忽浓忽淡，有特然一下处，有渐渐渍成处，有淡荡虚无处，有沉浸浓郁处，兼此五者，自然能具五色矣"⑤，都可谓一语中的。

墨是一种特殊的色彩，很容易造成画面的枯焦板结或模糊一片。"墨有五色，黑、浓、湿、干、淡，五者缺一不可。五者备则纸上光怪陆离，斑斓夺目，较之著色画尤为奇恣。"（清华琳《南宗抉秘》）⑥ "墨色之中分为

① 卢辅圣主编《中国书画全书》（修订本）第 1 册，第 497 页。
② 潘天寿：《听天阁画谈随笔》，上海人民美术出版社，1980，第 34 页。
③ 潘运告主编《清人论画》，第 65 页。
④ 陈洙龙、陈旭编著《龚贤》。
⑤ 潘运告主编《清代画论》，第 214~215 页。
⑥ 潘运告主编《清代画论》，第 329 页。

图1　木叶丹黄图轴
清，龚贤，纸本墨笔，纵99.5厘米，横64.8厘米，现藏上海博物馆

六彩，何为六彩？黑、白、干、湿、浓、淡是也。……墨有六彩而使黑白不分，是无阴阳明暗；干湿不备，是无苍翠秀润；浓淡不辨，是无凹凸远近也。凡画山石树木，六字不可缺一。"（清唐岱《绘事发微》）[①] 墨与水的比例变化，便可生发出千变万化的色调。龚贤在继承前人丰富的积墨方法的基础上，通过自己不断探索又创造总结出各种独具特色的用墨方法，积墨法便是其所使用的重要的中国画语言之一，可说是对中国画的巨大贡献。龚贤强调用笔，以各种不同的点、皴、擦、染分多次积墨，进而达到丰富而微妙的墨色富有变化的层次，给人感觉浑厚而不板滞。他强调一遍点，二遍加，三遍皴，等干之后再加浓点，之后又加淡点，一共皴染七遍。经过如此一层层的皴擦点染，画面便会呈现出"薄中见厚""厚中见变"的丰富活泼的墨色风格。

　　明末清初，"拟古""摹古"之风盛行画坛，而刻意摹仿元四家、明四家的干笔淡墨的画家更是不计其数。而龚贤不仅能够尊重古人笔墨传统，更能够从江南的真山真水中悟出用笔用墨的真谛。龚贤的绝大多数作品都

---

① 潘运告主编《清人论画》，第306～307页。

能浓润而不滞不腻，淡秀而见润能苍，表现出平和深邃的意境。与龚贤同时期的大多数遗民画家，大多重用枯笔、渴笔，而他却能够不受主流影响，独辟蹊径，重新发掘宋代以来的积墨法，这在当时是极其可贵的。

（3）虚与实、黑与白的问题

龚贤曾言：画之神理全在虚处淡处。他引用古人的智慧来说明虚实的作用，指出虽有千笔万笔的山石树木（实），其重点却放在留白虚淡的部分，这与南宋喜欢用留白的手法来进行构图互相呼应。所不同的是南宋画家喜大量留白，而龚贤则只少量留白，形成了强烈的黑白对比。龚贤在构图上又提出"实景"与"空景"的说法，他所指的"实"是画面上的景物，但这景物与现实的景物并不一模一样，而是经创作者构思组织的，正如"山于布局不背理"，所以可行又可游。

图 2　简笔山水图轴

清，龚贤，纸本墨笔，纵 74.2 厘米，横 41.2 厘米，无锡市博物馆藏

黑白对比分明，也是龚贤山水画的一个显著特点。在中国古代画论中，有关黑白的讨论也极其丰富。清华琳在《南宗抉秘》中便指出：黑、浓、湿、干、淡之外再加白，便是"六彩"。① 在这里，白是指纸素之白，山石

---

① 卢辅圣主编《中国书画全书（修订本）》第 16 册，上海书画出版社，2009，第 664 页。

的阳面处，"石坡之平面处，及画外之水天空阔处，云物空明处，山足之杳冥处，树头之虚灵处，以之作天、作水、作烟断、作云断、作道路、作日光，皆是此白。夫此白本笔墨所不及，能令为画中之'白'，并非纸素之白，乃为有情，否则画无生趣矣"。

龚贤的绘画，在黑白处理上具有自己的风格特点。他认为，画石块要上白下黑。"白者阳也，黑者阴也。石面多平，故白。上承日月照临，故白。石旁多纹，或草苔所积，或不见日月为伏阴，故黑。"（《画诀》）龚贤强调绘画中的明暗层次和黑白强烈对比的艺术表现力。他认为"非黑无以显其白，非白无以判其黑"[①]。龚贤的山水画树石山峦常以墨色层层点染，表现得浑厚大气；而天空云气、飞瀑湖河等则留出空白，表现得清新韵律。在龚贤的山水画中，还有一种"白龚"风格，这是相对于浓墨积染的"黑龚"而言的。这类作品又常常在构图上删繁就简，虽疏略数笔，不加晕染，用墨清淡，干笔皴擦，却显疏朗而明清，如《简笔山水图轴》（见图2）等。

龚贤之所以能够运用丰富的墨色变化来尽情表现多样的山水景色，缘于他对自然造化长期认真深刻、细致入微的观察。难得的是，龚贤已经注意到大自然中光的变化，山石留出受光部分，以光的照耀来决定墨的色调的浓淡变化。在中国古代众多的山水画家中，像龚贤这样注意光对物体色调的影响的画家还是极其少见的，这也是他在中国画创作方面所做的独特的贡献。

（4）关于"气韵"的问题

"气韵"是中国古代画论重要的美学命题。"人有气、有生、有知亦且有义，故最为天下贵也。"（《荀子·王制》）"吾善养吾浩然之气。""其为气也，至大至刚。以直养而无害，则塞于天地之间。"（《孟子·公孙丑上》）"天地，含气之自然也。"（汉王充《论衡·谈天篇》）"精神本以血气为主，血气常附形体。"（汉王充《论衡·论死篇》）"文以气为主，气之清浊有体，不可力强而致。"（魏曹丕《论文》）南齐谢赫最早明确提出"气韵"说："六法者何？一、气韵生动是也。二、骨法用笔是也。三、应物象形是也。四、随类赋彩是也。五、经营位置是也。六、传移模写是也。"（南齐谢赫《古画品录序》）[②] 气韵不仅是中国美术创作的标准，也是中国美术批评的标准。

---

① 潘运告主编《清人论画》，第65页。
② 卢辅圣主编《中国书画全书》（修订本）第1册，第1页。

图 3 溪山无尽图卷（部分，上图为局部）

清，龚贤，纸本墨笔，纵 27.4 厘米，横 725 厘米，故宫博物院藏

图 4 金陵八家山水册（之一）

清，龚贤，纸本水墨，纵 15 厘米，横 19 厘米，广州美术馆藏

　　关于"气韵"美学命题的阐释，历朝历代在不断地拓展与丰富。"今之画纵得形似，而气韵不生，以气韵求其画，则形似在其间矣。"（唐张彦远《历代名画记》）①"夫画有六要：一曰气，二曰韵，三曰思，四曰景，五曰笔，六曰墨。""图画之要，与子备言。气者，心随笔运，取象不惑。韵者，隐迹立形，备仪不俗……"（五代荆浩《笔法记》）②"六法之内，惟形似、气运二者为先。有气运而无形似则质胜于文，有形似而无气运则华而不实。"（宋黄休复《益州名画录》）③"凡用笔先求气韵，次采体要，然后精思。若形势未备，便用巧密精思，必失其气韵也。"（宋韩拙《山水纯全集》）④"人物以形模为先，气韵超乎其表。山水以气韵为主，形模寓乎其中，乃为合作。若形似无生气，神彩至脱格，则病也。"（明王世贞《艺苑卮言论画》）⑤"有笔、有墨谓之画，有韵、有趣谓之笔墨，潇洒风流谓之韵，尽变穷奇谓之趣。"（清恽寿平《瓯香馆画跋》）⑥"愚谓即以六法言，亦当以经营为第一，用笔次之，傅彩又次之，传模应不在画内，而气韵则画成后得之。一举笔即谋气韵，从何著乎？以气韵为第一者，乃赏鉴家言，非作家言也。"（清邹一桂《小山画谱》）⑦"画有'六长'：所谓气骨古雅、神韵秀逸、使笔无痕、用墨精彩、布局变比、设色高华是也。六者一有未备，终不得为高手。"（清盛大士《溪山卧游录》）⑧"气韵有发于墨者，有发于笔者，有发于意者，有发于无意者，发于无意者为上，发于意者次之，发于笔者又次之，发于墨者下矣。"（清张庚《浦山论画》）⑨"六法首重气韵，次言骨法用笔，即其开宗明义，立定基础，为当门之棒喝。至于因物赋形，随类赋彩，传摹移写等，不过入学之法门，艺术造形之方便，入圣超凡之借径，未可拘泥于此者也。"⑩"惟由性灵与感想所发挥而出者，方有个性之表现。而此个性之表现气韵即自然发生。所以历来大家之画，各人

①　卢辅圣主编《中国书画全书》（修订本）第 1 册，第 119 页。
②　潘运告主编《唐五代画论》，湖南美术出版社，1997，第 251～252 页。
③　潘运告主编《宋人画评》，湖南美术出版社，1999，第 151～152 页。
④　卢辅圣主编《中国书画全书》（修订本）第 2 册，第 627 页。
⑤　潘运告主编《明代画论》，湖南美术出版社，2002，第 88 页。
⑥　卢辅圣主编《中国书画全书》（修订本）第 11 册，上海书画出版社，2009，第 230 页。
⑦　卢辅圣主编《中国书画全书》（修订本）第 20 册，第 579 页。
⑧　此"六长"与宋刘道醇所谈之"六长"不同。潘运告主编《清代画论》，第 235 页。
⑨　潘运告主编《清人论画》，第 423 页。
⑩　陈衡恪：《文人画之价值》，陈师曾著译《中国文人画之研究》，浙江人民美术出版社，2016。

有各人之风格，亦即各有其气韵。"① "六法精论，万古不移，然而骨法用笔以下五者可学，如其气韵必在生知，固不可以巧密得，复不可以岁月到，默契神会，不知然而然也……"（宋郭若虚《图画见闻志》）② 他认为"气韵""非师"，气韵不是画家可以随意学学而来的，一般的画家，无论怎样注重观察自然、体悟自然，无论怎样学习苦练笔墨，也不可能表现出气韵，因为，在他看来，气韵不可"师"。在这里，郭若虚将气韵与人品、境界联系起来。而龚贤作为一个强调师法造化自然的画家则认为，一幅优秀的作品应具备四要，即笔法、墨气、丘壑与气韵。他认为只有笔法、墨气、丘壑、气韵周全而方可称之为画。由此可见，龚贤所讲的气韵，是指自然美如何经过画家独特的艺术创作进入到崭新的艺术美的呈现的。在龚贤看来，气韵不是"非师"，而是"可师"，艺术家完全可以凭自己对自然深入细致地体察与学习，并渗入自己强烈的艺术感受，借助笔墨技巧等，从而达到一定的绘画境界。在龚贤这里，他改变并剔除了以往气韵与人的出身、人品相联系的观点，而是强化了艺术家艺术实践的重要性，这是作为画家的龚贤对于气韵美学命题的独特理解与理论贡献。

2. 重师造化、重构图

（1）"师造物""出古人"

龚贤师古人而不囿于古人，并富有自己的艺术特色，其主要原因就在于他能"师造化"，以自然为师，并擅"出古人"。这些美学思想对于今天的艺术创作极其富有启示意义。他要求学习者不要以"拟粉本为先天，奉师说为上智"，而是要以"造物"为师。"我师造物，安知董、黄？"南朝姚最提出"心师造化"论，强调画家主观创作须来自深入的自然观察与学习；唐代张璪提出"外师造化，中得心源"论，强调画家与自然间主客体的互动关系，强调画家在艺术创作中，应将主观情感表达与客观事物结合起来。张璪的绘画理论在姚最画论的基础上有了新的发展。宋郭熙指出："真山水之云气，四时不同：春融怡，夏蓊郁，秋疏薄，冬黯淡。画见其大象而不为斩刻之形，则云气之态度活矣。真山水之烟岚，四时不同：春山澹冶而如笑，夏山苍翠而如滴，秋山明净而如妆，冬山惨淡而如睡。画见其大意

---

① 余绍宋：《国画之气韵问题》，载余子安编著《余绍宋书画论丛》，北京图书馆出版社，2003，第 22 页。
② 卢辅圣主编《中国书画全书》（修订本）第 1 册，第 465 页。

而不为刻画之迹，则烟岚之景象正矣。"(《林泉高致》)①

　　而到了龚贤，他就如何观察自然，提出了不少有见识的见解。他首先强调画家在创作前要弄清描绘对象的来龙去脉、相互之间的关系；其次画家创作不能闭门造车，应该到自然中去，深入观察和体味所要表现的对象，对其形体、质地以及时间、光线对它的影响进行认真细致的观察；最后取法于古人，借鉴古代绘画的优秀传统，如经营位置、应物象形、笔墨技巧等。他认为只有这样才能画出不违背客观事实、渗透画家思想感情的作品。通过观察龚贤现存的作品，可以看出龚贤既尊重传统也非常注意观察自然、师法自然。"画泉宜得势，闻之似有声。即在古人画中见过，临摹过，亦须看真景始得。"② 龚贤对南京附近的山林坡石景色十分熟悉，经常出入其中，悉心观察体验。他发现，要表现江南山川的湿润厚重特色，就必须改变流行的那种疏朗秀润的用笔。他吸取了宋人的积墨法，不论画树木还是山石都多用枯笔干墨，层层积染，并分出暗面与亮面，生动表现出山石厚重、树木葱郁的感觉。如《夏山过雨图》描绘夏日雨后山林景色。山脚下坡石起伏，层林密布，枝叶繁茂，郁郁苍苍。远处峰峦叠嶂，苍茫浑厚，唯有林中雾岚、山间烟云回荡其间，使画面虚实相济，层层深远。在浓密深邃之中，有一缕夕阳穿过，照亮了树的枝干，衬托得雨后青山更加深沉苍翠。山石树木，湿淋淋的，仿佛刚被雨水洗过，黑压压的宛如暮色降临。观此画，湿润清新之气迎面扑来，使人耳目一新。

　　龚贤的绘画，既受时人友辈的影响，亦远师古人。而龚贤最重要的师承仍是自然造化，他从观察中不断开拓出新的表现方法，将写生的精粹融入作品创作之中。因此，在用笔积墨上他或受古今大家影响，但画面的精神面貌却是他潜心体会自然造化而获得的。正如《一角编》所云："古人之书画，与造化同根，阴阳同候，非若今人泥粉本为先天，奉师说为上智也，然则今之学画者当奈何？曰：心穷万物之原，目尽山川之变，取证于晋唐宋人，则得之矣。"③

　　(2) 构图上新的面貌

　　在构图上，龚贤也力图突破、呈现新貌。当时的明遗民画家，大多以简率写意的手法创作，注重"用空"，崇尚秀逸疏散的韵味。龚贤在清初已

---

① 卢辅圣主编《中国书画全书》(修订本) 第 1 册，第 497 页。
② 刘海粟主编《龚贤研究集》上集，江苏美术出版社，1988，第 129 页。
③ (清) 周二学：《一角编》乙册，上海人民美术出版社，1986，第 41 页。

有名气，且有如下评说："半千画笔得北苑法，沉雄深厚，苍老矣，惜秀韵不足耳。"① 龚贤作品沉雄深厚而苍老的风格，不但与用墨有密切关系，亦与龚贤妙奇而独特的构图有关。对于如何进行丘壑的安排，龚贤提出了"奇"与"安"的观点。

> 树要少，愈要奇，少而不奇则无谓矣。树奇则坡脚宜平稳，不平稳类小方家也。树奇安石易，树拙安石难，偶写树一林，甚平平无奇，奈何？此时便当搁笔，竭力揣摩一番，必思一出人头地邱壑，然后续成。不然，便废此纸亦可。②

龚贤特别强调山水画构图平稳中求奇险，又于奇险中见平稳，这一点，在现代山水画家黄宾虹那里得到进一步继承。在龚贤这里，安，是指平稳；奇，是指异于寻常。但"安"，不等于是平庸板滞，过分安，则易流于单调呆板，所以需要求奇，加以调节，增加变化。龚贤的要求就是要达到"安而奇"，他在《疏林秋色》上自题"丘壑者，位置之总名"，位置宜安，然必奇而安，不奇无贵于安，"安而不奇，庸手也；奇而不安，生手也"。"愈奇愈安，此画之上品。"③ 又说丘壑虽云在画最为末著，恐笔墨真而丘壑寻常，无以引卧游之兴。《疏林秋色》构图，画家透过树枝大胆地采用疏影横斜、自然交错、空白透气、光线颤动等手法，使得整个画面活泼空灵，有趣生动。

"经营位置"是中国绘画一直强调的传统，南朝谢赫"六法"论中已经明确提出。清初画坛摹拟风气盛行，山水画的构图有程式化的趋向。龚贤此时大胆地从经营位置出发追求创新并独树一格，具有深刻的革新性、开创性，意义重大。

3. 龚贤的"能、神、逸"论

"神品"与"逸品"的地位之争，出现在清初画坛。康熙八年（1669）龚贤作《画士论》云："今日画家以江南为盛。江南十四郡，以首郡（金陵）为盛。郡中著名者且数十辈，但能吮笔者，奚啻千人？然名流复有二派，有三品：曰能品、曰神品、曰逸品。能品为上，余无论焉。神品者，

---

① （清）张庚、刘瑗：《国朝画征录》，浙江美术人民出版社，2011，第 31 页。

② （清）周二学：《一角编》乙册，第 40 页。

③ 庞元济：《虚斋名画续录》卷 3，《续修四库全书》第 1091 册，上海古籍出版社，2002。

能品中之莫可测识者也。神品在能品之上，而逸品又在神品之上，逸品殆不可言语形容矣。是以能品、神品为一派，曰正派；逸品为别派。能品称画师，神品为画祖。逸品散圣，无位可居，反不得不谓之画士。"①

由此可见龚贤对当时画家的分类及品评观点。他将画家分为文人画家和职业画家两种。龚贤从创作动机的不同，引申出文人画家与职业画家在创作形态上的差异：职业画家注重技巧、法度，技法完备，作品可列为"能品"，人数众多。至于部分技巧出神入化的作品则可列为神品。而表现"士气"，技巧之上，超越法度进行创作的作品，则可入列"逸品"。在他看来，"能品""神品"是"正派"，而"逸品"则为"别派"，这两派是不同的。品评的标准不同，所以"能""神""逸"有不同的阐释。看得出来，龚贤是追求逸品这个卓绝的境界的。他认为逸品在神品之上，因其卓绝，很少人能理解与追求，不是主流，反而无位可居。这里可以看出龚贤鲜明的立场、独立的美术批评观。毫无疑问，龚贤是志在"逸品"的，哪怕不被世俗理解与认同。

唐朱景玄提出的"神妙能逸""四格"是中国古代画论中重要的品评标准，也多有画论家在这方面进行讨论。清代方亨咸便针对龚贤的品评观点提出不同意见："半千《画士》士画之论详矣，确不可易，觉谢赫《画品》犹有漏焉。但伸逸品于神品之上，似尚未当。盖神也者，心手两忘，笔墨俱化，气韵规矩，皆不可端倪。仁者见仁，智者见智，所谓一切而不可知之，谓神也。逸者轶也，轶于寻常范围之外，如天马行空，不事羁络为也。亦自有堂构窈窕，禅家所谓教外别传……能之至始神，神非一端可执也。是神品在能与逸之上，不可概论，况可抑之哉！"②

龚、方二者的争论焦点在于神品与逸品的高下之分。龚贤认为，"逸品"高于"神品"，神品为能品中不可测识，犹在笔墨之内；而逸品则在笔墨之外，不可言语形容。而方亨咸则认为，"神品"高于"逸品"，并非士人之画尽是逸品，指出龚贤所指"神品"，只是"纯熟者"，而非"能至者"。总之，龚贤在这里一方面对能品进行了深入分析，另一方面又对逸品进行了再阐释，进一步彰显了文人画家独特的审美趣味、审美追求、审美境界，这对当时师古保守的创作态度起了一定的刺激作用，为中国绘画的

---

① 刘海粟主编《龚贤研究集》上集，第158～159页。
② 刘海粟主编《龚贤研究集》上集，第161页。

图 4　金陵八家山水册（之一）
清，龚贤，纸本水墨，纵 15 厘米，横 19 厘米，广州美术馆藏

发展带来新的气象。

三　《画诀》特点

清初文人画盛行，文人画家的理论著述也极其丰富。如王时敏的《西庐画跋》、王原祁的《论画十则》、笪重光的《画筌》、吴历的《墨井画跋》、恽寿平的《南田画跋》、唐岱的《绘事发微》、邹一桂的《小山画谱》、方薰的《山静居画论》、石涛的《苦瓜和尚画语录》、龚贤的《画诀》等。

龚贤的《画诀》内容是他授课课徒画稿的阐释，因此，著述语言简洁、强调实践、议论扎实、有理有据、通俗易懂。秦祖咏便在《桐阴论画》中指出龚贤所著《画诀》，言简意赅，精确不磨，是初学者的入门法典。

龚贤在绘画理论上一方面吸取前人论画经验，一方面深入结合自己的艺术创作实践，每每发表创见，深入浅出。他不断从自然中理解和阐释艺术规律，以"造化为师"，其绘画理论强调探讨艺术创作规律的科学性与技术性。他系统地把中国绘画理论中的"六法""六要""六长"等绘画之要旨，高度概括为学画之必须遵守的法则，并对山水画中常见树木山石等景色的表现，从形态造型、结构方法、形成规律等各个方面都进行了细致系统的阐述，使得初学者极易入手与运用。

《画诀》中，龚贤给山石树木赋予了丰富的情感和生命，以物比人，生动形象。如论石，认为石有面，有肩有腹，就如人之俯仰坐卧。论树，以树喻人，生动有趣，强调画树要大丛中添小树，直立，就如孔门弟子冠者中杂立童子一般。又如论石，强调画石转折处，勿露棱角，"一丛数块"，"大石间小石"，然须联络。

> 无叶谓之寒林，数点谓之初冬，叶稀谓之深秋，一遍点谓之秋林，积墨谓之茂林，小点着于树杪谓之春林。①

树是山水画中重要的表现部分。龚贤在这里略略数语，便已表现了林木四时变化、荣枯景象，这不但体现了龚贤对大自然之深刻观察，同时也体现了中国绘画笔墨之玄妙。

再如《画诀》论画树云："四笔即成树身，以后即添枝。身向左则枝皆向左，左枝多右枝少。若向右树反此。""续三笔而直下，合一笔为树身"，"合二笔之半，自上而下为右杈，自左而右即转而上，共一笔也"，"二笔左半合一笔之杪，为左杈"，"凡向左枝皆自上而下，向右枝皆自下而上。此自然之理，即欲反画，亦不顺手"。② 龚贤把林木生长的自然规律，结合运笔腕指的活动规律，形成了一套程式化、规律化的有关树木表现等的山水画创作方法。

《画诀》中画柳的方法更见臻妙。唐人画柳多勾勒，宋人画柳多点叶，元人画柳多渍染，其分枝取势，得迎风摇扬之势。"柳欲身短而干长，根宜远引，宜出土。画柳最不易，余得之李长蘅。从余学者甚多，余曾未以此道示人。今告昭昭曰：'画柳若胸中存一画柳想，便不成柳矣。'何也？干未上而枝已垂，一病也；满身皆小枝，二病也；干不古而枝不弱，三病也。"③ 这画柳之病堪为至理，这正是画家通过长久艺术实践而参得妙悟的结果。

《画诀》中对皴法也有论述，"画石外为轮廓，内为石纹，石纹之后用皴法。石纹者，皴之现者也。皴法者，石纹之浑者也"，"石有背面，面多皴，背不宜多皴"。"初画高手亦自可观，画至数十年后，其好处在何处分

---

① （清）龚贤：《画诀》，潘运告主编《清人论画》，第 58 页。
② （清）龚贤：《画诀》，潘运告主编《清人论画》，第 52 ~ 55 页。
③ （清）龚贤：《画诀》，潘运告主编《清人论画》，第 63 页。

别？其显而易见者皴法也。皴法名色甚多，惟披麻、豆瓣、小斧劈为正经，其余卷云、牛毛、铁线、鬼面、解索，皆旁门外道耳。"①

不论其"白龚"还是"黑龚"作品中的笔皴墨染，无不反映出龚贤笔墨在其画论美学思想逻辑指导下的表现。也正因为他重层次、重规律、重笔墨，从而形成了自己独立的风格。所以，龚贤的画给人一种单纯而深厚、简化却不简单的感觉，成为前无古人，后无来者的一代大家。

《画诀》对色彩论述也有涉猎，"石面有似平台者，然平台者即破山也。山倒去半边即成平台。故作色平台面染绿，苔草色也。旁染赭色，倒去沙土色也"②。还有"大石间小石，染墨小石宜墨，大石宜白"③。在这里，只不过是绿、赭、墨、白色而已，然前二色是自然界本来之色彩，并非他要表现的色彩，后二色非自然界色彩却是他要表现的色彩。

龚贤在《画诀》中始终贯穿他的绘画美学思想，他把山水画艺术的表现能力概括为画家笔法、墨气、丘壑、气韵四要。龚贤强调必须首先在用笔方面树立骨力，"唯中锋用笔含而兼力，不至妄生圭角"。他认为笔法要古中求健，墨气要厚中求活，丘壑要稳中求奇，做到这些便自然能达到气韵浑而雅的境地。龚贤正是通过《画诀》中的一树一石、一丘一壑等具体艺术形象来体现他这一画论美学思想的。

清初著名学者周亮工与龚贤相交几十载，评其画曰："其画扫除蹊径，独出幽异，自谓前无古人，后无来者，信不诬也。"④ 龚贤的绘画美学思想以及他的创作实践证明，此评论切中要点。龚贤在绘画创作方面一直极力反对单纯地摹仿古人，"学古"而"出古"，追求独创，对他来说是艺术追求的最终目标。他对自己的艺术有充分而强烈的自信，为了表现江南山林苍莽、葱茂的特点，他强调师法造化，大胆进行墨法探索，继承并发展了宋人的"积墨法"，并取得了极大的成功，使中国绘画墨法的表现力进一步增强。他的画笔法劲健，墨气灵活，构图奇特，气势雄伟，在清初画坛独树一帜，对后世影响深远而广泛。总之，龚贤绘画美学思想强调师造化、重传统、出古人、创新格，这些思想不仅在因袭成风的清初画坛极其可贵，而且对今天中国美术的健康发展也依旧具有深刻的启示意义。

---

① （清）龚贤：《画诀》，潘运告主编《清人论画》，第 52 页。
② （清）龚贤：《画诀》，潘运告主编《清人论画》，第 52 页。
③ （清）龚贤：《画诀》，潘运告主编《清人论画》，第 62 页。
④ （清）周亮工：《读画录》卷 2，《续修四库全书》第 1065 册，上海古籍出版社，2002。

中国现代美学研究 ◀

当代中国美学：从方法论探索到主义建构

王 圣[*]

摘要：20世纪80年代中期，"美学热"转向，方法论兴起。这种转向既有政治偶然因素，更有美学学科内在发展和建设的必然性。方法论热中的黄海澄"三论"美学是我国美学学科建构的重要理论基础，在美学学科研究告别认识论、反映论美学，告别美学研究的主观化从而走向美学研究的客观化，卸掉美学研究不可承受之重，进行美学学科自身建构等方面起了重要的作用。21世纪，王建疆提出别现代主义美学，继承并延续了黄海澄80年代美学方法论探讨的创造精神，自觉回应对中国美学学科的质疑，成为进一步建设美学学科的重要理论成果。

关键词：方法论 黄海澄 "三论"美学 别现代

Contemporary Chinese Aesthetics：From Methodological Exploration to Construction of Zhuyi

Wang Sheng

Abstract：In the mid – 1980s, the "aesthetics fever" turned and meth-

---

* 王圣，兰州财经大学商务传媒学院副教授。

odology emerged. This shift is both a factor of political contingency and the inevitability of the internal development and construction of aesthetic disciplines. Huang Haicheng's "three theories" aesthetics, which has risen in the methodological fever, is an important part of the construction of aesthetic disciplines in China, and has played an important role in bidding farewell to epistemological reflection theory aesthetics in aesthetic discipline research, bidding farewell to the subjectivization of aesthetic research, and thus moving towards the objectification of aesthetic research, unloading the unbearable weight in aesthetic research, and constructing aesthetic disciplines themselves. In the new century, Wang Jianjiang proposed Bie-modernist aesthetics, inherited and continued the creative spirit of Huang Haicheng's aesthetic methodology discussion in the 1980s, consciously responded to the doubts about the existence of Chinese aesthetic disciplines, and became an important theoretical achievement in further building aesthetic disciplines.

Keywords: Methodology; Huang Haicheng; "Three theories" Aesthetics; Bie-modern

美学学科引入中国已经一个世纪有余。从 20 世纪之初的引入、二三十年代的初步建设、50 年代的美学大讨论、80 年代的美学热，美学学科在艰难地向前推进，逐步建立起自身的学科体系。如果 20 世纪前半期是美学学科的引入和初步确立，50 年代的美学大讨论是美学学科扩大影响，在非学术因素的强势影响下艰难地探寻学科的根源和基础，那么 80 年代的美学热则是美学的普及和学科影响力的进一步扩大。80 年代的美学热至 1984 年已经基本冷却，紧接着又是方法论热。方法论热的出现使美学逐步走向了学科自身建构的道路。从 20 世纪 80 年代黄海澄先生的 "三论" 美学，到 21 世纪王建疆教授提出的别现代主义美学，均是中国美学学科自身独立和学科建设的重要线索。

一 美学热的转向
——方法论热

80 年代的美学热是伴随着思想解放和人性启蒙展开的。实际上在改革开放之初的思想解放运动中，美学学科同时肩负着启蒙的先锋作用。反思历史、人性彰显和思想解放成为其主要内容。① 按包妍的资料梳理，一方面，1983 年"清污"运动对美学热中涉及的大部分问题有影响；另一方面，从 1983 年开始，美学热已经开始悄悄降温。她引用祝力的观点认为，1982年之后的"鼎盛的局面"更多的只是"表层的热闹"，因为发表的论文大多是在重复原有的观点，美学热"似乎已开始带有总结的意味"。② 不过 1984年之前美学的表面繁荣并未完全退却，一般认为 1984 年才是美学热消退之年，1985 年便是比较公认的美学研究的方法论年，而方法论热已经与前期的美学热有了显著的区别。

诚然，20 世纪 80 年代中期美学研究发生了一次显著变化。然从美学自身的发展理路来看，美学热的冷却，实际上是实现了一次转向，即方法论转向。方法论转向的出现看起来似乎偶然，其实也蕴含着美学研究自身发展轨迹的必然性。这种必然性基于如下几个方面的原因。

首先，从带有浓厚意识形态色彩的认识论讨论转向美学方法论的探讨与实践是美学学科建设的必由之路。50 年代的美学大讨论，集中讨论的问题是美是主观的还是客观的这一带有机械认识论色彩的问题。80 年代的美学热虽然比 50 年代的讨论有了很大进步，从 70 年代末开始的形象思维讨论，到随后的人道主义问题、手稿问题讨论等，都试图从美学角度开掘出启蒙运动的新路径，但实际上所讨论的这些问题都未能完全脱离 50 年代美学大讨论中认识论的窠臼。从美学学科建设的角度来说，这样的讨论虽然并非没有意义，但无法从根本上摆脱哲学认识论的框架，从而建立起美学学科自身的大厦。所以说，80 年代中期美学研究的方法论转向，就带有从原来的思维定式中脱出，从而重新探寻美学研究路径的意义和价值。也就是说，此时的方法论转向，也是美学学科建设的必然选择。聂振斌就认为80 年代在方法论转向之前的美学热延续的仍然是五六十年代的话题，学理上的创建不多："80 年代进行的关于美的本质讨论，重新拣起了五六十年代的话题，新的东西并不多，关键是没有更多的学问上的准备。"③ 因为缺少

①　裴萱：《20 世纪 80 年代"美学热"的理论谱系与价值重估》，《西南民族大学学报》（人文社会科学版）2016 年第 3 期。
②　包妍：《意识形态下的美学突围——1979—1985 中国历史语境中的"美学热"》，博士学位论文，东北师范大学，2013，第 5 页。
③　李世涛、戴阿宝编著《中国当代美学口述史》，中国社会科学出版社，2014，第 177 页。

学理上的准备和累积，讨论主要还是限于 50 年代美学大讨论的内容，所以他说这次美学热新的东西并不多，也是实情。李泽厚的《美的历程》成为 80 年代大学生的必读书，这也是重要的原因。因为当时美学相关的作品大都还是五六十年代的话语啊！

在大家都习惯于思考和探讨美的本质、本原、客观、实践等纯哲学问题，或多或少都与认识论粘连而无法独立地思考美学本身的问题的时候，如何走出认识论和反映论窠臼，建设美学学科自身的大厦，是摆在当时美学学者面前的艰巨任务。有一部分学者就选择了借鉴西方自然科学研究中的一些方法，把自然科学研究中的方法运用于美学。自然科学方法论对于美学学科的建设是不是有意义？它在多大程度上能够为美学研究带来新面貌？这个的确不好说，但在美学学科独立和建设的过程中，从方法论入手的确不失为一种有效的策略和手段。夏中义所注意到的黄海澄、李泽厚在 80 年代初通过各自不同的方式表达对反映论的隐讳批评，① 到 1984 年黄海澄能够光明正大地倡导"三论"美学，显示的是黄先生利用美学方法论研究挣脱反映论美学的艰难历程。

其次，50 年代的美学大讨论、80 年代的美学热为美学学科建构沉潜与积累了许多资源。方法论转向便是利用这些资源建构美学学科的努力。50 年代的美学大讨论中带有比较鲜明的认识论和反映论倾向。这些都比较严重地阻碍了美学讨论向更深入的方向发展。但这些讨论毕竟在哲学观念、马克思主义哲学基础上为美学学科的建设提供了借鉴。80 年代的讨论一开始接续了 50 年代的讨论思路，并在此基础上向人道主义等方向拓展。虽然如有些学者所评价，"新的东西并不多"，但重新接续三十年前的讨论话题，本身也算是其价值之一。另外，80 年代的美学热中，创办美学杂志、译介国外美学著作，取得了显著成绩。李泽厚主编的《美学译文丛书》在十年间就出版了约 40 种译著。虽然选择与翻译质量参差不齐，受到许多人诟病，然不能不说，这些译著中就包括西方美学研究中对各种不同方法的运用，特别是在美学研究中引入一些自然科学方法的思路，对引入西方美学的方法论研究有深远影响。后来以"三论"美学著称的黄海澄先生，其"三论"美学探讨始于 1980 年，也就是整个美学热刚刚开始之时，他已经

① 夏中义：《反映论与"1985"方法论年——以黄海澄、林兴宅、刘再复为人物表》，《社会科学辑刊》2015 年第 3 期。

关注到当时自然科学中的研究方法，并试图把这些方法运用到美学研究中来。事实证明，他的这些设想与尝试在 80 年代的美学研究中结出了丰硕的成果。

最后，方法论的建设是每一门学科专业化建设的重要途径和内容，美学学科也不例外。虽然美学研究的方法论年是 1985 年，但对美学方法论的探讨早在 1983 年就已有文章开始进行。黄海澄先生的《从控制论观点看美的客观性》发表于《当代文艺思潮》1984 年第 1 期，事实上他的专著《系统论、信息论、控制论美学原理》的写作开始于 1980 年，远远走在美学方法论研究前列。也就是说，在美学热开始不久，美学方法论的探讨已经有所准备了。"20 世纪中国美学从西方那里接过了包括近代以来几乎所有的学术方法系统。而这种方法论上的自发性认同，恰恰体现了一定的学术发展阶段性特点……几乎每一次方法论层面上对于'西方'的热切追踪，结果总是带来中国美学研究形态的某种阶段性转换活动。"① 这实际上是美学研究中一些思想敏锐的学者学科自觉的一种体现。阎国忠认为"五六十年代所回答的基本问题只是美的本源问题，还不是美的本体问题……80 年代所面临的就是如何从美的本源转向美的本体，完成从古典美学向现代美学的过渡"②。如果说 1985 年之前的美学热是"从美的本源转向美的本体"的一个过渡的话，方法论热的出现及延续就是美学转向美的本体，走向美学学科的建设。

二　黄海澄美学的横向科学方法论启示

有人在总结 80 年代美学研究所取得的成就时说，"在中国美学界，从 1984 年方法论大讨论以来，尝试用'三论'论美者不乏其人，获得明显收获的却并不多见。比较醒目的有黄海澄的《系统论、信息论、控制论美学原理》"③。如前所述，美学的方法论年其实是美学学科建构的开始，是 80 年代美学热的再一次重大转向。黄海澄在方法论研究方面的成就来自其独立之精神和自由之思考，其"三论"美学是自觉地运用横向科学方法进行

① 汝信、王德胜主编《美学的历史：20 世纪中国美学学术进程》，安徽教育出版社，2000，第 383 页。
② 阎国忠：《走出古典——中国当代美学论争述评》，安徽教育出版社，1996，第 5 页。
③ 汝信、王德胜主编《美学的历史：20 世纪中国美学学术进程》，第 181 页。

美学学科建构的积极探索和丰硕成果。这种探索对中国美学学科的建构具有深远的意义。

1. 美学研究中进一步告别认识论、反映论倾向

80 年代的美学热中最活跃的美学学者，大多是经历过 50 年代美学大讨论的美学家。借着改革开放的氛围，这些学者重新焕发出鲜活的学术生命力，积极投身于新时期的美学讨论之中。然而，50 年代美学大讨论的某些局限，或多或少地被带入了 80 年代前期的美学讨论中。夏中义认为 1985 年之前，无论是李泽厚《形象思维再续谈》（1980），还是黄海澄《从控制论观点看美的客观性》（1984），实际都指向了反映论，虽然行文中始终在规避谈论反映论，但实际上在迂回地以各自不同的路径表达对反映论所导致把审美和艺术活动等同于认识活动的偏颇的否定。"黄则从现代自然科学撷取系统论视角来重审美学，旨在规避反映论对文艺研究的方法论垄断。""然为安全计，他又须披挂'自然科学'铠甲与恩格斯头盔，这是理论武装，也是思维乔妆。"① 李泽厚的夫子自道印证了夏中义的论断："我美感的两重性，就是说美感既有功利的方面也有直觉的方面。在他们看来，这是大逆不道。因为那里强调的是马克思主义的认识论和列宁的反映论，所以讲美的直觉性是不行的。在直觉性这方面，当时我是想写下去的，但不能写。直到 70 年代末，通过形象思维的讨论，在刘再复主编的杂志《文学评论》上，我谈了创作的非自觉性、无意识性。"② 像李泽厚、黄海澄是从那个时代走出来的具有独立思考能力的理论家，意识到了反映论的问题，但未能鲜明地表达他们的主张。更有一些学者还带有浓厚的认识论、反映论影子，甚至牢牢抓住不放手。从夏中义所举的李泽厚和黄海澄二位学者的例证来看，黄海澄以方法论作为突破点告别美学研究的反映论阴影，显然比李泽厚仅以形象思维入手来得更为深刻和具有理论价值。也正是注意到对反映论垄断美学和文艺理论的现实进行理论上的强烈反拨，夏中义高度评价黄海澄先生的"三论"美学，认为它"本是破天荒的方法论大解放"③。此后的美学研究虽然也不是坦途，但黄海澄先生从方法论探索入手

---

① 夏中义：《反映论与"1985"方法论年——以黄海澄、林兴宅、刘再复为人物表》，《社会科学辑刊》2015 年第 3 期。
② 李世涛、戴阿宝编著《中国当代美学口述史》，第 71 页。
③ 夏中义：《反映论与"1985"方法论年——以黄海澄、林兴宅、刘再复为人物表》，《社会科学辑刊》2015 年第 3 期。

的努力，的确为美学学科建构开拓了一片新天地，为告别认识论、反映论美学，建设美学学科做出了重要贡献。

黄海澄先生对于 50 年代美学大讨论中的关于美是客观、主观，还是主客观统一的观点直接做出回应。他所回应的观点到现在还是美学本质认识的深刻洞见。他认为"美是生成的"①。虽然他谦虚地说"于此三说之外很难另辟新说"，但"美是生成的"的判断却让他对美的认识直达本质。这与 90 年代之后朱立元先生实践存在论美学的观点正好一致。然后他逐一地对美学史上对美的机械的或绝对的客观论、以"趣味"为中心的主观美论以及主客观统一论进行批驳。其中对机械的或绝对的客观论的批评主要涉及对认识论、反映论美学的批驳，从而使美学学科研究回归到美学自身。

2. 走出主观美学研究模式，走向美学研究的客观化

50 年代的美学大讨论，虽说是美学讨论，实际上由于受政治气氛的影响，参与讨论者并不能真正地从学术本身出发讨论问题。比如吕荧，认为"美是人的观念""美是人的社会意识"。观念和社会意识都是由社会存在决定的，所以美是客观的。蒋孔阳批评他，认为他"把观念来源的客观性当作观念的客观性"②。正因为这样，虽然吕荧努力想讲美的客观性，但蒋孔阳还是把他的观点归入主观派。其实，不仅吕荧，50 年代的美学大讨论中，除了高尔泰大胆直呼美的主观性之外，其余各派各家，并不是在美学学术的层面上争论，实际均在争夺客观性这一面红色的旗帜。无论你的美学观点是什么，只要你能够证明你的美学观点具有客观性，你就是正确的、正义的。如此说来，就不难理解吕荧认为"美是人的观念""美是人的社会意识"，却又要竭力给它一个客观性的外观包装了。50 年代的美学大讨论，看似在争论美的本质、美的客观性问题，但如果审视其讨论的内在理路，可以发现其本身是极其主观化的。

1985 年美学热转向之后，方法论热兴起。说是方法论热，乃是沿用了此前美学热的句式，实际上只是美学研究的方法论转向。对于当时的美学研究来说，这种转向意义重大而深远。聂振斌说："有人说美学冷了，实际上当时的'美学热'是不正常的，冷倒是正常的，剩下的倒是真正的研究者，主要是高校的老师、科研机构的研究者和对美学有兴趣的年轻人。"③

---

① 黄海澄：《系统论、控制论、信息论美学原理》，湖南人民出版社，1986，第 11 页。
② 蒋孔阳：《建国以来我国关于美学问题的讨论》，《复旦学报》（社会科学版）1979 年第 5 期。
③ 李世涛、戴阿宝编著《中国当代美学口述史》，第 177 页。

像美学这样一门本来应该属于社会边缘的学科，突然为全社会所关注，也的确是不正常的。这种热度对于美学学科来说并不全是积极影响。当这种热度冷却下来，真正热心美学学科本身的学者专心其中时，学科的发展才是正常的。黄海澄先生的方法论研究是借鉴自然科学方法，用于美学学科研究。这种转向对于美学学科由争夺客观性标签的主观性倾向转向真正客观的学科建构极具深远意义。他说："由于自然科学理论一般能够比较及时地为科学实验和生产实践所检验，它较少容得下没有根据的瞎说，所以自然科学在方法论上来得比较严谨、周密。在社会科学领域中，由于实践检验不象在自然科学领域中那样迅速而明显，而我们的研究对象又是比自然现象更为复杂的人类社会生活，所以稍一不慎就容易出现谬误。"[①] 也就是说，在美学研究中引入自然科学的方法，一个重要的原因是它带有自然科学客观性、真实性的特点。这样容易摆脱美学研究中的主观倾向。阎国忠也说，"当代美学——我们这里仅指 80 年代以来的美学——是美学走出古典，跨向现代的一个重要转折时期……对于现代美学来讲，五六十年代，乃至 80 年代都是序幕，不同的只是，80 年代差不多已经开始跨进它的门槛了"[②]。可以说，真正跨进美学门槛就是在方法论转向的带领下完成的。

3. 卸下不可承受之重，进行美学学科自身建构

由于负载了太多的政治内容，50 年代的美学大讨论始终无法冲破政治的樊篱。50 年代的美学大讨论是在政治上比较开明的时期展开并兴起的。然而，80 年代的美学热却是在思想上拨乱反正、开始清理非常时期所带给国家的巨大灾难的背景下开始的。实际上，美学在此时充当了思想上拨乱反正的急先锋。所以，虽然是以呼唤人性、提倡启蒙、告别人被异化的名义进行的，但正因如此，从根本上说，美学仍然在政治的圈子中打转。看看当时集中讨论的问题便可知晓。对于形象思维、共同美、马克思《1844年经济学哲学手稿》等问题的讨论，无不与挣脱此前政治枷锁的努力有关。所以有学者说，"那是美学的黄金时代，然而就一个学科而言，也是社会赋予它的历史使命超出其学科负荷的时代"[③]。对于一个学科，特别是以无功利著称的美学学科来说，在 80 年代的美学热中它所负载的历史使命是远远

---

① 黄海澄：《系统论、控制论、信息论美学原理》，第 11 页。
② 阎国忠：《走出古典——中国当代美学论争述评》，第 3 页。
③ 张冰：《从"美学热"到美学的复兴——改革开放四十年美学历程探踪》，《湖北大学学报》（哲学社会科学版）2018 年第 4 期。

超出它的承受能力的。所以，卸下不可承受之重也是美学学科建构的内在需求。

美学学科要独立，必须确定其自身的边界。50 年代都在抢"客观性"这个救命稻草，80 年代都在寻求人性、人道主义，呼唤人的权力。虽不能说这些都与美学全无关系，但是它们显然不应该是美学研究的主要内容。70 年代末 80 年代初，在挣脱政治束缚，获得思想解放的过程中，美学讨论的热烈氛围的确起到了一定作用，但美学必然要回到它自身的领地之中去，从方法论入手，建构美学自身的学科体系，黄海澄先生的"三论"美学正是在这样的背景下崛起的。作为自然科学方法的系统论、控制论、信息论方法，其本身是具有跨越性的。其方法本身并不局限于哪一类学科、哪一个阶级、哪一个流派，不同的学科建设中，只要这些方法有效，它就可以被运用于这门学科的建构之中。也正因为其作为方法的跨越性，超出了原来所固守的意识形态框架，所以在刚开始提出来时，有些执着于政治意识形态的学者批评"这是从西方贩卖来的资产阶级的东西""这是'赶时髦'，应景而生，时过而灭，何足一顾"①。到了 80 年代后期，美学学科已经与启蒙等政治性话语剥离，基本实现学科的独立发展。所以有学者说，"美学学科被剥离了启蒙的神圣外衣和话语激情之后，再次以平和宽容的姿态进入崭新的文化研究场域"②。从启蒙等政治诉求到美学学科的独立，这一学科建构任务的完成过程中，美学方法论转向无疑具有重要的作用。

三　王建疆别现代主义美学建构中的方法论精髓

如果说黄海澄先生的"三论"美学在 80 年代中期为美学学科的建构奠定了基础，并推进了美学学科的独立和建构，那么 21 世纪王建疆的别现代主义美学则是在美学学科建构过程中结出的硕果。早在 20 世纪 80 年代师从黄海澄先生之时，王建疆就接受黄先生"三论"美学中的"审美调节"思想，并且从中抽绎出"自调节审美"概念，创造性地提出"自调节审美学"，在美学界引起较大反响。此后，王建疆对黄先生的美学方法论融会贯通，逐渐形成自己独有的美学理论系统，2014 年提出别现代主义理论。在

① 黄海澄：《系统论、控制论、信息论美学原理》，第 1 页。
② 裴萱：《从审美自律到"美的释放"：1980 年代"美学热"的理论建构及历史反思》，《中南大学学报》（社会科学版）2018 年第 3 期。

我国美学学科建构中，形成一道亮丽的风景。

1. 美学学科的困境：中国美学还是美学在中国

2005 年 10 月，江苏师大召开"美学在中国与中国美学"研讨会，集中探讨中国美学还是美学在中国。美学引入中国之后一百年，我国学者集中探讨这一问题，这本身显示了这一学科在中国的尴尬境况。美学学科本身是西方确立的。事实上，现代学科体系也是西方确立起来的。比如物理学、化学，虽然起源于西方，但没有西方物理学、中国化学等概念。然而美学却不同。作为人文学科，不同民族在审美观念、审美理想等方面具有相当大的差异性。所以，美学学科引入中国之后，一直就存在化解中国传统美学思想与西方美学理论的矛盾，使两者融合起来的问题。

按一些现代辞书梳理，美学或者审美学的名称分别由传教士德国人花之安和英国人罗存德最早使用。也就是说，美学学科不仅是西方人建立的，而且由他们传入中国。在美学本土化的过程中，20 世纪二三十年代，吕澂、陈望道、范寿康也"都将美学纳入欧洲式的知识学的框架，都以审美无功利论为根基，以移情说为核心构建出一套完整的美学体系"。然而，在他们努力使美学学科本土化的过程中，又无不"蕴含着本土化的意味"，"都通过移情的中介，试图将审美与生命贯通起来"①。从此可以看出，20 世纪二三十年代美学学科已经有了本土化自我建构的意识。可是当我们把眼光放大，从一百多年前美学学科引入，再到当下美学学科建构的成果来看，虽然美学研究取得了可观的成就，然而面对"是中国美学还是美学在中国"的尴尬，我们不得不说，美学学科本土化建构还有很大的空间值得我们努力填补。

所以，美学学科的本土化建构至少到目前仍然是一个值得关注的问题。美学在中国还是中国美学的追问也依然不过时。2019 年 4 月 24 日，中国社会科学院哲学研究所美学室在京举办的"反思美学在华百年发展历程、展望美学未来发展方向"学术研讨会上，学者们还在讨论应该从哲学的理性出发还是从艺术感性出发研究美学，如何对等中国传统美学资源问题，还有学者提出当下美学研究的一个问题是"与西方哲学语境及中国哲学语境

---

① 刘悦笛：《从美学"在中国"到"中国的"美学——一段西学东渐和本土创建的历史》，《美学在中国与中国美学学术研讨会论文集》，2005。

的双重隔膜"①。这些问题足以显示经历了百年的中国美学当下建构的广阔空间。要真正让美学学科扎根于中华大地之上，还有许多工作需要接着做下去。

2. 美学学科的未来：别现代主义美学的学科建构意义

2014 年 12 月，《探索与争鸣》发表《别现代：主义的诉求与建构》，提出别现代主义理论。至今别现代一词已经引起了学界的关注。有关别现代的国内和国际论文近百篇，欧美国家还相继建立了别现代研究机构。那么，别现代是一种什么理论？它与黄海澄先生的方法论美学有何联系？在当代中国美学发展中有哪些值得关注的地方？

2012 年 2 月，《探索与争鸣》发表王建疆《中国美学：主义的喧嚣与缺位——百年中国美学批判》一文，强调在中国美学建构过程中，看似各种主义很热闹，实际上"1950 年代的主义之争具有政治化、低层次的特点；1980 年代以来的美学上的主义之争，却是西方美学各种主义在中国舞台上独领风骚，而中国美学沦落为看客的窘境"②。认为美学研究的现状是这种喧嚣背后的主义缺位，提出主义对于美学思想和美学流派的建立意义重大。在另一篇文章中提出通过"对中国古代家和教思想的提炼与改造；对信息时代的另类世界的感受和认识；对现实吁求的关注与回应；将精神抽象化，将思想冠名化等"的关注，重建中国美学的"主义"。③ 两年之后，别现代理论明确提出。一方面，别现代理论的提出表达了中国美学学者对于自身美学学科独立建构的自觉意识和创新努力。另一方面，从精神实质上说，别现代主义延续了 80 年代中期以方法论热为标志的美学学科建构的脉络。80 年代王建疆的硕士论文即研究带有原创性的"自调节审美学"，表现出明确的创新意识和创造能力，为中国美学学科建构提供了一定的理论基础。近三十年之后，他又提出别现代主义。如果说 80 年代"自调节审美学"的提出是在美学学科内部进行理论推进的话，那么别现代主义则是立足美学又溢出美学边界，更具全局性和整体性的主义创构行为。这一方面是他理

---

① 李秀伟、岳洋：《中国美学百年：历程反思与未来展望》，中国社会科学网，2019 年 5 月 14 日，http://phil.cssn.cn/zhx/zx_lgsf/201905/t20190514_4888009.shtml。

② 王建疆：《中国美学：主义的喧嚣与缺位——百年中国美学批判》，《探索与争鸣》2012 年第 2 期。

③ 王建疆：《中国美学：主义的缺位与重建——与王洪岳教授商榷》，《探索与争鸣》2012 年第 7 期。

论创新的表达，另一方面也显示出当年黄海澄先生创新意识和系统论方法思想的影响。别现代主义理论至少在以下几个方面体现出其学科建构意义。

首先，别现代主义是我国本土提出的为数不多的引起国际反响的主义和理论。正如王建疆所概括的，20 世纪 50 年代的美学讨论中也有主义，但主要是唯物主义和唯心主义这样两个标签。80 年代以来，西方思潮大量涌入，西方各种思潮流派都在中国学术舞台上一展风采。① 但这些主义都是在西方话语背景下形成的，完全是西方式的主义。只有少数本土产生的主义，如否定主义美学、实践美学、后实践美学等。但是，这些主义的建构也深深地打上了西方二元对立的阴影，不能算作真正的本土美学主义建构。别现代主义虽然也嵌套和借用了"现代主义"一词，但它是对中国现状的一种独立的总结和概括，其"别"并非不要现代，相反，是对现代化的一种从反思批判到追求的思想整体。"别现代"的"别"是对中国当下现代、后现代和前现代并存带来的是不是现代国家的质疑，其"别"的英语表达是"a doubtful modernity"，即似是而非的现代性，因而主张区别真伪现代性，建立真正的现代性。② 别现代理论分为别现代社会形态描述和别现代主义两部分。它"既是后现代之后的历时形态，又是前现代、后现代、现代共处的共时形态，但它的思想取向面向未来"③。它是在总括当下中国社会现实的基础上，把握中国文化发展未来、指向未来的一种具有反思性、批判性的理论。在讲到别现代空间理论时作者宣称，"别现代的时间空间化与来自物理学的和西方马克思主义的、后现代的空间理论并无直接的联系，它只是对当前中国社会现状的描述和概括，但是却有着现实的根据和独立的理论品格"④。这样的理论建构的创新精神在我国现代哲学、美学发展中比较稀缺，是十分可贵的。

其次，别现代主义立足美学学科，其效应和理论穿透力又溢出美学学科本身，是一种系统性文化哲学建构理论。别现代主义提出之前，王建疆着力思考中国美学中原创不足问题，这主要表现在美学学科建构中主义的

---

① 王建疆：《中国美学：主义的喧嚣与缺位——百年中国美学批判》，《探索与争鸣》2012 年第 2 期。

② 王建疆：《导论：别现代别在哪里?》，《别现代：空间遭遇与时代跨越》，中国社会科学出版社，2017，第 1~21 页。

③ 王建疆：《别现代：主义的诉求与建构》，《探索与争鸣》2014 年第 12 期。

④ 王建疆：《别现代：空间遭遇与时代跨越》，第 102~103 页。

缺位。所以 2012 年其连续发表两篇文章呼唤美学上的主义建构。到 2014 年发表《别现代：主义的诉求与建构》，始揭"别现代"旗帜，即以宏阔的视野，把"别现代"主义理论建立在前现代、现代和后现代的基础之上又超越于前三者。预设在后现代之后以回首俯视的方式，展开自己话语体系和主义建构。王建疆自 20 世纪 80 年代开始就提出过"自调节审美"（省级二等奖）、"内审美"（省级一等奖）、"意境生成"（省级一等奖）、"敦煌艺术再生"（中国文联理论文章二等奖）、"修养美学"（省级一等奖）等颇具影响的创新理论，并将这些创新成果运用到教学中，取得了优异的教学成果（省级精品课、省级教学优秀成果一等奖），为人才培养贡献了美学和文艺理论方面的力量。大致归纳一下，别现代理论创构的一级范畴有：话语创新观、主义建构观、时间空间化哲学、发展四阶段理论、和谐共谋说、跨越式停顿哲学、后现代之后的集成创新观、主义的问题与问题的主义观、中西马我思想资源观、生命股权论等。别现代主义理论的次级范畴即美学范畴包括自调节审美论、内审美论、别现代审美形态论、闹剧理论、神剧理论、切割理论、消费日本理论、英雄空间理论等。这些都是连带着一系列的论文和专著论证的理论干货，没有虚饰和空言。

别现代这种主义究其形态特征而言，是立足中华本土的跨越了前现代、现代和后现代的跨越主义和未来关怀。[①] 很显然，这一概念的覆盖范围远远超越了美学学科领域，已经延伸到哲学、文化的各个方面。它彰显的是作为一名中国学者的开阔视野和本土情怀。当然，别现代主义还是关注美学、立足美学，在拓展自己边界之时，不忘美学的主义建构这一根本和来源。

最后，别现代主义理论看似独立横绝，实际向上接续 80 年代美学研究中的创新精神和学科建构意识。别现代主义理论的确是一种新理论。从语词来说，它嵌入了"现代"一词，但是它本来是超越前现代、现代和后现代的理论创造，也正如创造者所说，它同时也是指向未来的。那么，别现代主义作为一种独立的理论形态，是不是没有根基的凭空捏造呢？如果我们细绎其理论内涵，再仔细考察他 80 年代以来的理论探索过程，我们会发现，在 80 年代的方法论热中，黄海澄先生的"三论"美学对他影响巨大。"三论"美学贯穿着系统论、控制论思想，它把人的精神世界，甚至整个世界看成一个自我调节、自我完善、自我运行的完美系统。在这样一个大背景

---

① 王建疆：《别现代：主义的诉求与建构》，《探索与争鸣》2014 年第 12 期。

下，美学置于其中，且美学自身又是这样一个大系统之下的小系统，同样自我调节、自我完善。黄海澄指出："美是适应主体系统的自调节的需要而产生，并在与主体系统相互作用的过程中发展的，美的客观性就在于这一过程的客观性。"① 在这种思想理论指引下，王建疆提出"自调节审美学"，并完成自己的硕士论文。另外，黄先生学术研究中始终贯穿创新精神，他说，自己"研究学问耻于人云亦云，不甘在他人后面亦步亦趋，而乐于另辟蹊径，独创新说"②。在别现代主义理论的创建中，王建疆传承着这种创新精神和"三论"美学显示出来的宏阔视野，还有当时美学学科建构的历史责任感。从这个意义上说，别现代主义理论的提出，实际上也是黄海澄美学思想的深远影响所致，是王建疆在继承黄先生精神的基础上所进行的独特创造。王建疆自己也说，"别现代主义就是自我更新主义，是自我调节主义，是自我超越主义，是实事求是的兑现主义"③。他对于别现代的四个发展阶段的论述中，也充满了社会体系自我调节、自我更新、自我超越的思想内核。这种自我调节、自我更新、自我超越的思想正来自80年代黄海澄先生控制论、系统论美学思想的启示。这种学术精神的传承也是一种风范，引领后学。

总之，中国美学学科建构是一个漫长而曲折的过程。从 20 世纪初美学学科的引入、二三十年代的奠基，到 50 年代的美学大讨论，再到 80 年代的美学热，一直在曲折中前进。但进入 21 世纪之后，中国百年美学史依然面临是中国美学还是美学在中国的讨论。有了这样一个背景，黄海澄先生在80 年代的美学热中，独具慧眼，以方法论探讨顺应美学转向，为美学学科的独立发展和学科建构所做的贡献更显得珍贵。21 世纪以来，王建疆的别现代主义理论便是继承黄海澄先生学术独创精神和控制论、系统论美学方法论，自觉地回应对中国美学质疑的自主创新理论。从 80 年代美学方法论探讨使美学学科走向独立和学科建构，到 21 世纪别现代主义的提出，彰显的是中国美学逐步走向独立和自觉的历程。

---

① 黄海澄：《从控制论观点看美的客观性》，《当代文艺思潮》1984 年第 1 期。

② 黄海澄：《艺术价值论》，人民文学出版社，1993，第 1 页。

③ 王建疆：《别现代：空间遭遇与时代跨越》，第 113 页。

折衷主义：对中国现当代艺术中
"别现代"境遇的回应

〔美〕玛格丽特·理查德森（著）* 　　陆蕾平（译）**

摘要：本文以王建疆的"别现代"概念为切入点，探讨在中国近现代艺术运动初期以及当代的中国艺术家对"别现代"境遇的回应与超越。这一时期，许多中国艺术家在应对混乱局面的同时，也在来自内外部的广泛影响中选择了特定情境下更有意义的形式。当他们试图回应"别现代"时，采用了折衷主义的方式，这也是印度著名艺术家K.G. 苏布拉马尼扬所提出的一个概念。正如文中案例所揭示的，折衷主义可以被视为一种处理别现代的策略以及别现代主义的可能特征之一。

关键词：别现代　折衷主义　苏布拉马尼扬　高剑父　鲁迅

Eclecticism as a Response to the Bie-Modern Situation in Modern and Contemporary Chinese Art

Margaret Richardson　　*Translated by Lu Leiping*

Abstract： Engaging with Professor Wang's Bie-modern concept, this

---

* 玛格丽特·理查德森（Margaret Richardson），美国弗吉尼亚州克里斯托弗新港大学艺术史讲师。

** 陆蕾平，上海师范大学美术学院副教授。

paper will explore a few ways modern Chinese artists, in the early stages of China's modern art movement and in more recent times, have responded to this Bie-modern situation and in some cases transcended it. Many Chinese artists in these periods negotiated a broad range of influences from within and without while responding to disruptive circumstances, selecting forms that were meaningful to that particular situation. As they attempted to respond to the Bie-modern, I suggest they adopted eclecticism, a concept that has been theorized by eminent Indian artist, K. G. Subramanyan. As these examples will reveal, eclecticism can be seen as a strategy for dealing with Bie-modern and a possible feature of Bie-modernism.

Keywords: the Bie-modern Ececticism; K. G. Subramanyan; Gao Jianfu; Lu Xun

我们如何才能更恰如其分地对待和比较世界各地的现、当代艺术？与现代主义和后现代主义相关的理论已被广泛用于评估西方世界之外的其他现代情境。然而，由于这些理论最初是用来描述西方历史上特定时刻的经验，它们不足以解决全球各地多元现代主义所引发的其他区域理论模型问题。

为了将中国的现代主义从西方的现代主义中清理出来，并提供一个植根于中国特殊现实的更贴切的理论，王建疆教授提出了"别现代"这一耐人寻味的概念。①"别现代"体现了中国近现代的矛盾，更好地描述了中国的现状。本文以王建疆的"别现代"理论为切入点，尝试探讨中国近现代艺术运动初期以及当代的中国艺术家对"别现代"境遇的回应与超越。这一时期，许多中国艺术家在应对破坏性环境的同时，也受到了来自内部和外部的广泛影响，选择了对特定环境有意义的形式进行创作。当他们试图回应"别现代"时，采用了折衷主义的方法，这也是印度著名艺术家苏布拉马尼扬（K. G. Subramanyan，1924—2016）所提出的一个概念。正如文中案例所揭示的，折衷主义既可以被视为一种应对别现代的策略，同时它也是别现代的特征之一。

---

① 关于"别现代"与"别现代主义"概念详解参见王建疆《导论：别现代别在哪里？》，《别现代：空间遭遇与时代跨越》，中国社会科学出版社，2017，第 1~21 页。

一 相似的历史和相关理论

由于理论往往是在与其他国家的对话中发展起来的，在西方模式之外寻找亚洲背景的模式，与中国处境相似的印度尤其具有启发性。印度和中国都与西方列强发生过对抗，正是在这种背景下形成了王建疆所提出的"别现代"。两国的现代主义皆开始于与过去的决裂和与其他文化和新形式的碰撞。在19世纪之前，两个国家都处于帝国主义的政治干预之中。新兴的工业化和更为先进的技术，使欧洲列强征服了印度，强制中国开埠贸易。在这两种情境下所建立的不平等关系，迫使两国的传统生活方式和社会结构发生了重大决裂。与此同时，印度和中国现存的文化传统正经历着不同程度的衰落和皇室庇护的丧失。艺术家们对自己的传统不再抱有幻想，转而向西方势力寻求可能的解决方案。关于如何更好地利用欧洲艺术提供的经验教训以及应该遵循哪些经验教训的冲突和争论随之而来。也有人试图借互动、更新、杂糅、融通的原则以外来艺术之法表现本土的主题。

除了受西方的影响，中国和印度也发展了与亚洲邻国的关系，尤其是日本。为了对抗西方的主导地位，这三个国家的文化领袖各自衍生了关于东西方差异的观念。19世纪末20世纪初形成的一场泛亚运动，将亚洲精神与西方物质进行了力量对比。民族主义在印度发展起来，对抗英国殖民主义；中国人民奋起抵抗西方列强和日本帝国主义。在这一背景下，印度和中国艺术家的现代主义风格更加复杂化，进一步创造了在"现代"和"传统"之间符合人民需求的二元论。这种民族主义的冲击导致两国努力复兴传统，以对抗外部影响，并主张本土力量和身份认同感，其所采用的形式并不完全与西方现代主义一致。这些多样的内部冲突和跨文化的相互作用，形成了相互矛盾的模式和观念并存，并以不同比例重构的"别现代"情境。

作为一位颇具影响力的艺术家、教育家和理论家，苏布拉马尼扬在其漫长的职业生涯中考察了这些现代发展对印度的影响。他提出了另一种现代主义模式，以更好地描述印度和中国等国家的独特情境。苏布拉马尼扬对于"现代"诸多相互矛盾的特征了然于心，他指出其共性："它标志着历史的一个阶段，当更多地接触到全球事件、人民和文化时，人们的视野发生了明确的变化……引发了对现有观念和信仰的一系列批判性反思，并使之经受新的探索。"对于苏布拉马尼扬来说，这种"多元文化的相遇"是现代时期的一个显著特征，它带来了批判性的评价、比较和"折衷主义"，从而导致了新的文化形式。虽然它们有时是"不完美的"，充斥着误解，但跨文化互动也可能会重新焕发活力，引发对个人文化及其所处位置的重新评估。它们也可以促进现代艺术形式多样化地发展，使每一种艺术形式都具有相对应的"时间和文化位置"与"独特的寓意和启示"。苏布拉马尼扬的理论从广义上来说，脱离了特定的西方背景，提供了另一个框架来审视不同语境下的近现代以来的艺术。

苏布拉马尼扬现代主义观的显著特征之一即折衷主义，正是这个术语和王建疆的"别现代"理论建立了重要的联系。根据苏布拉马尼扬的说法，折衷主义是"不同文化形式的互动与融合"。"在一个多元文化的世界里，努力理解和包容不同的文化是现代世界的重要组成部分。"这种折衷式的斡旋一直是世界现代艺术运动中的关键问题，其在前现代、现代和后现代元素继续并存的"别现代"情境下更显得切中肯綮。对于艺术家来说，他们所面临的挑战是，如何有意义地去协调这些不同的形式，不仅要反映某一现代的现实，而且要潜在地指向一个新的视野，即王建疆所提出的"别现代主义"。

介于这些概念，通过考察处于戏剧性变革时期的中国艺术——从 20 世纪 10 年代至 20 世纪 30 年代、从 20 世纪 50 年代至 20 世纪 70 年代末、从 20 世纪 80 年代至 2000 年后——苏布拉马尼扬的观点和王建疆的别现代理论之间的一些共同线索将会被识别出来。首先，现代主义在印度和中国的发展轨迹并不是渐进的和直线性的；它不是在前人的基础上发展、挑战或取而代之的运动，而是充斥着诸多相互矛盾和竞争的话语。其次，民族主义在发展基于传统和外来影响的现代观，以及艺术家社会政治角色等方面发挥了重要作用。它还揭示了个人表达、群体表达和当权者表达之间的紧张关系。为了说明这些趋势，我精选了一些艺术家，他们涉及诸多影响中国现代经验的因素。我试图去探索是什么吸引了他们，并通过其作品去研究他们是如何从内而外地革新艺术形式，以创造出一种新的表达方式，来呈现他们矛盾、折衷和复杂的别现代时代的。

二　高剑父的折衷主义

由高剑父（1879—1951）和高奇峰（1889—1933）两兄弟在广州创立

的岭南画派，发起了中国现代艺术史上最早的现代艺术运动之一。高剑父这一案例体现了苏布拉马尼扬所认同的现代态度和折衷主义的方法，同时也反映了其所置身的别现代境遇。

在其职业生涯早期，高剑父不仅画技高超，更以开放变通、擅于接受新思想而闻名。十四岁时，他师从创新派花鸟画家居廉（1828—1904）。在居廉的指导下，他形成了一种设色妍丽、笔致精工的风格，同时接触到了传统大师的绘画和书法。居廉还教授了一种直接观察自然的实验性写生法，这使他有别于其他画家。此外，居廉在其人物画和山水画中对日常主题的偏爱也熏陶了高剑父人文主义者的态度，这种态度贯穿了其整个职业生涯。在 1906 年前往日本之前，他还师从一位法国画家，并在澳门结识了一位日本美术老师。

在日本，他接触到来自欧洲和日本的一系列迥然相异的形式和绘画技巧，包括法国学院主义、外光派画法，以及与后印象主义和野兽派相关的风格。其中，最具影响力的便是高剑父回归中国后经常使用的日本画（Nihonga）的民族风格。借由这种日本风格的透射，高剑父两兄弟在全面学习西方艺术的同时，也探索了一种西化的民族主义画法。就像这一时期的许多年轻艺术家和领导人在日本留学期间接触到新思想一样，高氏兄弟带着史景迁（Jonathan Spence）所说的"一种新的民族主义和使命感"回到了中国。对于高氏兄弟和他们的盟友们来说，"日本画"提供了融合东西方的手段。

向刚从欧洲回来的日本艺术家那里学习这些技法，进一步将它们从原来的语境中分离出来，同时通过日本人的情感过滤，它们又被赋予了另一层诠释。也许从相似的文化视角来看，他们提供的转译更容易理解。高氏兄弟被允许从一系列选项中有意识地选择最适合他们的表达方式。高奇峰后来解释道，在学习了西方艺术之后，"我就把笔法、构图、水墨、色彩、灵动的背景、诗意的浪漫等精妙笔法，运用到我的中国画技法中去。总之，我既要保留中国绘画艺术的精髓，又要采用世界美术流派所提供的最佳构图方法，从而将东西方融为一体"。值得注意的是，他指出了与中国传统绘画有关的方面，揭示了他在新事物中发现、熟悉事物的过程。

除了艺术上的学习，高氏兄弟亦加入了孙中山 1905 年在东京成立的同盟会。随着政治革命的进行，高氏兄弟将目光投向了另一个领域，即艺术革命。他们提出了"新中国画"（新国画），认定这是"一条介于东西方艺术之间的道路"。高剑父解释道，"它不是个人的、狭义的、封建思想的，是要普遍的、大众化的……是从古代递嬗演进而来"，他指出这种艺术应该是可以被大众所理解的，而不像传统书画，对于外行人来说，就像阅读"天书"。高奇峰亦表达了相似观点，并指出其"人道主义（利君）使命"当要本"天下有饥与溺"。该艺术旨在"促进社会的普及性，以在光与色中展示艺术的新精神"。

在接下来的十年和二十年间，高氏兄弟都在试图践行这一使命，将其新风格传播到上海等其他国际大都市，创作出版物、组织展览、设立画室，甚至试图使其他传统产业现代化。与第一次世界大战时期世界各地的其他现代艺术家一样，高氏兄弟对艺术在社会中的重要性和功利性角色持有一种乌托邦式的看法，他们寻求各种资源来发展更多相关艺术。这一时期的关键词，就是折衷主义，而高剑父的绘画即展现了当时多种艺术风格的融合。

在对中国传统绘画材料和技巧的运用以及对传统题材的借鉴中，高剑父与东亚传统绘画保持着一种密切的联系。他引入了与传统不同的元素，来挑战和革新传统的形式和功能。这种混合兼容了熟悉的与陌生的元素，甚为引人注目。例如，在《雨中飞行》（1932）等画作中，他将现代的飞机插入烟雨朦胧的风景中，既反映了其当下时代，又给习惯于欣赏天人合一、和谐有序之传统笔墨的观众带来了震撼。他所使用日本画的水墨技法或许也与其启蒙老师居廉的实验性"撞水"技法有关，正如西方艺术中的自然主义细节与居廉之花鸟画的相通。这些折衷的元素传达了此类文化在近代的融合，以及中国的自醒——发现自己正处于西方和日本的利益中心。

高剑父主张，"绘画是要代表时代，应随时代而进步，否则就会被时代淘汰"。因此，艺术家应该"永远地革命，永远地创作，才永远地进化了"。随着 30 年代社会政治形势的恶化，高剑父继续寻找其他灵感来源以传达这些变化。从 1930 年到 1932 年，他游历了南亚和东南亚，探索了锡兰、马来半岛、越南、缅甸和印度，穿过喜马拉雅山进入尼泊尔。他参观了许多佛教景点，包括阿旃陀石窟。在加尔各答，他会见了泰戈尔家族的成员，包括诺贝尔奖获得者诗人拉宾德拉纳特·泰戈尔（Rabindranath），以及他的艺术家侄子阿班德拉纳特（Abanindranath）和加加南德拉纳特（Gaganen-dranath），他们开创了自己的现代艺术运动，被称为孟加拉学派。高剑父兼容并蓄的艺术观、广纳百川的态度，以及改革传统与为大众创造艺术的使命，与认同冈仓觉三泛亚洲论的泰戈尔等在艺术表现与哲学上都有着相似之处。

　　高剑父也在印度找到了支持者，时值印度的文化领袖正在发起反帝爱国运动。印度对高剑父富有吸引力的另一个原因是他对日本的幻想因其侵华而破灭了。他将找到亚洲的精神力量的希望寄托于印度。此外，泰戈尔一直鼓励更和谐的国际主义关系，这似乎对高剑父很有吸引力。在1936年和1937年的演讲中（后来发表为《我的现代画观》），高剑父谈到了不同文化之间相类似的联系。他说道："我以为不止要采取'西画'，即如'印度画'、'埃及画'、'波斯画'及其他各国古今名作，苟有好处，都应该应有尽有地吸收采纳，以为我国画的营养。……二十世纪科学进步、交通发达，文化范围由国家而扩大至世界的，绘画也随着扩大而至世界。我希望这新国画，成为世界的绘画了。"像泰戈尔一样，高剑父似乎正在超越狭隘的民族主义，走向更全球化的艺术视野。

　　《苦行释迦》（1931）展现了一种大胆的尝试，通过融合印度和其他元素来创造一种"世界绘画"。以棕色和橙色为主的土系色调显然是其后来作品中为数不多的印度风元素之一。这一人物的风格化的复合造型令人想起印度和古埃及艺术中各种民间细密风俗画中的人物。大胆的轮廓、平涂的色彩和弯曲的形状进一步暗示着各种传统的融合——中国、印度、日本和欧洲现代主义——并显示出其对印度艺术家如南达拉尔·博斯（Nandalal Bose）和贾米尼·罗伊（Jamini Roy）之绘画的青睐。

　　此趟旅行的主题在其后来的作品中再次出现，最明显的是佛塔等佛教建筑的画作，如《缅甸佛塔》（1934）。这幅画是在其弟高奇峰意外去世一年后，日本侵占满洲里的余波中创作的，它的主题和风格传达了一种忧郁的情绪。橙色天空下的神圣佛塔以细致的风格呈现，矗立在以抽象、立体风格画就的基石上。日本画的细节和"撞水"技法与富有表现力的文人笔触相结合，传达出坚守的精神力量。整个20世纪30年代，高剑父的作品中出现了越来越多的佛教和道教元素。这表明在个人和国家政治困难时期，具有基督教背景的高剑父试图在亚洲哲学中寻找慰藉。1937年，他被迫逃离南京，前往广州；1938年又从广州迁往澳门，后其长子、爱妻先后过世。佛教可能为其提供了一种超越世俗苦难的理念。此后，高剑父继续集众长于一炉，从而创作出独具个人艺术语言的岭南画风，以展现出变化中的新时代。

　　岭南画派寻求一种能与大众对话的语言，运用多元风格和形式来反映他们所处的折衷时代，作为与本土对话的一种方式，亦保留着与过去的联系。其作品在多个层面上发挥了作用：既作为类似于古典文人画的个人精神和哲学思考，又作为对那个时期个人和政治悲剧的现代社会政治评论。他的画既含蓄又直接，至少在理论上能够吸引不同的观众。高剑父以其丰富的多样性、适应性和思想的开放性，凭借着独树一帜的风格力图达到艺术的大众化，并以自己的风格视觉化了"别现代"的境遇，为中国近代早期现代艺术提供了一个重要的别现代典范。

三　人民的新语言

鲁迅（1881—1936）于 20 世纪 30～40 年代所致力倡导的新兴木刻运动，亦体现出类似折衷主义的目的和艺术主张。尽管这些作品主要与 1949 年以后占主导地位的艺术趋势有关，但朱莉娅·F. 安德鲁斯和沈揆一在 1998 年的展览目录文章中追溯了木刻运动的发展，揭示了艺术家们所做出的细微差别的选择。他们强调该运动的"先锋起源"和早期的"多面现代主义"，以及 1937 年以后风格的持续变化，当时它的意识形态目标变得更加统一和一致。这场运动的民众呼吁和政治诉求，也为 1949 年中华人民共和国成立后，毛泽东时期所创立的艺术形式奠定了基础；同时，它的折衷形式将其与 20 世纪初中国的现代主义活动联系起来。因此，这场运动的折衷形式和矛盾信息则有效地说明了别现代的情境。

在中国艺术家和知识分子为如何更好地创造中国现代艺术而苦苦挣扎的时候，木刻版画承载着过去和现在的双重解读，显然是一个恰当的媒介选择。就像高剑父的国画一样，木刻版画在形式和内容上成为反映这个折衷主义时代参照物的混合体。虽然木刻版画的起源可以追溯至一千五百年前的唐朝；但在 20 世纪 20 年代，它突然吸引了许多年轻的艺术家，他们认为木刻版画是现代和西方的，或许因为他们是通过西方的作品从而接触到了木刻的形式。从 19 世纪末开始，日本木刻也在西方艺术中受到特别关注，以其另类的形式和日常题材启发了许多欧美现代主义者。鲁迅从来未曾忘却这些相关联系，他曾在日本留学，自小又接受过严格的古典教育。与高剑父一样，鲁迅也受到了多种文化形式的良好教育，并对不同的艺术来源持开放态度，因此，他选择了与欧洲和日本相关的艺术媒介，并将之与中国的经验联系起来。

鲁迅也和高剑父一样渴望与大众对话，他发现木刻是一种有效的沟通媒介。木刻作品具有折衷主义的背景和跨文化的潜力，可以在多个层面上发表意见，以表达 20 世纪 20～30 年代不断升级的社会政治问题。为了传达这些问题，鲁迅从各种资源中找到了灵感。虽然他受到列宁的启发，认为艺术应该是现实的，以便人们能够接触到，但他同样钦佩德国表现主义者凯绥·珂勒惠支，一位也走上了社会主义道路的女性艺术家。珂勒惠支曾这样阐释其作品道："表明还有其他人像我们一样'受到伤害和侮辱'……以及那些为他们哀悼、抗议和奋斗的艺术家。"鲁迅能够读懂彼此的不同影响，并找到与自己处境相关的要点，像高剑父那样，他擅长将矛盾化为统一，以便更好地对应多元文化环境。

鲁迅亦肩负着类似的使命，他积极调动资源来促进和倡导版画运动。1912 年至 1926 年，他在北京担任教育部社会教育司科长，并试图通过各种文化机构的发展，来发挥他在传播艺术、文化和科学方面的作用。在 1927 年来到上海之前，他还在福建厦门和广州担任过教职。在广泛阅读了中国和日本的文学后，他也开始收集各种物品，收藏中国和欧洲的书籍、古代拓本、中国传统和现代的绘画和版画，欧洲、苏联、日本和美国的版画，以及苏联、德国和日本的其他物品。

20 世纪 20～30 年代，鲁迅决心推广这些资源，特别是他认为与中国语境相关的内容。他组织活动，向年轻艺术家展示他的收藏，并听取他们对这些作品的看法和参与活动的收获。从 1928 年到 1930 年，他出版了五卷外国木刻作品，包括英国奥伯利·比亚兹莱和苏联、法国和德国先锋派的作品，尤为推崇德国表现主义。同时还出版了苏俄马克思主义理论的译本。此外，他还在上海组织了几次展览，并以他收藏的作品为例授课，让艺术家们了解从浮世绘到德国表现主义的版画历史。鲁迅和其他设计师从 20 世纪 20 年代开始设计的各种封面，展示了从古代中国、埃及、地中海图案到现代立体主义形式的一系列影响。从这些资料来看，鲁迅似乎已经为中国现代社会创造了一种全球性、折衷主义的艺术观，他把与其他人分享这种观点作为自己的使命，致力于发展出一种新的、更符合中国国情的艺术。

直到 1931 年，当木刻版画运动正式启动时，鲁迅已经培育了一个能够欣赏多样化的、开放的文化环境。这些努力促进了 20 世纪 30 年代在上海、广州和北京的几个木刻版画社团的先后成立，揭示了鲁迅所产生的深远影响，以及这种媒介对创造一种新艺术的广泛吸引力。这些社团举行会议和展览、出版印刷品、撰写宣言，以宣扬他们的革命意图，即为新社会创造新艺术。他们对艺术的兴奋和乌托邦愿景与当时世界各地的其他现代宣言和运动相似。鲁迅提供了一系列高质量的资源以及出版物、展览、研讨会和活跃团体的关系网络，至少在一段时间内，他实现了泰戈尔以及后来的苏布拉马尼扬努力创造的——一场与周遭环境直接接触和沟通的艺术运动。在近现代，这场运动深深影响了其周遭以及世界其他地区。

与许多社团一样，木刻社团也随着战争的爆发而解体。因为整个国家都被动员起来，艺术家们逃往更安全的地区，或者试图在日占区煎熬。然而，木刻运动的遗产将继续下去，并在中华人民共和国成立后获得新的生命。虽然中国艺术的下一阶段可能没有遵循西方现代主义的进阶式先锋模式，但它是回应现代环境和文化交流的产物。新的影响继续给旧传统带来新曙光，并为创作提供了新途径。

1949 年中华人民共和国成立后，虽然艺术家们与早期自由实验的艺术思想直接交流和接触的机会大大减少，但 20 世纪初形成的一些现代态度依然存在。在 20 世纪三四十年代，一些早期现代主义者所倡导的现实主义被选为最能与大众沟通的现代形式。虽然欧洲现代主义者反对现实主义，但在中国，它是作为与中国传统不同的新事物引入的现代选择之一。20 世纪 50 年代到 70 年代末，欧洲现代主义被完全否定，但折衷主义仍然存在。其他外部影响仍然继续渗透进来，主要来自 20 世纪 50 年代的苏联，通过苏联教师、苏联绘画和政治宣传。其中，来自苏联的顾问康斯坦丁·伊万诺维奇·马克西莫夫（Konstantin Ivanovich Maksimov, 1913—1993）作为中央美术学院油画训练班的指导教师，向中国艺术家展示了社会现实主义——自然主义以外的广泛艺术和实践，鼓励社会研究和外出写生。据马克西莫夫以往学生的回忆，马克西莫夫曾鼓励他们探索历代的欧洲大师，以及一些印象派和后印象派画家。

与此同时，新木刻运动的原始经验和高剑父等国画艺术家的折衷主义也使得一些早期的现代实践活了下来，尽管这些实践被掩盖在宣传之中。这些折衷的形式在整个 20 世纪 50 年代到 70 年代的绘画中都很明显。例如，有些国画表现出团状的、浪漫的笔触和戏剧性的几近全黑的色调，有点类似于后印象派或文人画的点画效果。现代木刻作品天真粗糙的特质，在新国画用来表达农民理想化的乡村朴素的富有表现力的笔触中得到了新生。大胆的轮廓线内填充了平面的、未经造型的色彩，令人想起新年贺卡和民间艺术，既是来自亚洲的木刻和绘画传统，也是受到原始主义冲动启发的现代主义形式。一些颂扬祖国大好河山以及劳动人民的爱国主题国画，则以令人回味的泼墨辅之精致的细节，与日本画呈现出异曲同工之妙。虽然艺术家自由的和个人的表达在这一时期受到严格的压制，但似乎至少之前形式上的灵感和实验与早期以乌托邦为艺术目的的观念继续共存，再次说明了王建疆的别现代概念。

四　未来的艺术

80 年代前后，形势再次发生变化，改革开放的政策令 20 世纪早期特有的开放和自由又恢复了。被扩大视野的艺术实验和努力创新的紧迫性，产生了一系列令人难以置信的表达方式。在新中国成立之后成长起来的年轻艺术家们现在不仅要面对 20 世纪 50 年代以来世界艺术的新发展——其本身就具有难以置信的多样性，还要面对早期欧美现代主义的形式，及其自身被压抑的传统。这种情况比以往任何时候都更加折衷主义。究竟是什么样的契机可以令艺术家们重新吸收整个艺术史带来的可能影响？早期各种现代/西方/传统/本土群体之间的谈判和辩论再次兴起，而新的形式提供了更适合当代生活的新方式。

在各种各样不同的活动中，我在此将简要地强调某些回应，它们复苏了高剑父和鲁迅在大约 50 年前提出的思想。这些例子展示了在这个关键时刻继续表征现代的折衷主义的必要性，并比以往任何时候都更加印证了王建疆对别现代的观察。这些当代艺术家也展示了别现代主义对这种情况的批判和颠覆，同时为未来提供了希望。与苏布拉马尼扬的观点和 20 世纪早期艺术家的态度相呼应，徐冰（生于 1955 年）解释道："现在我们有了一个完全不同但同样强大的基准（即西方艺术）……我们对自己文化价值的理解变得更加深刻和客观。我们越了解西方，就越珍惜自己的文化……只有把这些传统与西方文化结合起来，我们才能创造出未来的艺术。"像徐冰这样的当代艺术家受益于外部影响所产生的对比和矛盾，从而在早期现代主义活动的基础上致力于创造一种未来的艺术。他们也呈现出一种模糊性和全球性的语言，挑战着近代以来的艺术，迎合着当下的迫切需要。他们中的大多数如今都是世界知名的艺术家，这证明他们有能力向不同的观众以及中国艺术广受欢迎的艺术市场发声。由于具有在不同层面上表达的能力，他们在不同程度上实现了一种既与本土背景相关又能在国际舞台上产生共鸣的全球艺术。

所谓的"伤痕"艺术是"文革"时期和 20 世纪 70 年代后期开始出现的新态度之间的桥梁。罗中立的《父亲》（1980）描绘了一位老农满脸皱纹的特写镜头，以其巨大的尺寸和超级现实主义震撼了观众。尽管这样的作品在形式上仍然是社会现实主义和叙事性的，但其内容的开放性与模糊性，与之前的人物形象大不相同。在 20 世纪 80 年代到 90 年代，随着年轻艺术家接触到全新的形式和媒介，同样的模糊性继续进一步发展。

20 世纪 70 年代末至 20 世纪末叶，在中国引起共鸣的众多外部影响中，有四种趋势脱颖而出，它们植根于 20 世纪 50 年代和 60 年代的美国艺术：抽象表现主义的个人绘画实验；新达达引入的现成品的复兴和转向日常生活和新媒体；波普艺术反映出流行文化和大众媒体在大众生活中的普及；以及各种形式的概念艺术所引发的意义质疑。就像 20 世纪前 20 年的影响一样，这些形式与艺术家的表达需求联系在一起，反映出他们当下所处的折衷的全球社会。

"文革"之后，直接运用现实主义或巴黎抽象派的风格已不再能满足新一代的艺术家，高剑父和鲁迅折衷作品中体现出的早期理想主义在很大程度上被反讽、恶搞和颠覆的作品所取代，王建疆认为这些特征就是别现代主义的。这些作品在形式和（或）内容上具有暗示性和模棱两可的特点，因此，它们善于传达个人见解和对当下形势的批判性评价。在这样一个背景下，这种新的开放和言论自由往往令人觉得更像是一种幻觉。

自 20 世纪 80 年代以来，中国艺术家在每一种形式中都找到了与自己的文化、历史和个人表达需求的相关之处。吴冠中（1919—2010）在抽象表现主义的表现符号、形式的实验和个人实践中发现了挑战和改造文人画的新手段，使其在现代具有了新的意义。杜尚提出的现成品和对艺术的其他挑战与质疑，在 20 世纪 50 年代到 60 年代被新达达主义者们所复兴，也为黄永砅（生于 1954 年）等艺术家们提供了以颠覆性的手段来挑战新旧偶像和意识形态的力量。波普艺术家们在广告的幌子下使用宣传式的图像，与当代中国商业和共产主义的融合以及跨国公司的新的宣传方式有关，正如我们在王广义（生于 1956 年）的《大批判》系列中所看到的那样。概念艺术的多样化表现形式为艺术家们提供了数种选择，让人们思考并重新审视他们的先入之见和理解世界的方式。张洹（生于 1963 年）演绎了兴起于 20世纪 60 年代挑战自我的行为艺术，并将其与佛教的冥想实践联系起来，转化为对个人在压迫状态和快速现代化下的身份批判。谷文达（生于1955年）和徐冰的文字作品将语言艺术提出的问题与古老的书法历史及其在"文革"时期的曲解联系起来。有趣的是，徐冰的作品《天书》（1987—1991），其标题与高剑父用来形容文人画不可思议性的词是同一个，然而徐冰创造了一个多元化的作品，可以从多个层面上去理解——个人的、地方的、全球的。取决于观众的背景和知识，我们可能知道也可能不知道这些文本是虚构的。这些信息会影响到我们误读/阅读作品的方式，但它并不能完全抹去作品的重要性。根据观者的不同，人们可能会认为这一作品是徐冰对于其年轻时所从事的书法宣传工作的借鉴与否定；这些文字乍看之下像是我们熟悉的汉字，然而细看却会发现没有人能够真正读懂文字的发音甚至是文字的意涵。从历史的角度来看，它也可以是对思想和形象扩散的评论，包括新中国成立后的宣传路线以及改革开放之后的国际互动和全球化时代。沿着不同的脉络，你可能会注意到中国过去在书法上所取得的成就，以及木版印刷和活字印刷等革命性技术。在借鉴泛亚洲对东方精神的刻板印象的同时，它也可能引发对意义和信仰的起源和发展的反思。从全球的角度来看，它或许也是对跨文化对话和理解障碍的一种评论。它印证了苏布拉马尼扬的观点，即艺术是一种可供他人阅读和回应的自主文本；虽然其"有一个内部结构"，但它将根据观众的经历和"文化视野"以不同的方式被解读。

正如中国近代史上各个时期涌现的外来形式和思想一样，这件作品反映了中国近代和别现代的折衷主义和批判态度。其暧昧的、颠覆性的内涵，以及对未来的憧憬，彰显了别样的现代主义。由于中国历史的特殊性以及与外部世界的现代碰撞，这些在折中主义背景下引入的新形式，为中国艺术提供了批判其所处现状的工具，同时也为未来提供了新的可能性。折衷的形式反映了别现代现象，不仅是矛盾的，也包含了过去、现在和未来。因此，他们挑战观众对呈现的内容进行批判性的评估，并在试图理解和获得有意义的东西的过程中寻找熟悉的东西。这些折衷的形式似是而非却又意味深长，既能与文化圈内外的人交流，又能超越个人环境与世界直接进行对话。我们从作品外在形式的表象中所获得的信息可能不完整或不正确，也许这正是问题的关键，但我们仍然从其所呈现的不完美中遇见了丰富。

（贾永平校对）

海外汉学家美学研究 ◀

西方汉学家的中国书法观[*]

龙　红　曾强鑫[**]

摘要：中国书法是中国特有的艺术形式，对于西方人来说，要对其进行审美欣赏和深刻理解是非常困难的。但是，毕竟有为数不多的精通中华文化和致力于中国书法研究的西方汉学家，他们是一个能够对中国书法达到较高理解程度的异文化群体。西方汉学家在进行中国书法研究的过程中，基于异文化视角而形成的独特且多样的中国书法观，富有学术价值，令人关注思考。

关键词：西方汉学家　异文化视角　中国书法　书法观

Study on Western Sinologists' Viewpoints of Chinese Calligraphy

Long Hong　Zeng Qiangxin

Abstract：Chinese calligraphy is a unique form of art in China, therefore it's pretty hard for Westerners to appreciate and understand it. However, there are few western sinologists devoted to the researches of Chinese calligraphy and proficient in Chinese culture. They are the hetero-cultural group that

*　本文为重庆大学"重庆市研究生科研创新项目""汉学家眼中的书法艺术研究"（项目编号：CYS19031）阶段性成果。

**　龙红，重庆大学建筑城规学院教授；曾强鑫，重庆大学艺术学院硕士研究生。

can highly understanding Chinese calligraphy. In the process of researches, the western sinologists put forward many interesting, valuable, distinctive viewpoints about Chinese calligraphy based on their intercultural perspective.

Keywords：Western Sinologists；Intercultural Perspective；Chinese Calligraphy；Viewpoints of Chinese Calligraphy

西方学者对中国书法的关注最早可以追溯到"传教士汉学"时代①，由于中国书法与汉字的联系极为密切，最早来华的传教士普遍将中国书法视为一个文字问题。首次向西方介绍中国书法的是西班牙传教士门多萨，他在 1585 年出版的《中华大帝国史》中首次给出了中国汉字的图例。其后，基歇尔也对中国汉字的起源、古文字以及汉字与埃及象形字的区别进行了颇为详细的介绍，但是这些介绍性的文字只是对中国书法的一般描述，还不能上升到书法审美观这一高度。不过，随着西方汉学家对中国书法研究的不断加深，他们逐渐形成了较为成熟的中国书法审美观念。相对于在中国本土文化中形成的中国古代和近现代的书法审美观，西方汉学家既有基于理解中国历史传统文化而形成的书法审美观点，又有基于异文化视角而形成的独特且不乏闪光之处的书法审美观点。

一　西方汉学家的中国书法艺术表现观

中国书法是基于汉字的艺术化表达。浸润于中华文化并致力于中国书法研究的西方汉学家，应该深知中国书法的表现在很大程度上需要依赖十分客观的笔墨技法。中国书法笔墨技法的内涵十分丰富，在中国传统书法中占据着十分重要的地位，元代大书法家赵孟頫曾在其《兰亭十三跋》中说："书法以用笔为上，而结字亦须用工，盖结字因时相传，用笔千古不易。"赵孟頫认为，用笔是书法表现中最为重要的因素。同时，中国书法与中华文化乃至民族意识等有着十分密切的联系，这些无比厚重而深湛的内涵，

---

① 国内学者张西平教授在《欧洲早期汉学史——中西文化交流与西方汉学的兴起》一书中将早期欧洲的汉学史分为了三个阶段：第一阶段，"游记汉学"时代（13 世纪中晚期马可·波罗东游至 15 世纪末航海大发现）；第二阶段，"传教士汉学"时代（15 世纪末航海大发现至 18 世纪初欧洲学院汉学诞生）；第三阶段，"世俗汉学"（学院汉学）时代（18 世纪初至 20 世纪末）。

通过具体书法作品精彩而自然地表现出来。也正是这样的讲究，让书法作品不仅有眼睛能够明见的过程表现，而且具有基于笔墨技法的情感表达。

回溯西方汉学家研究中国书法的历史，可以发现早期的西方汉学家是通过研究中国绘画从而发现了绘画与书法之间的密切联系。翟理斯在其1905年出版的《中国绘画史导论》一书开头就明确提出"书画同源"的观点。他说："绘画是六艺中的一项。当古人用金属和石头制作钟和香炉时，常在表面上用篆书刻上铭文，而这看起来正如一幅图画。另一方面，当艺术家在画水、兰、竹、梅或葡萄时，也从书法艺术中借取灵感要素。因此，这就证明了书法与绘画实为一体。"① 由此我们可知，翟理斯认为中国书法具有与绘画相当的艺术表现力，并且中国书法具有的艺术表现力很大程度上是因为它"看起来正如一幅图画"，中国书法的艺术表现力是通过书家营造的画面感实现的，而这种画面感与中国绘画密切相关。并且，这一观点实际上也体现了早期的西方汉学家将中国书法作为绘画的附属进行研究的状况。

随着西方汉学研究的推进，西方汉学家对中国书法的审美认识也更为具体且深入，从对中国书法做概括性的描述逐渐变为对书体风格的详细论述。雷德侯曾认为，书法的风格与字体存在密切联系。在《米芾与中国书法的古典传统》一书中，雷德侯使用了"style"一词来表达中国书法的"字体"，但是这个单词在西方文学中是"风格"的意思。雷德侯对此表示："本来，每种字体都表示汉字书写一般风格之演化过程中每一个特定的阶段。当风格的演化在六朝时期告一个段落时，人们就用现成的'字体'来总结过去不同阶段的风格。在一定前提下，'字体'和'风格'就可以随意通用了。"② 同时，雷德侯还给出了"言"字在篆书、楷书、草书三种字体里的不同形态，并认为："每个字除了表现决定该字基本结构的字体特点外，它还表现出该字体某一特定的风格模式。这一特定的风格模式与笔画之间的比例，笔画的布局及形状有关。"③ 雷德侯还举例自六朝之后，书家在固有的字体框架内探索发展全新风格，以及18世纪考古学和金石学研究

---

① 〔英〕赫尔伯特·翟里斯：《中国绘画史导论》，赵成清译，上海社会科学院出版社，2020，导言，第3页。因翟理思在1884年所出版的《古文选珍》的自撰序文中使用"翟理斯"作为自己的中文译名，故本文行文中采用这一译法。

② 〔德〕雷德侯：《米芾与中国书法的古典传统》，许亚民译，中国美术学院出版社，2008，第3页。

③ 〔德〕雷德侯：《米芾与中国书法的古典传统》，许亚民译，第4页。

兴起后，人们不写标准的楷书，而是参用篆法、草法。而现代的简化字具有几何形生硬笔画，便于圆珠笔、霓虹灯广告和电动显示屏等使用。由此可知，雷德侯认为书法字体对书法风格的表现是极为重要的，有时甚至有决定性作用。这个观点也与中国书法是汉字的艺术化表达这一逻辑颇为相符。在论述碑与帖的历史发展时，雷德侯以《礼器碑》与《平复帖》为例，将二者在风格上产生巨大差异的最重要因素归结于两件作品的不同功用。《礼器碑》是具有纪念性质的碑石，而《平复帖》则是陆机写给朋友的一封书信。前者刻有纪念性文字，须端庄谨严，笔法完整凝练，以便永垂不朽；而后者只是私人传递信息的手段，本意不在流传，因此选择了简易流便的草书，其笔画灵活，运笔迅捷。正如羊欣在《采古来能书人名》一书中所言："钟有三体：一曰铭石之书，最妙者也；二曰章程书，传秘书、教小学者也；三曰行狎书，相闻者也。"[1] 由于书写目的的不同，书家对字体的选择、点画的安排、章法的布局、气息的营造都会随具体情况发生变化，而此时书法作品本身的艺术表现状态也自然而然地发生着变化。

在研究中国书法的西方汉学家中，高罗佩不仅是一位中国书法文化的研究者，同时也是一位中国书法艺术的实践者。高罗佩的中国书法艺术表现观，不仅见于其数量颇丰的著作之中，也常常以具体书法作品的形式呈现。高罗佩曾留下数量较多的书法作品，这些作品可以直观地体现其对中国书法的理解与运用。第一，高罗佩的书法极重气势。试看高罗佩赠给梁在平的"横琴·曳杖"联（见图1），字字不相属连，但笔势通畅、意态飞动、用墨厚重、笔画苍劲，观之颇令人震撼。又如重庆中国三峡博物馆"巴渝旧事君应忆——荷兰高罗佩家族捐赠高罗佩私人收藏文物展"展厅中的高罗佩书"看山·焚香"联（见图2），这副对联仍然运用非常浓重的墨色，用笔也比较沉着，并且由于用墨较重或纸张为生宣，作品有洇化的现象。有趣的是，在展示现场，这副对联的右边悬挂着草书大家于右任所书写的相同内容的对联，其上款为：高罗佩先生正之。由此处可知，高罗佩曾对于右任这幅作品有所临摹借鉴。相比之下，高罗佩作品个性较明，虽然其用笔力度和飞动之势相较于右任稍显逊色，但整体给人一种儒雅、浑厚之感。第二，高罗佩的书法崇尚文气。高罗佩的行草书除了较大尺幅的

---

[1]　上海书画出版社、华东师范大学古籍整理研究室选编、校点《历代书法论文选》，上海书画出版社，1979，第46页。

对联外，还有尺幅较小的作品，如手札、题签、绘画中的落款等。这一部分作品也反映了高罗佩书写时的另一种状态。高罗佩在重庆工作时，曾与沈尹默等书家交游，他在甲申年（1944）书赠沈尹默一副草书对联（见图3）。这副对联与此前论及的高罗佩的大字作品面貌略有不同，少了些高罗佩书法作品中惯常的磅礴、憾人的气势，多了几分"二王"的温柔蕴藉，轻盈灵动的线条代替了其惯常的沉着凝重。这应该是高罗佩借鉴多家用笔施墨之技法的结果。高罗佩重在对中国文化的深度体验，于书法的学习，绝不拘于一家之成法，而是多方学习、广泛借鉴，因此其书法作品的风格变化多样，艺术表现力极强。高罗佩于二王风格的体会与借鉴，实际上也是其作为文人和学者的自觉选择，在其笔下形成了颇具文气优雅的潇洒与灵动。如此精彩的笔墨佳构，可谓比比皆是，比如其为徐元白录王维诗（见图4），以及赠给 H. 德弗里斯的《狄仁杰奇案》一书的扉页题字（见图5）等，都是书写意趣盎然、极具文气的作品。在学习中国书法的实践者中，高罗佩无疑是非常值得关注的，其作品所体现出来的中国书法艺术表现观是其理论思想的重要补充。因为书法创作需要书家饱含热情，肆意挥洒，唯有对中国书法之表现技巧达到高度理解并熟练于心手，才能将其优美的意象自然地流露于笔端，由此显得具体而生动。

图 2 "看山·焚香"联

图 3　高罗佩赠沈尹默对联

图1 "横琴·曳杖"联

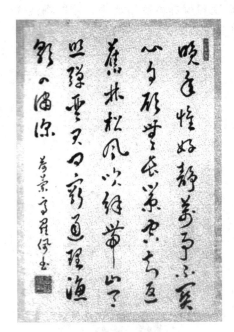

图4 高罗佩录王维诗

图5 高罗佩赠给 H. 德弗里斯的
《狄仁杰奇案》一书的扉页题字

二　西方汉学家的中国书法继承发展观

熊秉明曾说："书法是中华文化的核心之核心。"这句话简明扼要地指出了中国书法不仅包含着自身丰富且复杂的艺术元素，同时也蕴藏着博大精深的中华文化之内涵，是最能体现中华文化精神的一门艺术。中国书法的继承与发展不仅涉及笔墨技法的师承与创新，而且也关系到中华文化的继承与发扬。对于中国书法的继承发展问题，西方汉学家似乎只是一个异文化者，或谓之"局外人"，但是，或许正因其异文化的身份，恰恰能够以旁观者的角度审视这一问题，进行更为理性的思考。因此，西方汉学家关于中国书法的继承与发展问题的观点也值得重视。

1. 中国书法的继承观

中国书法绵延千载，书法的继承问题伴随着每位书家的始终，从选帖师法到课徒授业，书家无不殚精竭虑、呕心沥血，这似乎成为历代书家不可推卸的历史责任。但是拥有异文化背景的西方汉学家并无义务承担这一历史责任，他们或许只是将中国书法当成一种文字学习。

在"传教士汉学"时代，西方传教士选择通过"适应路线"在中国展开传教活动，"适应路线"的第一步便是学习汉字。彼时，罗明坚在澳门学习中文的方法就是一般幼儿学习时采用的看图识字法，他在给耶稣会总会长的信中说道："我找到一位老师，只能借助图画学习中文语言，如画一匹马，告诉我这个动物的中国话叫马。"① 而且，罗明坚还列出了许多字表和词汇表，尤其是词汇表中，反义复合词很多。这说明罗明坚在汉语学习中，应该经历了一段较为枯燥重复的记忆过程。不过，这样的学习也表明他还暂时没有触及中国书法的取法问题。

而作为首次介绍中国书法的西方汉学家，翟理斯在《中国绘画史导论》中详细介绍了中国书画的临摹学习，他说道："中国有两种复制画作的方法，临和摹。"② 虽然翟理斯主要是介绍绘画的临和摹，但是这两种方法同样也是中国书法复制的有效手段，同时也是书法家训练时必须经历的过程，能够有效促进学习者的笔迹个性之良好凝练和铸就。

---

① 张西平：《欧洲早期汉学史——中西文化交流与西方汉学的兴起》，中华书局，2009，第43页。

② 〔英〕赫尔伯特·翟里斯：《中国绘画史导论》，赵成清译，第32页。

实际上，能够在中国书法的继承问题上有较深入思考的，无疑是投入较大精力学习中国书法的西方汉学家。就这一点来看，高罗佩对中国书法的继承问题应有非常精彩的论述。陈之迈曾说高罗佩的书法"不太讲究师承"。当然这并不意味着高罗佩的书法是"任笔为体，聚墨成形"的随意涂抹。高罗佩作为一个拥有异文化背景的学者，不像国内的书法学习者一样容易受时风影响或难以摆脱家学桎梏，他在学习中国书法时，完全可以根据个人的审美喜好对所见的书法作品进行选择性模拟或效仿。在荷兰驻日大使馆二楼的高罗佩书斋中，悬挂着一面由木庵禅师（1611—1684）以狂草书写的"清香茶味"四字横额，陈之迈说"他曾多次临摹"，只是目前暂时无法看到高罗佩关于此横额的临摹作品。而高罗佩在荷兰驻重庆大使馆担任外交官时，曾与沈尹默、于右任、齐白石等书画大家交游，他曾留下许多学习当时书法名家的作品。在重庆中国三峡博物馆就收藏着一副高罗佩临摹于右任草书的作品——"看山·焚香"联。另外，高罗佩还有如"窗前·盘里"联、录王维诗等，这些作品都清楚保留着高罗佩对当时的书法大家的风格进行模仿学习的痕迹，可以直观地展现高罗佩学习中国书法的状态，并且可以由此判断高罗佩关于中国书法的个人审美取向。

由此可以看出，高罗佩学习中国书法的方式并非中国传统的方法——谨守一家。这一做法也并非朝秦暮楚，高罗佩作为一个西方汉学家，是在异域文化背景之下成长的，他不必承担传承中国传统书法文脉的重任，对高罗佩来说，学习书法更多是出于对中华文化的仰慕和对中国书法的热忱，所以他学习中国书法更多是一个文化体验的过程。他只是根据个人的审美取向，不断借鉴学习中国书法的不同风格，从而不断深入中华文化的氛围之中，并且不需要担心因"不守古法"或"追随时风"而被讥笑责备。由于这位天才极强的审美感知力和艺术表现力，在他笔下所挥就的书法作品甚至受到沈尹默、齐白石、于右任、冯玉祥等书法大家或社会名流的激赞。另外值得格外注意的是，高罗佩也曾使用过与罗明坚相似的学习方法。在重庆中国三峡博物馆中收藏着高罗佩家人所捐赠的高罗佩遗物，其中就有一百多张高罗佩当时为学习草书而专门制作的写有草书符号的卡片，这些卡片相当于便携式草书字典，说明异文化者在学习中国书法时，与本土学习者的方式并无二致，只是由于其异文化的背景，在记忆这些草书符号时，必定要付出更多的精力。相比之下，罗明坚只是努力学习语言表达的工具——汉字，而高罗佩则是在尝试掌握艺术表达的手段——书法（草书），这是西方汉学家对于中国文字的态度由语言交流工具转化为书法艺术审美表达的明证。

德国汉学家雷德侯则认为中国书法严格遵循着以二王书法为核心建立起来的古典传统。像唐人虞世南、欧阳询，"他们也吸收了'二王'传统之外的北方碑体风格，然而他们都被认为是学大王的，是大王线上的书家"①。到了18世纪，由于对考古学和金石学的深入研究，人们逐渐对旧字体产生了浓厚兴趣并使得篆书、隶书复兴，书家在书写时"不写标准的楷书，而喜欢参用篆法、草法来写楷书"②。并且雷德侯还认为郭沫若对王羲之《兰亭序》的质疑，可以看作碑学运动（兴碑抑帖）的延续。但最终还是没有影响到"二王"传统在中国书法史上的主导地位，书家在书法的继承上，仍然以"二王"为主，这也是雷德侯研究中国书法的一个大前提。雷德侯还认为："书法创作必须伴随临摹。"③ 因为不同于画家可以从外部世界所提供的对照物来检验绘画传统，促进艺术创新，书家须在一个闭合的系统内演绎推进，除了前人的书作，也没有东西可用来对照自己的创造，这就使得每一个学习中国书法的人必须首先面临继承或者师法问题。这也导致摹本成为名作流传的有力手段，它在古典传统的传播中起到了十分重要的作用。而拓本的发展也与古典传统的形成有密切关系，自宋以降，书法拓本大量出现，使得古典传统的权威性不断加强，而对摹本和拓本的学习成为书家学习书法的重要途径。

在中国书法的继承问题上，本土的学者更容易受时风、家学和师承关系等的影响，往往使个人的艺术审美观念屈从于这些客观因素。但是西方学者则可以轻易摆脱种种束缚，根据个人的审美取向对中国书法进行模仿取法。西方汉学家对中国书法的学习，往往能够直接体现他们个人的艺术审美观念。

2. 中国书法的创新观

诚然，由于西方汉学家的异文化背景，他们无须为中国书法的创新问题殚精竭虑。但是，西方汉学家在学习和研究中国书法时，必然会触及中国书法的创新问题，并基于个人的艺术审美观念提出许多精辟的观点。

陈之迈在《荷兰高罗佩》一文中对高罗佩做过如此评价："高罗佩在这

① 〔德〕雷德侯：《米芾与中国书法的古典传统》，许亚民译，第43页。
② 〔德〕雷德侯：《米芾与中国书法的古典传统》，许亚民译，第5页。
③ 〔德〕雷德侯：《米芾与中国书法的古典传统》，许亚民译，第57页。

方面是一个守旧的，甚至于是说顽固分子。他学习中文，不但只作文言文，不作白话文，而且连新式标点都不肯常用。"① 由此可见，高罗佩在书法创新这个问题上似乎也有些保守。实际上，高罗佩此举是出自文化有序传承的考量，他认为"彻底的改革是有危险的"②。高罗佩曾对日本废除汉字，改为假名拼音表示反对和惋惜，他认为文字改革之后将使后代的人与先代的人脱节，事实上等于腰斩历史。推及书法，则高罗佩并非一个所谓的"顽固派"，而是主张历史应有序演进，书法创新应符合其自身发展以及时代审美观念的规律，不可盲目冒进。正如著名学者徐无闻先生所言"不创新时自创新"。

雷德侯则认为中国书法能在遵循古典传统的基础上表现出一股强大的创造力。以二王书法为核心的古典传统被树立之后，书法就在发挥着维护文化整体性和社会稳定性的作用。"在这之后，书写技巧、形式系统以及书法的美学标准都没有发生什么大的变化。技巧几乎毫无变化，因为所用的材料如笔、墨、砚和纸帛都和过去无异。字体系统也没有什么发展。"③ 换言之，几乎所有影响书法风格的客观因素都已经趋于稳定，而影响书法风格的另一因素——艺术审美观念，则凸显了出来。所以在严格遵循这个古典传统的基础上，"同时也借鉴了书法史上各种流派和各种个人风格（它们提供了一些风格上的暗示和不同的风格水准，影响着新风格的形成与发展）"④。中国书法的创新也往往建立在传统基础之上，其传承性十分明显。因此在《万物》中，雷德侯认为，中国人虽然受"模件"思维影响极深，但是在艺术表现上，他们又能不拘泥于简单重复。比如 18 世纪碑学兴起，书家喜欢参用篆法、草法来写楷书而不写标准的楷书。这是中国书法创新性的一个表现，书家不愿对前人所创造的风格范式亦步亦趋，所以极力希望摆脱传统模式的束缚。但有趣的是，其传统的框架自始至终都未被完全改变。

另外，雷德侯还认为："藏品的连续性可比作一系列蓄水池。虽然每一蓄水池之间互有关系，但每一蓄水池都有自己附带的源泉和分开的泄水处。

---

① 〔荷〕高罗佩：《砚史　书画说铃》，黄义军译，中西书局，2016，第 20～21 页。
② 〔荷〕高罗佩：《砚史　书画说铃》，黄义军译，第 21 页。
③ 〔德〕雷德侯：《米芾与中国书法的古典传统》，许亚民译，第 56 页。
④ 〔德〕雷德侯：《米芾与中国书法的古典传统》，许亚民译，第 4 页。

这样，最后一个蓄水池可能只含有很少成分的水是从最初的源泉流过来的。"① 雷德侯对中国书法的传承和创新问题的表述是甚为恰当的，中国书法极其注重传统，只有建立在传统基础上的创新才可能被普遍接受，同时，书法的传统也在不断更新。所以中国书法虽然更多地表现出一种古老性和传承性，但其实中国书法的内部是充满活力并在不断运动、发展和延续的。而让中国书法始终保持充沛活力的要素很大程度上应该就是不同时代个人或社会的艺术审美观念。

三　西方汉学家的中国书法审美鉴赏观

一般来说，中国书法的欣赏与鉴定是很难分开的。因为只有建立在真实作品基础上的欣赏才具有实际意义，同样，有质量高度的欣赏才会为有价值的鉴定提供助益，换言之，通过作品形式与风格来鉴定作品真赝则要求鉴定者具有相当程度的欣赏能力。实际上，欣赏与鉴定，相辅相成。欣赏是在面对一件书法作品时，表达对该作品的观赏感受，美丑与否，往往是主观的、感性的。鉴定则是通过一件书法作品的笔墨技法、纸张质地、落款钤印等信息，依据相关文献资料，并运用多种手段，判别其真伪，往往是客观的、理性的。

1. 对中国书法的欣赏：强调笔墨体验

早在 15 世纪至 18 世纪，许多来华传教士就对中国书法做过一些异域风情式的描述，但是这些描述还不能完全上升到审美欣赏的程度。如基歇尔曾这样描述中国汉字："当他们描述暴烈的事物时，就用蛇、龙的特殊排列，表示一个特别的字；描述空中的事物时，就用鸟的形象……对于无生命的事物，就用树、土或线条。"② 在基歇尔眼里，中国汉字是以自然事物的图像为基础的，所以也可以将中国汉字（书法）看作一幅绘画。并且基歇尔还在《中国图说》一书中列出了中国汉字的图例，以及他所认为的汉字的图像形态（见图 6）。同样，20 世纪初，翟理斯在《中国绘画史导论》中明确表达了"书画同源"的观点，并介绍了中国书法与绘画在欣赏方面所具有的共同评判标准。这也提醒了其他西方汉学家在欣赏中国书法时应

---

① 〔德〕雷德侯：《米芾与中国书法的古典传统》，许亚民译，第 73 页。
② 〔德〕阿塔纳修斯·基歇尔：《中国图说》，张西平、杨慧玲、孟宪谟译，大象出版社，2010，第 391 页。

该如欣赏绘画一般，注重书法作品的笔墨技法所呈现的视觉效果。

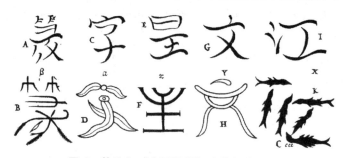

图6　基歇尔《中国图说》中的汉字图例

在《中国艺术巡礼》一书中，福开森通过列举张芝、钟繇、王羲之等中国古代书法大家的书法作品，以其笔墨技法为重点，对不同风格的书法作品进行了颇为详细的介绍。他通过对中国历代评论家的言论的梳理，总结出他们共同的书法审美三要素，即用笔、平衡（节奏）、神韵。其中，"用笔"和"平衡"是书法笔墨的表现，而"神韵"的展现也有赖于"用笔"和"平衡"的精彩表达，并且"神韵"已经触及艺术审美的范畴了。福开森还将西方的手稿与中国书法进行比较，认为西方手稿字体之美源于字母的花样书写、幅面的布局和着色等，而中国书法之美则来自字体的点画之美、结构之美以及意境之美。点画之美和结构之美都是通过书法笔墨对汉字进行艺术化书写实现的，在这一方面，它与西方的字母书写有着相似的审美表现力，也是最先为西方汉学家所欣赏的。而意境之美则是中国书法所独有的，需要以中国人的标准来审视。因此福开森提出："要研究中国的艺术，西方学者必须重视中国人自己的标准，而不能以西方的艺术标准来评判中国的艺术，如绘画和书法。"[①]

高罗佩在《书画鉴赏汇编》一书中，鼓励西方的中国书画研究者应该学会使用毛笔，最好能掌握一些书法或绘画技巧，如此才能进一步拓展眼界，更深刻地体会中国艺术家们所使用的运笔、用墨、设色、布局、构图等各方面的技法，进而对中国书法进行真正的欣赏。并且，他认为无论一个人对艺术有多么敏感的感知力，都需要通过对中国书法艺术精髓的深切领会和对中国书法笔墨多年的潜心学习才能逐渐入门。高罗佩关于中国书

---

① John C. Ferguson, *Outlines of Chinese Art*, New York: Books for Libraries Press, 1919, preface, p. 2.

法的审美观念是通过其不断模仿学习中国文人士大夫生活，以及伴随其一系列研究活动而逐渐建立起来的。这决定了高罗佩必定极为重视对中国书法笔墨的深刻体验，只有通过大量的书法笔墨实践才能真正对中国书法进行欣赏。另外，高罗佩还根据自己的经验总结了一个购买书画藏品的折中办法："采用一个我在二十余年收藏生涯中从未背叛过我的标准，那就是此画是否为你真心喜欢、宝爱不替之作品？如果你买了一幅真正吸引你的字画，你便永远不会出错。即便经过进一步鉴定，此字画为摹本甚至赝品，但仍旧无损于它在你心目中的美学价值。如果此作品被证实为真品，那便锦上添花了。这样就把问题简化至你是否真正明了自己喜欢什么。正如大部分困惑人类的问题一样，最终的答案不在外部而在我们内心。"① 高罗佩这一观点显然是受中国古人书画鉴赏观念的影响，因为中国鉴赏界确有"真品未必佳，赝品未必坏"的习语，只关注书画的优劣而忽视其真赝也是中国鉴赏理论重要的组成部分。以字画是否真正吸引自己为判断依据，实际上就是通过书画作品的构图布局、笔墨技巧、神韵意境等方面断定其艺术价值，这一方法强调了"赏"的重要性。

雷德侯则认为，中国书法是由一个可以追溯到东汉，直到初唐（公元 7 世纪初）才完全被当作古典传统建立起来的强大的艺术传统所支配的。这个影响中国后世上千年书法史的古典传统的原型及其风格和审美标准是以二王的书法为核心建立起来的。雷德侯在对中国书法的书体和风格进行研究探讨时，也基本上以这个古典传统为参照基准。这一观点也为意大利汉学家毕罗所充分肯定，作为一名青年学者，他目前的研究活动也主要聚焦在王羲之书法上。他与雷德侯都认为延续上千年的中国书法审美标准主要就是围绕王羲之以及其余绪建立起来的。

2. 对中国书法的鉴定：注重文献支撑

早在 20 世纪初，英国汉学家翟理斯就关注过中国书法的鉴定问题。他在《中国绘画史导论》中说："书法和绘画的收藏家都经常听信传闻。如果一幅画被称作是出自大师之手，人们会争着想要得到它，这就是所谓的'耳鉴'。其他人会用手磨蹭来检验一幅画，如果颜色不掉的话就是一幅好的作品。但这比听信传闻的级别更低，被称作'摸骨听声'。"② 另外，翟理

---

① Robert van Gulik, *Scrapbook for Chinese Collectors*, Chinese Text, 2006, pp. 30 – 31.
② 〔英〕赫尔伯特·翟里斯：《中国绘画史导论》，赵成清译，第 59～60 页。

斯还引用沈括评价王维的故事说明书法鉴赏中神韵的重要性。"在书法与绘画中，神比形更重要。虽然许多懂行的人在欣赏画作时都能指出它在形态、布局或色彩上的某些小缺陷，但这是他们所能理解的极限。至于那些能洞察内涵的人，他们很难找到。"[1] 作为第一部介绍中国书画的西语著作，该书关于中国书法鉴定的介绍也应为西方中国书法研究的拓荒之举。稍显遗憾的是，翟理斯只是对中国书画的鉴赏方法做了简单的描述，并未利用此经验进行相应的中国书画鉴赏活动。不过，这一经验的介绍也为后来的西方汉学家提供了一些提示与指导。

　　福开森是一位善于运用历史文献进行书画鉴定的西方汉学家。他曾受纽约大都会艺术博物馆的委托购买中国艺术品，1912 年到 1913 年间，福开森为大都会艺术博物馆收集了包括中国画、青铜器、陶器和装饰品在内的众多藏品。并且，他还集中精力对所购画作进行了编目并撰写了详细描述，而他所做的研究主要就是依靠当时所掌握的 20 多卷中文书籍，包括《宣和书谱》《清河书画舫》等，这 20 多卷中文书籍的名字最后还被附于大都会新购藏品展的目录之中。在编目过程中，福开森主要关注这些画作的递藏过程，以及藏品本身的题跋和相关文献中的记载并记录下题跋和印章等信息。福开森还在中国友人的帮助下，从这 20 多卷中文著录中寻找每幅画作的可能出处。例如，他通过引述《佩文斋书画谱》中记载的关于《明皇训储图》上的赵孟𫖯题跋，将《明皇训储图》归入宋徽宗名下，并让好友冯恩崐根据文献中记载的跋文进行仿写补全，然后重新装裱成图（见图 7）。又如，福开森曾将《会稽山图》归于顾恺之名下，不过他又解释说此画可能是唐代或宋代早期的摹本，只是由于画上有宋徽宗的题跋，福开森坚信此画极为重要。福开森通过历史文献来鉴定书画的方法，是理性、严谨的，也是西方汉学家在很难通过作品的笔墨技法和神韵意境等途径来断定书画真伪的情况下，更为可靠的一种鉴定方法。正是依靠历史文献的鉴定方法，福开森对所购画作真实性的信心也与日俱增。虽然后来的鉴定者将这批宋代之前以及宋元明清的大部分画作认定为仿品，但是，"若没有福开森自信满满的作者归属结论，这批 1912 年到 1913 年购入的藏品根本就无法反映中国绘画发展的漫长历史"[2]。这批藏品现已成为大都会艺术博物馆的珍藏。

---

① 〔英〕赫尔伯特·翟里斯：《中国绘画史导论》，赵成清译，第 60 页。
② 〔美〕聂婷：《福开森与中国艺术》，郑涛译，上海书画出版社，2017，第 86 页。

图7　《明皇训储图》及冯恩崐所补跋文

高罗佩对中国书法的鉴定能力是通过积累大量中国书法的鉴赏和收藏等方面的文献而逐步建立起来的。他在早期的研究中整理并翻译了《米芾砚史》、清代鉴藏家陆时化的《书画说铃》、周二学的《赏延素心录》等关于中国书画的文献。高罗佩还高度弘扬陆时化独立、精辟、严谨的鉴赏理念，研究米芾与陆时化对于高罗佩整个学术生涯都至关重要，米芾和陆时化的许多观点对高罗佩的中国书画鉴赏理念产生了极其深远的影响。

高罗佩明确将"眼力和知识"作为中国书画鉴定的有力手段。并且，他更为注重后者，更看重相关领域的知识以及文献资料的作用，尤其是中国古代鉴赏大家的相关著录，它们是打开中国书画艺术之门的钥匙。高罗佩认为，不能完全依靠直觉和敏感力去鉴赏一幅中国古字画，因为对于西方人来说，要对中国书画艺术进行自然而然的鉴赏，必须要以多年的研习作为前提。要以领会中国文化内涵，深谙中国书画的美学原理并了解艺术家的心境、志趣为前提，再"广收博览南北之珍图、古今之法墨，尝试用视觉识别、铭记它们卓异的艺术品质，方能渐臻这一境界"①。诚然，中国古代鉴赏家们似乎更倾向于将眼力置于书画鉴定的首位，但是对一个西方学者来说，他们没有从小浸淫在中华文化的氛围之中，也很难在短时间内达到对中国书画非常细腻而深入感知的状态，因此，对文献资料的重视，对题字、印鉴、名款等较为客观的内容的关注则成为他们判断中国书画的首要依据。高罗佩曾在《米芾砚史》中明确表示，研究一位书画家，需要对所有材料——进行考证和诠释，这样就能让"我们再提到某位古代中国的画家（书家）时，就不再仅仅把他当作是某幅卷轴画的作者，而是将他视作一位历史人物和一个活生生的人。而且，这些材料也为古画的鉴真提供了必要的基础"②。另外，高罗佩还强调对于中国古代文学和历史的深入了解。他认为："中国的书画艺术在某种程度上是对中国文学的图释，诗中有画，画中有诗。中国鉴赏家在一幅有关历史或半历史场景的画作中很容易发现的某些特征，却会逃过那些不完全熟悉此画文化语境的观察者的眼睛。"③ 同时，高罗佩还鼓励西方学者练习运用毛笔，从而知晓中国书画的制作手段，并最终去领会中国书画笔墨的精微奥妙。这是高罗佩长期浸淫于中国文化艺术而发出的精辟之语，也是他在深入理解中华文化后，为后来进行中国书画鉴定的西方学者提供的一条理性而可行的道路。诚然，中国书法发展至今，已经不仅仅具有传递信息这一简单作用了，它与中国文学、历史、哲学等紧密联系，甚至已逐渐成为中华民族的民族心理图谱。因此，充分了解中华文化是西方汉学家真正进入中国书画鉴赏殿堂的必由之路，反之亦然。

在中国书法的鉴定方面，雷德侯亦有独到观点。在《六朝时期书法里的一些道教因素》一文中，雷德侯认为："收藏家具有的权威随着他藏品的增加而提高。如果什么人成功地把大多数流传着的经典积聚起来，他就能达到实质的垄断地位。"④ 雷德侯认为陶弘景能够成为书法作品的权威鉴定

---

① Robert van Gulik, *Chinese Pictorial Art*, As Viewed by the Connoisseur, 1958, p. 369.
② 〔荷〕高罗佩：《砚史 书画说钤》，黄义军译，第 10 页。
③ Robert van Gulik, *Scrapbook for Chinese Collectors*, Chinese Text, 2006, p. 376.
④ 〔德〕雷德侯：《晋唐书法考——德国学者谈中国书法》，张观教译，人民美术出版社，1990，第 58 页。

者的一个重要原因就是他实现了对书法作品真迹的绝对占有。"陶弘景最经常从事的另一个考察方法是追究他的卷子的源流。……陶仔细地从一个收藏者到下一个收藏者查出它的历史，也毫不犹豫地告知读者流传过程有过中断，或某件的下落已经不明。"① 由于陶弘景作为收藏家和鉴定家独擅材料，这就使得"他的同时的人，要想与他比勘，势必束手无策，后来者就更加困难"②。在论述褚遂良对唐太宗所收集的王羲之作品进行鉴定时，他说："褚遂良的辨别能力无可怀疑，但是很难估计他对大王作品面目的理解及他的审核工作到底精确到何种程度。因为被褚遂良斥为赝本的大王书迹早已湮灭，甚至唐太宗的藏品也只有一部分残存至今，以后的学者就几乎无法证实褚遂良的判断能力。……只有能接近内府藏品的人才可与褚氏论争真伪。"③ 大王作品的真伪鉴定工作几乎由褚氏一人主持，他决定了日后流传的大王作品的面目。由此可见，通过垄断的方式能够建立起书法鉴定的举足轻重的地位。

通过对比，我们发现西方汉学家在中国书法的欣赏方面更强调笔墨的视觉表现，这是由于书法作品是通过笔墨技法呈现出来的一种视觉形式，它与西方绘画、雕塑等艺术同样有着结构、布局、节奏等方面的审美元素，因此西方汉学家更倾向于通过书法作品的视觉形式对其进行欣赏，而涉及中国书法特有的"神韵意境"这一审美元素时，西方汉学家则需要通过许多努力才能真正理解。在中国书法的鉴定方面，他们则更注重文献资料的论证作用。这是由于"神韵意境"这一审美元素极难把握，更遑论具有异文化背景的西方汉学家。所以西方汉学家希望通过文献资料论证这一稳妥可靠的方法进行中国书法鉴定活动。并且，早期研究中国书法的西方汉学家极为重视原始书法文献的积累，这就使得后来的学者能够参考的书法文献极为丰富，西方汉学家也愈加精于此道。

结 语

西方汉学家怀着极大的学术热忱与敬畏之心研究中国书法，提出了精辟、独到的观点。一方面，这些观点对于当代的书法研究和书法发展仍然

---

① 〔德〕雷德侯：《晋唐书法考》，张观教译，第54页。
② 〔德〕雷德侯：《晋唐书法考》，张观教译，第59页。
③ 〔德〕雷德侯：《米芾与中国书法的古典传统》，许亚民译，第47页。

具有十分重要的启示借鉴意义。另一方面，对这些观点的研究，也能帮助我们深入理解西方人在学习中国书法或者中华文化时复杂而特别的心理状态。很大程度上，应该能够为我们进行当下和未来书法或文化的对外传播提供一定的积极思想准备和有益理论武器。

论柯马丁对汉大赋自我
指涉式声色构建*

张　妍**

摘要：自我指涉是文本显现自身。柯马丁对汉大赋的解析强调自指的语言艺术性和修辞说服力。柯氏认为汉大赋自指式的艺术性语言即声色修辞，包括繁复、夸饰、生僻词、双声叠韵等。汉大赋"诵"的表演方式以声色修辞为基础，构建了自指式的声色世界。汉大赋的接受者在构建的声色世界中达成审美的感官愉悦，并伴随末尾部分语言的节制而至"礼"。接受者"改"的过程是声色世界自指式修辞说服力的显现。不同于汉代四家诗对《关雎》的道德解读，柯氏赞同出土文献"以色喻于礼"的声色解读，并认为汉大赋的声色修辞承接《国风》。由此，先秦儒家说理和出土文献《国风》阐释中的声色和道德礼法的沟通性，在柯氏声色构建的自指式审美世界中得到回应。

关键词：柯马丁　自我指涉　汉大赋　声色修辞

---

* 本文为教育部人文社会科学研究青年基金项目"主题学视域下《诗经·二南》历代差异阐释的汇编、解析与还原"（项目编号：17YJC751050）阶段性成果。
** 张妍，山西大学文学院讲师。

The Study on Rhythm and Flowery Construction of Martin Kern's Self-Reference to Han Dafu

Zhang Yan

Abstract：Self-reference means a text manifests itself. Martin Kern pays attention to self-reference's artistry language and persuasion power of rhetoric in Han Dafu's interpretation. Artistry language means the rhythm and flowery rhetoric which comprises of wordiness, exaggeration, rare words, alliteration and assonance and so on. Based on rhythm and flowery rhetoric, recitation becomes the performance of Han Dafu. Consisting of rhetoric and performance, the rhythm and flowery world makes Han Dafu's audiences aesthetic sense pleasure and then return to rite as restrained language in the end of the text. The change of audiences shows the self-reference's rhetoric persuasion power in the rhythm and flowery world. Different from Guanju's moral interpretation of Sijia Shi in Han Dynasty, Martin Kern approves of the rhythm and flowery interpretation of "Yi Se Yu Yu Li" in excavated manuscripts, which is the source of Han Dafu. The notion of "Sheng Se" can communicate with moral and rite exists in pre-Qin Confucianism, excavated manuscripts' interpretation of Guo Feng and rhythm and flowery aesthetic world in the view of Kern's self-reference.

Keywords：Martin Kern；Self-Reference；Han Dafu；the Rhythm and Flowery Rhetoric

汉大赋因其华丽夸饰的文风往往被认定为是空洞和缺乏情感的。柯氏从自我指涉（self-reference）的角度对其重新解读，强调了文本华丽夸饰的语言是汉大赋的自我指涉。汉大赋声色修辞具有审美性，接受者在观赏过程中达成"色"的审美愉悦与"礼"的节制的融合。

一　自我指涉与语言修辞

自我指涉是文学内转和语言学转向背景下的西学理论概念，强调脱离世界和作者的文本显现自身。自我指涉的代表性观点源于雅各布森对文学语言的说明，"语言艺术在方式上不是指称性的，它的功能不是作为透明的'窗户'，读者借此而预见诗歌或小说的'主题'。它的方式是自我指称的；它就是自己的主题"①。此处自我指称即柯氏的自我指涉。诗歌并非让读者关注诗歌之外的"主题"，而是关注诗歌自身。雅各布森认为诗歌的语言并不具有"透明"的指涉性，并不指涉作者的意图或诗歌以外的世界，而是指涉诗歌自身。也就是说诗歌语言显现自身，这也是语言艺术性的体现。"这种不注意所谈论之现实而集中于谈论方式本身的情况被用来表明，文学是一种自我指涉的语言，即一种谈论自身的语言。"② 伊格尔顿的论述中，自我指涉既包含不指涉现实的语言艺术性，也包含对"谈论方式"的强调，也即关注文本显现自身的方式，语言的形式分析成为研究重心。文学研究不再强调思想史、作者背景等外在因素，而是关注文本自身的语言形式分析。

自我指涉是柯马丁阐释中国文本常用的策略。"'自我指涉'，这个概念我经常用，这篇文章也要用，意思是一个文本不仅仅是知道什么内容、什么题目等等，而且也知道它自己的存在和形式。可以说，所有的文学作品都有这样的意思，不仅是一种客观的描写，而且因为同时是文学的，也能感觉到是一种语言方面的艺术品。"③ 柯氏认同自我指涉是文学语言艺术性的体现，并且将语言艺术性具体落实为内容、题目、存在和形式等要素，文本的语言形式分析也纳入柯氏的自指视域中。文本具有主体性，文本显现自身的艺术性，也显现自身的语言形式等要素。在对于汉大赋的研究中，柯氏的自指语言形式体现为修辞。柯氏评《天子游猎赋》："作品模拟并表演性地再现了欢乐场景，一开始所描述的奇观被置换为精湛修辞的奇观，这是一种艺术语言的自我再现、自我指涉，它在语言层面上复制了皇帝世界感官可触的奇迹。"④ 艺术语言的自我指涉体现为"修辞的奇观"。通过语言修辞，汉大赋文本才成为感官可触的声色世界。这样汉大赋的自我指涉

---

① 转引自〔英〕特伦斯·霍克斯《结构主义和符号学》，瞿铁鹏译，上海译文出版社，1987，第86页。

② 〔英〕特里·伊格尔顿：《二十世纪西方文学理论》（纪念版），伍晓明译，北京大学出版社，2018，第8页。

③ 〔美〕柯马丁：《西汉美学与赋体的起源》，复旦大学文史研究院、中华书局编辑部编《着壁成绘》，中华书局，2009，第5页。

④ 〔美〕柯马丁：《西汉美学与赋体的起源》，《着壁成绘》，第10页。

性也即修辞性。柯马丁将修辞分为两类："我想解释我用修辞的意思是什么，有两个因素，就是在早期西方的对应 rhetoric 的这个概念。一个是使语言变得漂亮，具有一种审美的装饰，还有一个可能更重要，而且从一开始就已经有的，就是给语言加上一种特别的说服力，使语言有一定的效果，这个也是 rhetoric，这可能是最重要的，第二个部分是加上力量的，是目的；加上装饰的，是一种工具。我们今天要用的修辞是强调有说服力。"① 柯氏的修辞包含两层意义：工具性的装饰和目的性的说服力。装饰和修辞说服力都是审美性和艺术性的体现。这种说服力通过自我指涉的语言来实现，自指式的修辞说服力也是柯氏的阐释策略之一。

二 艺术语言的声色世界构建

柯氏历时地梳理了声色修辞的代表性作品，强调声色修辞对感官的审美和愉悦功能。自我指涉视域下，柯氏关注汉大赋华丽夸饰的艺术语言风格和诵读表演，并重点分析两者再现的声色世界，审美性贯穿其间。

（一）汉大赋前的声色修辞

柯氏从语言修辞和审美角度梳理汉大赋的起源。"我的基本结论是：西汉赋的起源不一定是《楚辞》，我觉得赋和当时对文学的一些观念有关系，而且与《诗经》的观念也有关联，而且与战国末期的游说有关系。"② 柯氏论述的汉大赋前的声色修辞包括：《国风》、战国辩词和同时代的郊祀歌。同时，柯氏也阐述了声色修辞的审美性对人的影响。第一，《国风》中的声色修辞。《国风》的声色描写往往以我们熟知的"郑卫之音"为代表。柯氏比较了《关雎》中的"窈窕"和《陈风·月出》中的"窈纠"，认为"'窈纠'恰如帛书《五行》的'茭芍'和《毛诗》的'窈窕'，只不过都是同一个词的变体……但是，《小序》对《关雎》和《月出》有相反的总论，说《月出》'刺好色'而谈到'在位不好德而说美色'。……《毛传》对《月出》的读法不允许我们把'窈纠'理解为对女性美德的描述；相反的，

---

① 〔美〕柯马丁：《西汉美学与赋体的起源》，《着壁成绘》，第 4~5 页。
② 〔美〕柯马丁：《西汉美学与赋体的起源》，《着壁成绘》，第 6 页。

它是对女性艳色的描述"①。柯氏根据出土文献认为"窈窕"和"窈纠"是一个词的变体，但在《毛诗》的阐释体系中前者具有道德意义，后者则具有情色意义。这也正说明，声色修辞在《国风》中已经出现。第二，战国辩词中的声色修辞。柯氏选择苏秦作为辩士之辩词声色修辞的代表。"今之嗣主，忽于至道，皆惛于教，乱于治，迷于言，惑于语，沉于辩，溺于辞。"② 苏秦声称不要被声色语言所祸乱，但是其本身用的就是声色语言。"这样华丽的言辞，本身再现他提到的内容，本身可触摸现实，它融入了现实世界，而非仅仅描绘那个世界。苏秦的语言表演是一种自觉的美学作品。"③ 此处柯氏区分了"描绘"和"再现"两个概念，不同于语言的描绘，"再现"则是以华丽的语言构建声色世界。苏秦的语言本身就是一个美学作品，是华丽语言的显现。声色语言对现实世界产生作用。第三，同时代的郊祀歌中的声色修辞。柯氏对郊祀歌的分析提及"新音"。"新音，特别是宫廷的新音，刺激感观兴奋。……《郊祀歌》文本后，《汉书》因郑声而完全否定武帝的音乐，并审慎地将此祭祀圣歌永久放弃。"④ 柯马丁认为郊祀歌作为"新音"与"郑卫之声"有承传关系，并且因其会刺激人的感官而被班固放弃。《汉书》中亦有此论述，"今汉郊庙诗歌，未有祖宗之事，八音调均，又不协于钟律，而内有掖庭材人，外有上林乐府，皆以郑声施于朝廷"⑤。可见，与汉大赋同时代的郊祀歌同样因为受到《国风》声色修辞的影响，音乐与语言华丽动人，虽可提供审美愉悦，却因为撼动道德往往受到经学家的批判，但声色修辞一直存在于文学作品之中。

（二）汉大赋的声色世界建构

柯氏从自我指涉角度解析汉大赋声色构建的两个层面。第一层面，汉大赋华丽夸饰的语言风格是对自身艺术性的显现，具有自我指涉性。"大赋定义的要素如下：对话的背景设定；模仿式再现一场实际的辩论；骈散交

---

① 〔美〕柯马丁：《从出土文献谈〈诗经·国风〉的诠释问题：以〈关雎〉为例》，《中华文史论丛》2008 年第 1 期。

② （西汉）刘向集录，范祥雍笺证，范邦瑾协校《战国策笺证》，上海古籍出版社，2011，第 142 页。

③ 〔美〕柯马丁：《西汉美学与赋体的起源》，《着壁成绘》，第 10 页。

④ Martin Kern, "In Praise of Political Legitimacy: The miao and jiao Hymns of the Western Han," *Oriens Extremus* 39.1, 1996, p. 66.

⑤ （汉）班固撰，（唐）颜师古注《汉书·礼乐志第二》，中华书局，1962，第 1071 页。

错的笔法使语言生动、摇曳生姿，从头到尾一气铺排，务必穷极草木、鸟兽、物产之名，还有大量的僻词、夸饰、换韵，以及双声叠韵的重叠连绵词。这些结构特征主要加强的是作品的听觉效果，形成一种可感可触，由面及里，焕发着感官的辉煌。"① 柯氏认为汉大赋具有固定的形式特征，包括对话、论辩、铺排、韵律等。这样的形式特征为汉大赋显名，看到此种风格的语言便可定位为汉大赋，汉大赋以其文本语言进行自我指涉。视觉、听觉等感官知觉都纳入汉大赋的审美，声色修辞形成感官的愉悦。在华丽夸饰的语言风格基础上的诵读表演也具有自我指涉性，这是柯氏汉大赋声色世界构建的第二层面。赋从定义上即与诵读相关，《汉书·艺文志》："不歌而诵谓之赋。"② 赋不仅仅是文本形式的文字，也包括"诵"的表演方式。文字以独特修辞风格显现自身，文字基础上的诵赋表演同样因文字修辞显现自身，具有自我指涉性。"西汉时代，这种愉悦感，就是汉武帝听司马相如的赋所感到的愉悦，不仅在词面上，而且在诵读和表演过程中。"③ 赋既是诗歌同时也是表演，汉武帝在欣赏司马相如赋时有着双重的审美体验：既有华丽夸饰的声色修辞带来的文字层面的感官愉悦，又有聆听诵赋表演得到的审美愉悦感。

柯氏认为汉大赋通过修辞和表演达到对声色世界的构建，感官体会的再现也在其中。"英语 representation，有好几个意思，我用中文的'再现'来说明。比如说一个文本，不仅是描写一个情况，而且在语言层面重新构成对这个情况的体会。……他描写大水，这个语言的声音也模仿，看这个水，听这个水的声音，这种体现，就是再现，在语言方面重新构成 experience。"④ 不同于对情况的简单描写，柯氏认为《七发》的声色修辞已经达到了对体会的再现，也就是说描绘只是简单的事物说明，体会再现则是构建的声色世界能够呈现观看的感受。体会来自人的感官，其所构建的声色世界让人或看见、或听见、或触及等，让人置于感官盛宴之中。如果说《七发》中的感官再现强调的是声色对人的体验的重现，那么《天子游猎赋》强调的则是对现实事物的再现，语言融入现实世界。"通过无穷无尽的列举和排山倒海的音节，赋的修辞语法营造出的是一连串令人眩晕的感官

---

① 〔美〕柯马丁：《西汉美学与赋体的起源》，《着壁成绘》，第8页。
② （汉）班固撰，（唐）颜师古注《汉书·礼乐志第二》，第1755页。
③ 〔美〕柯马丁：《西汉美学与赋体的起源》，《着壁成绘》，第7~8页。
④ 〔美〕柯马丁：《西汉美学与赋体的起源》，《着壁成绘》，第5页。

印象，而非某种具体建议的信息。《天子游猎赋》的基本原则是在语言的层面模拟，重现皇家文化的强盛和壮丽，它要再现的是文化繁荣本身。"①"令人眩晕的感官印象"正是"文化繁荣"景象的再现，从感官的震撼性角度来看，文本已不再是简单的描述，而是由华丽词语和工整结构再现的壮观场景，文本成为一个作用于人感官的声色世界。这样华丽的言辞，既是说明内容，更是再现内容。无论是对《七发》"听这个水的声音"的评论，还是对《天子游猎赋》"排山倒海的音节"的说明，两者都是赋的表演场景的再现。修辞和表演都是汉大赋声色构建的方式，再现了感官体验的声色世界。声色修辞及其基础上的表演都因显现自身的修辞风格具有自我指涉性，那么修辞和表演构建的声色世界同样因艺术性的修辞风格显现自身，声色世界亦具有自我指涉性。柯氏自我指涉视域下的汉大赋解读并没有只停留于声色再现，而是引入自指的修辞说服力，解析《国风》、汉大赋等作品的"改"的过程，达成审美愉悦和道德回归的平衡。

三　修辞说服力的"改"的过程

柯氏挖掘汉大赋承于《国风》"以色喻于礼"的传统，从自我指涉式修辞说服力的角度解析汉大赋"改"的过程。具体阐释中，声色和道德礼法的关系得到厘清，柯氏将"改"的过程融于声色表演的审美体验。

（一）以色喻于礼

声色与道德礼法的关系一直是儒家的关注点。"子夏问曰：'巧笑倩兮，美目盼兮，素以为绚兮。何谓也？'子曰：'绘事后素。'曰：'礼后乎？'子曰：'起予者商也，始可与言诗已矣。'"（《论语·八佾》）孔子"绘事后素"的解释颇有争议，但可以看出孔子将声色之美和礼结合起来，两者并非对立关系。无论是美人还是绘画都具有声色之美，礼的教化或节制都有益于美人，正如素色的底色或勾勒都有益于绘画一样。孟子论述声色与礼法的代表性观点有："理义之悦我心，犹刍豢之悦我口。"（《孟子·告子上》）"男女居室，人之大伦也。"（《孟子·万章上》）孟子从类推的角度得出声色和礼法在愉悦自身上具有一致性，同时男女关系也是重要的伦理关

---

① 〔美〕柯马丁：《西汉美学与赋体的起源》，《着壁成绘》，第11页。

系之一。声色和礼法成为同一体系的关系。荀子也讲到礼法对声色的益处。
"故礼者养也，刍豢稻粱，五味调香，所以养口也；椒兰芬苾，所以养鼻
也；雕琢刻镂，黼黻文章，所以养目也；钟鼓管磬，琴瑟竽笙，所以养耳
也；疏房檖貌，越席床笫几筵，所以养体也。故礼者养也。"（《荀子·礼
论》）"礼"具有"养"的作用。"礼"的具体显现，如黼黻文章、琴瑟竽
笙、椒兰芬苾、刍豢稻粱、越席床笫等都是为了满足眼、耳、鼻、舌、身
等感官的需求。可见，先秦儒家的声色可进入道德礼法体系，这也是"以
色喻于礼"的形成基础。

汉代四家诗则出现了声色和道德礼法相对立的思维。对《关雎》的解释
中，三家诗强调讽刺和劝诫，毛诗则是赞美。"《关雎》，后妃之德也。……是
以《关雎》乐得淑女以配君子。忧在进贤，不淫其色。哀窈窕、思贤才，
而无伤善之心。是《关雎》之义也。……窈窕，幽闲也。"[①] "窈窕"成为
幽闲的德行解释，而非声色解释，《关雎》成为道德典范。在汉儒的道德解
释中，无论是美还是刺，声色都是《关雎》所讽刺和劝解的对象。正如柯
氏概括："疏《关雎》旨在讽谏，不仅限于鲁说，齐韩二家亦如是。其基本
前提似乎是以某理想化美德表述对照有道德缺陷的君主。而该诗另一早期
解读与毛说更有根本差异，甚至并不将《关雎》作为一种高尚道德的表
达。"[②] 无论是讽谏还是赞美，四家诗都更强调《关雎》的道德意义，忽略
其中的声色描写。柯氏所说的"另一早期解读"即出土文献中的解读。上
博楚简《孔子诗论》涉及《关雎》的简文有："情爱也。《关雎》之改，则
其思益矣。……《关雎》之改……曷曰动而皆贤于其初者也？《关雎》以色
喻于礼。"[③] 马王堆帛书《五行》论及《关雎》的有："榆（喻）而知之，
胃（谓）之进之……自所小好榆（喻）虖（乎）所大好。'茭（窈）芍
（窕）淑女，寤昧（寐）求之'，思色也。……繇（由）色榆（喻）于礼，
进耳。"[④] 无论是"情爱"还是"思色"，两段材料都承认《关雎》对声色
的描写。按帛书《五行》的解释，"喻"是"知"和"进"，从"小好"可

① （汉）毛亨传，（汉）郑玄笺，（唐）孔颖达疏《毛诗注疏》，上海古籍出版社，2013，第 4 ~
28 页。
② 〔美〕柯马丁：《毛诗之后：中古早期〈诗经〉接受史》，载陈致主编《跨学科视野下的诗
经研究》，上海古籍出版社，2010，第 240 ~ 241 页。
③ 李零：《上博楚简三篇校读记》，中国人民大学出版社，2007，第 15 ~ 16 页。
④ 庞朴：《帛书五行篇研究》，齐鲁书社，1980，第 65 页。

知"大好"。"'喻',就是'明白、知晓'的意思。"① 不同于汉四家诗比兴美刺的道德阐释方式,出土文献中对《关雎》的解释更尊重声色的描绘。声色和礼法并非对立,由声色可知礼法,这正与先秦儒家对声色和道德礼法关系的认知相一致。由于"改",声色的描绘纳入礼法体系。"国风好色论"也属于以声色知礼法的阐释体系。《荀子·大略篇》:"《国风》之好色也,传曰:'盈其欲而不愆其止。其诚可比于金石,其声可内于宗庙。'"② "淮南王安叙《离骚传》,以《国风》好色而不淫,《小雅》怨诽而不乱,若《离骚》者,可谓兼之。蝉蜕浊秽之中,浮游尘埃之外,皭然泥而不滓;推此志,虽与日月争光可也。"③ 《荀子》中的"止"、刘安的"不淫"与"改"都有异曲同工之处,都是由色到礼的方法。声色并非不可提及,而是通过"改"、"止"和"不淫"而达到道德礼法。正如柯氏所说:"《关雎》和《将仲子》表达的都不是急需避免的淫行。相反的,它们提供了在强烈的性欲下,由守礼的能力引导的正确行为的样本。《关雎》从男性的角度提供样本,《将仲子》从女性角度表现了同样的情况。"④ 柯氏认为《关雎》是从男性角度展开的性欲描写,但守礼给性欲提供了正确的导向。诗歌中的声色描写与礼法同在,声色可以指向礼法。声色本身不再是被"刺"的对象,而是可以导向或承载"礼"的场景。按照柯马丁声色修辞论的视角,《国风》以色知礼的言说方式也影响了汉大赋。声色修辞和表演不仅再现了感官的声色世界,更是在声色世界中因审美体验而完成"改"的过程,这也是柯马丁在汉大赋方面的阐释理路。

(二) 声色世界中审美的"改"

汉大赋末尾部分都会出现规谏的文字,文本前后形成不同的文风,这也是其"改"的部分。如果说出土文献中"以色喻于礼"的"改"是由色到礼过程的描述和说明,那么柯氏认为汉大赋的"改"则是审美体验下实实在在的现实改变。"声色"在柯马丁的理论体系内可以理解为各类感官的综合盛宴,当声色修辞在文本中构建了感官的声色世界后,"礼"的指向性

---

① 张节末、严静:《论"以色喻于礼"的释诗体系》,《美育学刊》2012 年第 3 期。
② (清) 王先谦:《荀子集解》,中华书局,1988,第 511 页。
③ (宋) 洪兴祖撰,白化兴点校《楚辞补注》,中华书局,1983,第 49 页。
④ 〔美〕柯马丁:《从出土文献谈〈诗经·国风〉的诠释问题:以〈关雎〉为例》,《中华文史论丛》2008 年第 1 期。

得以显现。柯氏根据自我指涉的阐释视角，将汉大赋的"礼"的指向性变成了真实性，经由审美过程，体验者也伴随文风的改变达到礼法状态。随着声色文字风格的改变，审美体验随之改变，从修辞之"改"到体验之"改"。这就涉及柯氏的自指式说服力。柯氏认为修辞说服力与声色修辞的现实作用力有关，如漂亮的语言和音乐对人君的蛊惑，同时也与表演有关。[①] 如果说汉大赋声色世界的构建是其华丽夸饰的自我指涉式语言的显现，那么在声色世界中完成"改"的过程则是自指式修辞说服力的证明。

我们可以从三个层面解析柯氏声色世界中审美的"改"。第一，语言从华丽夸饰改为节制。"令人窒息的漩涡般的词句在这里戛然而止，确切地说，是整个描绘模式都不见了，行文变得节制而冷静。"[②] 汉大赋结尾部分的语言改变明显：从内容上来说，声色的场景描绘变为冷静的说理；从文风上来说，华丽夸饰的声色修辞变为句式和用字都比较简明的节制风格。这样的语言风格的改变也是汉大赋文本的自指式语言。第二，表演从模仿荣耀改为理性。"枚乘的《七发》、司马相如的《天子游猎赋》，末尾部分也是一样，正如他们在前面的叙述里模仿性地再现了诸侯和天子宫廷文化的荣耀一样，两篇的结尾都通过一个戏剧化的美学转变，不仅表达而且表演了理性和节制的一面。……从泛滥的感官性突然转到节制和道德，它们正是'以色喻于礼'的体现和'自我指涉'的表演。"[③] 在感官世界创设后，表演并没有结束，而是融入"改"的过程。柯氏强调表演上的戏剧性转变，从之前模仿荣耀式的诵读表演转为理性节制的表演。表演的现场我们不得见，柯氏的判断基于文本形式风格的转变。包含转变的语言和表演也是汉大赋的风格，两者因其显现自身的风格都具有自我指涉性。同样，感官的声色世界变成节制的世界，包含改变的构建世界也体现出汉大赋的自我指涉性。第三，君王从愉悦奢侈改为圣君。"就文本的内在文学层面而言，只有经历过最奢侈的愉悦之后，只有通过这样一个过程，君主才回头彻底转变。……这篇文本所奏呈的天子也是一样的，他如今面对的是诗歌里的另一个自身。所以在赋里把天子改成一个圣君，面对着天子也是这样改的。"[④]文本中的君王对应于现实君王，两位君王都经历了声色世界的审美愉悦。

---

① 〔美〕柯马丁：《西汉美学与赋体的起源》，《着壁成绘》，第 6、9、17 页。
② 〔美〕柯马丁：《西汉美学与赋体的起源》，《着壁成绘》，第 8 页。
③ 〔美〕柯马丁：《西汉美学与赋体的起源》，《着壁成绘》，第 11～13 页。
④ 〔美〕柯马丁：《西汉美学与赋体的起源》，《着壁成绘》，第 13 页。

柯氏强调审美心理上的转变，文本中的君王的转变也导致现实君王的转变。声色世界参与现实世界，形成了实实在在的作用力。现实君王在声色世界中真真切切地体会到了奢侈的愉悦，进而跟着文本中的君王进入节制世界，审美心理上也成为圣君。自指式的修辞说服力体现为声色世界对现实君王的审美作用力。

四 个案解析

《天子游猎赋》极尽语言之能事，将自然风光、田猎场景、音乐美人、亭台楼阁等进行了繁复、铺排的描写。柯氏认为每部分的描写都是自指式声色世界的组成部分。《子虚赋》："于是郑女曼姬，被阿绨，揄纻缟，杂纤罗，垂雾縠；襞积褰绉，纡徐委曲，郁桡溪谷；衯衯裶裶，扬袘恤削，蜚纤垂髾；扶舆猗靡，噏呷萃蔡。下靡兰蕙，上拂羽盖。错翡翠之威蕤，缪绕玉绥；缥乎忽忽，若神仙之仿佛。"① 《上林赋》："于是乎游戏懈怠，置酒乎昊天之台，张乐乎胶葛之宇；撞千石之钟，立万石之虡；建翠华之旗，树灵鼍之鼓。奏陶唐氏之舞，听葛天氏之歌，千人唱，万人和，山陵为之震动，山谷为之荡波。巴俞宋蔡，淮南干遮，文成颠歌，族举递奏，金鼓迭起，铿枪铛鼚，洞心骇耳。"② 其中，"衯衯裶裶""忽忽"的叠字，"噏呷"的双声，"纡徐"的叠韵，"昊天之台""胶葛之宇"等夸饰语言，"扬袘恤削""胶葛"等僻词，"縠""谷"到"蔡""盖"的韵律转变，"巴""俞""宋""蔡"等地域音乐的罗列，"错翡翠之威蕤，缪绕玉绥"等的华丽描绘，以及整体的对话和辩论的设定，骈体的铺排，等等，这些都是汉大赋的语言特色，风格独特的艺术性语言是汉大赋对自身的显现，是自我指涉性的语言。自我指涉的语言也使得汉大赋的表演具有自我指涉性。声色的语言和表演构建了令人愉悦的感官世界。无论是衣摆飘飘的美人群像还是动人心弦的音乐演奏，两者都是声色世界的组成部分。接受者在观看或聆听中体验到音乐和美人等构建的声色世界的奢侈之美。篇末语言的感官铺陈陡然终止，转为朴素的道德教训。《天子游猎赋》中，天子在享受极致的狩猎、音乐、美色等之后，陡然转变，成为道德的典范。"于是酒中乐

---

① （汉）司马迁：《史记》，中华书局，1982，第 3011 页。
② （汉）司马迁：《史记》，第 3038 页。

醋，天子芒然而思，似若有亡。曰：'嗟乎，此泰奢侈！朕以览听余闲，无事弃日，顺天道以杀伐，时休息于此，恐后世靡丽，遂往而不反，非所以为继嗣创业垂统也。'"①"似若有亡""此泰奢侈"等语言不再华丽夸饰，变得简明扼要。极尽感官之能事的声色再现转变为理性和节制的说理。君王的形象从沉迷于声色的昏君变成"为继嗣创业垂统"的道德典范。欣赏《天子游猎赋》的汉武帝也在此过程中完成自身的审美体验，达到声色和礼法的平衡。

柯氏的解析遵循先秦儒家有关声色和道德礼法关系的观点。"最终，审美展示，特别是适合君主偏好的精致繁复的展示，其中对快乐的向往包含在礼仪中，那是滋养培植对声、色、气、味的感觉的手段，《荀子》里就很容易找到这样的证据。在这一语境中，不论是《关雎》、《大招》、汉赋，实际上所有诸如《诗经》的文学作品的表演，都受到了礼仪规范的引导，因而能够同时提供快乐与教导。"②可见，包括《荀子》"礼者养"的儒家说理，《国风》至汉大赋等具体篇章的创作，都体现出声色和道德礼法的沟通性。柯氏自我指涉式声色构建更是从审美体验角度完成了由色入礼的转变。

---

① （汉）司马迁：《史记》，第 3041 页。
② 〔美〕柯马丁：《西汉美学与赋体的起源》，《着壁成绘》，第 14 页。

中日韩美学交流 ◀

　　编者按："中日韩美学交流"是本刊的特色栏目，该栏目在刊发中日韩美学比较研究等方面论文的同时，也刊发日韩美学学者最新的研究成果以及日韩现代美学史上的重要论文，旨在为中国学者提供一个了解日韩美学学术发展动态的平台。

　　中日韩三国有着悠久的文化交往史。通过密切的文化艺术往来，东亚内部不仅形成了以汉字为主要书写语言的儒家文化圈，也在艺术方面形成了一套共通的审美准则。立足东亚的共同传统，促成美学的现代化转型，这是中日韩三国学者共同的使命与课题。本辑"中日韩美学交流"栏目的三位作者小田部胤久、朴商焕、青木孝夫教授分别从不同的侧面关注到了这一问题：小田部胤久讨论的是，"古典"概念在日本近代的变化与确立。从指代以四书五经为代表的中国古籍，到成为具有艺术样式史意义的综合性概念，"古典"概念的内涵变化，实则体现了日本文明在近代的走向。朴商焕以舞蹈为媒介，从艺术哲学的角度分析了韩国舞蹈的两次现代转型。青木孝夫通过对臧新明教授新著的评论，探讨了"写生"的两栖意义在近代的碰撞与融合。希望这三篇文章能够为我国学者思考相关问题提供一个可供借鉴的视角。

关于日本近代"古典"概念的成立[*]

〔日〕小田部胤久（著）[**]　和晓祎　郑子路（译）[***]

摘要："古典"是日本近代确立的学术概念之一。在近代以前，对于日本来说，它主要指以四书五经为代表的"中国古代圣贤的经典"。到了明治时期，它开始作为"classicus"的译名使用，成为一个包含记叙性、样式性和规范性意义的综合词语。在记叙性意义上，它主要被运用在"日本文学"的学科内部，用来指经过西方近代文献学转化的日本"国学"的研究对象；在样式性意义上，它主要是冈仓天心通过菲诺洛萨建立的，用在艺术史的历史分期上与"浪漫"相对；在规范性意义上，它主要是和辻哲郎通过凯倍尔建立的，用来表示超越历史价值之物。

关键词：古典　学术概念　日本美学

---

* 本文为江西省"双千计划"哲学社会科学领军人才（青年）项目"东方文化背景下的日本美学史建构"（项目编号：jxsq2019203041）阶段性成果。

** 小田部胤久（1958—），日本著名美学家，文学博士。东京大学教授，主要研究 18～19 世纪初的德语圈美学以及 20 世纪前半的日德美学交涉史。曾担任日本美学会会长、日本谢林协会会长、日本 18 世纪学会代表干事、国际美学联盟委员等职。著有《象征的美学》（东京大学出版会，1995）、《艺术的逆说：近代美学的成立》（东京大学出版会，2001）、《艺术的条件：近代美学的境界》（东京大学出版会，2006）、《西洋美学史》（东京大学出版会，2009）、《木村素卫——"表现爱"的美学》（讲坛社，2010）等。本文系小田部在魏玛古典学基金会（Klassik Stiftung Weimar）举办的"东亚文化中的古典概念"研讨会上的演讲，原载于东京大学美学艺术学研究室编《美学艺术学研究》第 36 卷，2018，第 171～190 页。

*** 和晓祎，云南艺术学院戏剧学院讲师；郑子路，江西师范大学美术学院讲师。

The Establishment of the Concept of
"Koten" in Modern Japan

Otabe Tanehisa　　Translated by He Xiaoyi，Zheng Zilu

Abstract："古典"（≈"Classical"）is one of the academic concepts established in Japan in modern times. Before the modern era, it referred to the "classics of the ancient Chinese sages" represented by The Four Books and The Five Classics. In the Meiji period, it began to be used as a translation of "classicus" and became a comprehensive term with descriptive, stylistic, and normative meanings. In the descriptive sense, it was mainly used within the discipline of "Japanese literature" to refer to the object of study of Japanese "national studies" transformed by Western modern literature; in the stylistic sense, it was mainly established by Okakura Tenshin through Finolosa and used in the historical staging of art history as opposed to "romance"; in the normative sense, it was mainly established by Watsuji Tetsuro through Koeber and used to denote something that transcends historical values.

Keywords：the Classical; Academic Conception; the Japanese Aesthetics

　　若问到，在日本历史上，何时属于古典主义？我们恐怕也和西欧各国的人民一样，无法轻易地回答这个问题。……在这个意义上，缺乏统一的古典意识，可以被视作日本的一种特殊性。从中，我们也可以寻找到，探求日本特性的线索。但这也是为什么，我们在确定什么是"日本特性"之时，从方法上强调观察整个历史脉络的必要性。

　　我们对于日本历史上哪一个时代属于古典主义，向来都比较暧昧。如果无法确立历史上的古典主义时代，那么则无法正确地面对传统。传统的价值，并非在于它是"传统"。它们中的一些事物在作为规范受到尊重的同时，另一些事物则应被作为糟粕遭到扬弃。将过去的某个时代作为古典再发现，这是出自创造性的精神，而并非什么怀古趣味。①

---

① 三木清：《日本性格与法西斯主义》（1936）、《知识阶层与传统问题》（1937），《三木清全集》第 13 卷，岩波书店，1967，第 244～245、337～339 页。

　　上述两段文字，出自 20 世纪 30 年代三木清（1897—1945）的两篇随笔。三木清对于日本历史上何时属于"古典主义"的追问，在今天仍然有效。他在提出这个问题时所做的关于"传统与创造"的思考，在今天也依旧值得探讨。并且，他探寻这个问题的时期，也暗示着我们，今天所讲的"古典"概念确立于 20 世纪 30 年代。[①]

　　在过去的二十几年里，日本文学领域对日本文学"正典化"（canon）的过程，进行了批判性的考察。白根治夫与铃木登美合著的《被创造的古典：正典的形成、国民性国家及日本文学》（1999）及品田悦一的《万叶集的发明：作为文化装置和国民性国家的典籍》（2001），是其中的代表作。特别是品田指出了，1890 年对于"古典复兴"来说，是具有划时代意义的一年。[②] 在这一年，全 24 册的《日本文学全书》（博文馆，1890—1891）、全 12 卷的《日本歌学全书》（博文馆，1890—1891）、芳贺矢一（1867—1927）的《国文学读本》（富山房，1890），以及落合直文与小中村义象的《中等教育日本文典全》（博文馆，1890）相继出版。从今天的角度来看，确实可以说它们展现了古典复兴的精神。也正是在这一年，三上参次与高津锹三郎在金港堂出版了被认作日本首部的日本文学史。但当人们翻阅这些书籍时，或许会对其中并没有使用"古典"一词而感到奇怪。例如，在《日本文学全书发行广告》中，今天被称为"日本古典"的著作，被冠以的名称竟然是"古代的名文"[③]。而且，当品田在谈到"古典复兴"时，他沿袭的也是长谷川如是闲（1875—1969）和土岐善麿（1885—1980）在题为"古典与现代"的座谈会（1938）上的谈话。

　　　　土岐："那时正值明治时期的古典主义复兴期吧。"

　　　　长谷川："那是一个所谓的'保护国粹'盛兴的时代，博文馆在那个时候对古典进行了复刻。"[④]

---

①　另，三木清在他写于 1934 年的《对古典复兴的反思》一文中提到："几年来，这个国家一直有一种古典复兴的感觉。"（《三木清全集》第 19 卷，岩波书店，1968，第 640 页）所以，我们可以认为"古典"的概念在 1930 年左右就已确立。

②　品田悦一：《万叶集的发明：作为文化装置和国民性国家的典籍》，新曜社，2001，第 60 ~ 72 页。

③　高槻纯之助：《商业作文》，博文堂，1891，第 65 页。

④　《"古典与现代"座谈会》，《短歌研究》1939 年 1 月号，引自品田悦一《万叶集的发明：作为文化装置和国民性国家的典籍》，第 57 页。

与 1890 年还只有五岁的土岐相比，年长十岁的长谷川应该对"古典复兴"有着亲身的体会，但直到 1938 年发表《古典在日本的复兴》一文，他才首次将"古典"的概念放入作品的标题。[1] 如此看来，恐怕土岐和长谷川是在 30 年代末"古典复兴（运动）"的推动下，才从 19 世纪 90 年代的文艺运动中解读出了"古典复兴"的意味。值得一提的是，我们可以从《旧制中学校教授要目》的变化中看出，"古典"一词的现代意义是在 20 世纪 30 年代才得以确立的。据八木雄一郎的研究，《旧制中学校教授要目》共经历五次修订（1902 年、1911 年、1931 年、1937 年、1943 年），虽然"古典"的用法在 1937 年的修订中就已得到了认可，但在教学内容中将其明确为"作为古典的国文和汉文"，却是在 1943 年。[2]

为了弥补这一不足，本文将聚焦于"古典"一词的历史变迁，旨在阐明这个词在何种语境下，发生了哪些意义上的变化。具体来说，主要选取并加以考察的是，19 世纪 80 年代至 20 世纪 20 年代哲学著作中"古典"一词的使用变化。然而，由于资料数量过于庞大，本文将基于一定的标准进行甄别取舍。正如池田龟鉴（1896—1956）在《如何阅读经典》（1952）中所说，在近代以前"古典"一词主要指以四书五经为代表的"中国古代圣贤的经典"，"到了明治初期……，开始作为从拉丁语'classicus'中派生出的词语的译文被加以使用"[3]。含有"classic"意味的"古典"概念，不仅包含中国和西方作品，也开始朝着将日本的作品包含在内的方向变化发展。因此，对于本文来说，在追溯"古典"概念流变时，还必须厘清每个论者在使用"古典"这个词时，借鉴了哪些西欧的资料，与哪些价值观发生了联结，又是在怎样的历史背景下使用的？并且在讨论时，也有必要将"古典"这个词分为记叙性、样式性和规范性意义（乃至是用法）等三个维度加以考察区分。

第一层记叙性意义，是指与口语体相对的书面体文本。"古典"的记叙性意义，主要是在"日本文学"的学科内部得以确立的。关于这一点的探

---

[1] 长谷川如是闲：《古典在日本的复兴》，《文学·特辑"古典的现代意义"》1938 年 10 月号。

[2] 八木雄一郎：《关于国语教育史上"古典"概念的确立时期的考察——从国民科国语课程中的"作为古典的国语"回溯》，《筑波大学人类综合科学研究科教育先行学校教育学研究纪要》2010 年第 3 号，第 102 页。

[3] 例如，在 1892 年出版的《英日词典》中，岛田丰将"classic"解释为"虽然用来指代希腊及罗马人的著作，但有时也指他人或现在杰出的作品"。参见池田龟鉴《古典学入门》岩波文库版，岩波书店，1991，第 17、21 页。

讨，主要是实证的、文献学性质的，与"古典"一词的解释关系不大，所以本文的第一节将简要地谈及此事；而当其与"浪漫"对比时，则是在第二层意义，即样式性意义上被使用。第二层样式性意义，是由冈仓觉三（天心）（1863—1913）通过"御雇外国人"菲诺洛萨（Ernest Francisco Fenollosa，1853—1908）建立的。本文的第二节将主要探讨艺术史学领域内"古典"概念的确立。最后，当其被用来指具有超越历史价值之物时，它则具备了规范性意义。第三层规范性意义，则同样是由年轻的和辻哲郎（1889—1960）通过"御雇外国人"凯倍尔（Rapheal von Koeber，1848—1923）建立起来的。本文第三节将主要通过分析和辻哲学性的艺术史论文《古寺巡礼》中"古典"一词的使用，来说明这个词的规范性用法是在何种思想背景下形成的。当然，由于这三层含义密切相关，以至于在有些情况下，并不能很好地将其区分开。但原则上，对其进行区分是可能的，也是必要的。

一 记叙性意义上的用法

创建于 1877 年的东京大学，最初十分重视西方的学术。1881 年加藤弘之（1836—1916）成为第一任大学"综理"后，日本及东方的学术也成为关注的重点。在加藤的倡议下，东京大学于 1882 年设立了"古典讲习科"。也正是在这个时候，"古典"一词被导入大学的体系之中。然而，"古典"一词，似乎并未被广泛地使用。国学家小中村清矩（1822—1895）在为"国书科（甲部）"写的《开学演讲稿》（1882 年 9 月）中，谈到"古典讲习科"时，只用了一次"朝廷的古典"这样的表达，其他时候则是用"旧典""旧传说""古书""国典""古事典故"等。① 1883 年，东京大学开设了"汉书科（乙部）"。在同年 4 月中村正直（敬宇）发表的《古典讲习乙部开课演讲》中，除了"古典讲习科"这个名称外，并未用到"古典"一词。②

那么，"古典"一词是何时在日本文学领域内得到普遍使用的？藤冈作太郎（1870—1910）的《国文学史讲话》可以看作一个指标。据了解，东

---

① 小中村清矩：《阳春卢杂考》第 8 卷，吉田半七发行，1898，第 1~9 页。
② 中村正直：《敬宇中村先生演说集》，松井忠兵卫发行，1888。

京大学教授芳贺矢一去德国留学时，藤冈曾代替他在 1900 年就任助理教授，并讲授日本文学史。对比芳贺的《国文学史十讲》，藤冈在《日本文学史讲义》中使用的"古典"概念有着明显的不同。关于 1881 年至 1882 年左右的学术情况，芳贺指出"正是在这一时期，古典学科建立了。菲诺洛萨倡导日本艺术的价值，也是在这一时期"①。但在自己的语言体系中，他并没有使用过"古典"一词。然而，在藤冈的《国文学史讲话》中，很多重要的地方均出现了"古典"甚至是"古典学"的表述。例如，"比起佛教经典，契冲更喜欢研读古典文献（特别是关于假名的研究）"②"上田秋成在晚年潜心研究古典……，十分仰慕贺茂真渊""从井上毅担任教育部长并鼓励国语教育开始，我国的古典研究突然兴起，国粹保护主义逐渐盖过了西方崇拜思想""时机已经成熟，以日本文学全书为始，大量关于古典的作品陆续出版，不仅打开了奈良平安文学的宝库，近代文学的研究也就此开启"③ 等。可以说，"古典"或"古典之学"的表述是作为"古学"或"国学"等传统术语的替代词出现的。另外值得一提的是，藤冈在 1894 年誊抄了冈仓天心于 1890 年至 1892 年在东京美术学校时的美术史讲义（将在第二节具体讨论），对于近代美术史的方法也有很深的造诣。

那么，伴随着"古学"或"国学"的近代化而建立起来的"古典学"，其内在性质究竟是什么？关于这一点，可参考东京大学国语学教授保科孝一（1872—1955）在 1910 年出版的《国语学精义》。在第一部分第二章"国语学与古典学的关系"中，保科区分了"语言学"与"古典学"的研究，即语言学主要研究"语言的建立、起源及历史的发展"，而文献学则主要属于"国民思想的研究"。因此，在他看来，"我国的古典学不应仅仅停留在阐述古代人文科学的发展上，而是应该更进一步，将发扬国体的精华作为一大重要理想"④。作为其论点的支撑，保科用自由的方式，引用了对印度学做出巨大贡献的本菲（Theodor Benfey，1809—1881）的《德国语言学和东方文献学史》（*Geschichte der Sprachwissenschaft und orientalischen Philologie in Deutschland*，1869）。在这本书中，保科将"古典学"视作"Philologie"或"klassische Philologie"的译语。虽然身为国语学者的保科，与日本

---

① 芳贺矢一：《国文学史十讲》，富山房，1899，第 261 页。
② 藤冈作太郎：《国文学史讲话》，东京开诚馆，1908，第 312 页。
③ 藤冈作太郎：《国文学史讲话》，第 312、368、430 页。
④ 保科孝一：《国语学精义》，同文馆，1910，第 141、15 页。

的古典学研究尚存一定的距离，但他的这些论述可以说是点明了当时"古典学"的内在性质。

从以上简单的考察中，我们可以得出以下结论：在日本文学领域，传统的"古学"乃至是"国学"，通过欧洲传入的"古典文献学"形成了近代化的"古典学"，它所研究对象正是"古典"。[①]

二 样式性意义上的用法

第二层样式性意义上乃至样式史性质的用法，是由冈仓觉三确立的。他依据黑格尔的美学观点，将艺术史分为"象征主义""古典主义""浪漫主义"三个阶段动态地进行把握。[②] 为了凸显冈仓论述的特点，下文将一边与对他产生了很大影响的菲诺洛萨进行比较，一边追溯冈仓的样式（史）用法的形成过程。这也是因为冈仓多次担任菲诺洛萨讲座的翻译，非常熟悉他的立场。

菲诺洛萨对"古典"并不抱有尊崇的态度。例如他在第一次旅日时（1878～1890 年）所做的演讲"西方及日本的艺术"中，曾谈道"仰慕旧事物的弊端在于它扼杀了今天出现的新的大家"[③]。又或是，因冈仓的翻译而为人所熟知的他在东京美术学校的美学讲义（1890）中，也反复主张"美术原本就是自由的产物，如果陷入坚守某一学派的弊端之中，就无法产生杰作"。菲诺洛萨指出了教派固化的弊端，解释了"创意的新机制"的必要性。但这并非对传统的否定。在他看来，我们不应抛弃"老办法"或"过去的美术"，而是应该"向它们学习"，同时"发挥新意，使之进步"。[④]在菲诺洛萨的演讲和讲义的译本中，均未见"古典"或"古典主义"的表述。虽然菲诺洛萨的手稿未能留存下来，我们无法确定他本人是否使用过"classic"一词。但不管怎么说，可以肯定的是，他并非所谓的古典主义者。

---

① 高山樗牛的友人笹川临风（1870—1949），在高山去世后致力于高山全集的出版。笹川在纪念高山去世三周年（1904）时发表了主题为"文艺复兴与古典研究"的演讲（收录于《如何撰写评论文》，勉强堂，1909），演讲中的"古典"包含有"拉丁希腊的古典"（第45 页）、日本的"儒家"书籍（第40 页）、"日本历史"、"神道"、"中国的学问"、"佛典"（第41 页）等。这可以被看作记叙性意义用法的典型例子。

② 隈元谦次郎等编《冈仓天心全集》第4卷，平凡社，1980，第267页。

③ 山口静一：《菲诺洛萨艺术论集》，中央公论美术出版，1988，第167页。

④ 隈元谦次郎等编《冈仓天心全集》第8卷，平凡社，1981，第471、475、474页。

　　菲诺洛萨于 1896 年再次来日，并于 1898 年在东京高等师范学校开展了关于文艺理论的教学。从讲义的性质上看，菲诺洛萨的授课内容不大可能会产生广泛的影响，但值得注意的是，它明确地表明了菲诺洛萨对"古典主义"的看法（由于其英文讲义的草稿已经公刊，我们可以直接确认菲诺洛萨本人的用词）。在他看来，"西方的文学和理论不幸地被过去的传统，即古代的古典文学（ancient classic Literatures），特别是希腊的典范所支配，其中部分还直接隶属于其源流"。菲诺洛萨在指出古典主义的问题的同时坦言道："就连从对古典主义范式的反叛中产生的、最近被唤作浪漫主义（Romanticism）的事物之中，由于其所具有的反叛的负面（消极）的性质，所以也被狭隘地限制住了，并被禁锢于一种从属于其前辈（即古典主义）的地位。"① 换言之，菲诺洛萨在批判古典主义的同时，也反过来批评浪漫主义因反叛而带来的局限性。他之所以说"如今西方的文学是混乱的，尽管它抗议古典（the classic）"，正是因为他认为浪漫主义文学对古典文学的抗议本身虽是正当的，但它在坚持"抽象的主观性（abstract subjectivity）"这一点上是不充分的。"我们必须更加深入到客观性与主观性合一的状态之中。从真正的、综合的意义上讲，这是逻辑学问题。但艺术逻辑的秘密就在于，它能存在于二者的和谐的统一之中。"② 而且根据菲诺洛萨的说法，真正意义上的"和谐"意味着达到"超越区分主客观的存在的阶段"。这既是"黑格尔体系下的逻辑学（Logic, in the Hegelian sense）"的立场，同样也是中国"易"学所主张的立场。③

　　虽然菲诺洛萨思想中的黑格尔主义成分经常为学者们所提及，但就美学而言，却并不能说他受到了来自黑格尔美学理论——包括对冈仓非常重要的"象征—古典—浪漫"的发展史图式）——的影响。由于无法阅读德语，菲诺洛萨不得不依靠英译本了解黑格尔的思想。但直到 1866 年，黑格尔《美学》中的"序论"部分，才由鲍桑葵（Bernard Bosanquet, 1848—1923）翻译成英文。④ 所以，菲诺洛萨——至少在他第一次旅日时——并没

---

① 村形明子：《菲诺洛萨的〈文学真说〉——哈佛大学霍顿图书馆藏遗稿二》，《英国文学评论》第 41 卷，1979，第 79 页。

② 村形明子：《菲诺洛萨的〈文学真说〉——哈佛大学霍顿图书馆藏遗稿二》，《英国文学评论》第 41 卷，第 162 页。

③ 村形明子：《菲诺洛萨的〈文学真说〉——哈佛大学霍顿图书馆藏遗稿二》，《英国文学评论》第 41 卷，第 136 页。

④ Bernard Bosanquet, *The Introduction to Hegel's Philosophy of Fine Art*, London, 1886.

能用其进行参考。虽然有研究表明，菲诺洛萨于 1896 年再度来日时，已经研究了华莱士（1843—1897）的《黑格尔的逻辑》（1873），即所谓的《小逻辑》的英译本。① 但很显然，他只对黑格尔的逻辑学感兴趣。这一点，在他 1898 年关于文论的讲义中也可以看到。例如，华莱士的黑格尔《小逻辑》英译本（第 24 节附录）中的以下段落——"逻辑的原则一般必须在思想范畴的体系中去寻求。在这个思想范畴的体系里，普通意义下的主观与客观的对立是消除了的"② 被菲诺洛萨化作"艺术的逻辑"应用到了自身的艺术理论之中，而并非黑格尔的美学理论本身。并且，在他于 1906 年倾力撰写、1912 年作为遗作公刊、1921 年经由贺长雄日译翻译出版的《东亚美术史纲》（*Epoches of Chinese and Japanese Art*）一书中，菲诺洛萨虽然多次在积极的意义上使用了"浪漫"一词，不免让人预想到冈仓的术语选择，但却并没有像黑格尔那样，在与"象征"或"古典"的对比之中使用。在这一点上，他与冈仓有着根本的不同。

1890 年菲诺洛萨回到美国后，冈仓接手了他在东京美术学校的课程，于 1890 年至 1892 年间讲授日本美术史和西方美术史。此时的冈仓，已经参考了吕普克《美术史纲》（*Grundriß der Kunstgeschichte*）的英译本③、上述鲍桑葵的《黑格尔艺术哲学导论》（1866，包括黑格尔《美学讲义》导论的英译本）。从他将日本美术按照西方美术的发展，分为古代、中世和近世三个阶段的体系中，可以看到来自吕普克和黑格尔的影响。但从他留下的讲义笔记中，却并没有发现对"古典""浪漫"等术语的运用。

与此相对，在用英语写就的一系列书籍中，他全面地使用了黑格尔的图式。例如，在《东方的理想》（*The Ideals of the East*，1903）中，冈仓提到了"象征—古典—浪漫"的"三阶段说"，并评价道："欧洲学者喜欢用这三个词来区分艺术过去的发展阶段，也许不那么准确，但却暗藏着一个

① Lawrence W. Chisolm, Fenolossa, *The Far Eastand American Culture*, NewYork and London, 1963, pp. 27 - 28. Cf. 高藤大樹「フェノロサの美術史構想における一源泉——フェノロサのヘーゲル理解に関する一考察」『Lotus』（日本フェノロサ学会機関誌）32（2012）p. 29.

② William Wallace, *The Logic of Hegel Translated from the Encyclopaedia of the Philosophical Sciences*, Second Edition, Oxford, 1902, p. 46. 另，此处中文译文参考了贺麟先生译本（《小逻辑》，商务印书馆，2011）。

③ Wilhelm Lübke, *Outlines of the History of Art*, A New Translation from the Seventh German Edition, edited by Clarence Cook, New York, 1888.

不可回避的真理，即生活和进步的基本法则不仅存在于整个艺术史之中，也是每个艺术家及其流派出现和成长的根本。"① 在"象征主义"阶段，"物质乃至物质形式的法则在艺术中主导着精神"，这在东亚相当于唐朝和奈良时代以前的艺术；在"古典主义"阶段，"美被视作物质与精神统一的产物（beauty is sought as the union of spirit and matter）"，这在东亚相当于唐朝和奈良时代的艺术；在"浪漫主义"阶段，"精神战胜了物质"，这在东亚相当于宋朝和室町时代之后的艺术。冈仓认为，"日本的艺术，从足利大师的时代（室町时代）开始，虽然在丰臣（秀吉）和德川时代稍有堕落，但完全是忠实于东方的浪漫主义理想（the Oriental Romanstic ideal），即将精神的表达作为艺术的最高奋斗目标"②。从整体上看，冈仓基本是一个浪漫主义者，比起儒家的共同主义（communism），他标榜的是老庄的个人主义的立场。③

在用英文写就的《茶之书》（1906）中，冈仓则提出了一个"古典—浪漫—自然主义"的新图式。在这个新图式中，古典主义和浪漫主义阶段之间的时代划分并未改变，《东方的理想》中所提及的德川时代的堕落则被视作自然主义的阶段。所以从总体上看，冈仓关于"古典主义"和"浪漫主义"的基本观点并没有发生改变。④ 1910 年 4 月至 6 月，冈仓在东京大学讲授了一门名为"东亚巧艺史"的课程。⑤ 在课程讲义中，冈仓对黑格尔的图

---

① Okakura Kakuzo, *Collected English Writings*, ed. by Sunao Nakamura, Tokyo, 1984, vol. 1, p. 93.

② Okakura Kakuzo, *Collected English Writings*, ed. by Sunao Nakamura, Tokyo, 1984, vol. 1, p. 95.

③ Okakura Kakuzo, *Collected English Writings*, ed. by Sunao Nakamura, Tokyo, 1984, vol. 1, p. 94.

④ 1904 年，冈仓用英文写了一本名为《日本的觉醒》的书，其中"古典"的三种用法均有运用：当冈仓说"classisism 是 romanticist efforts 的敌人"（vol. I，p. 195），以及他将"唐代的泛神论和调和论"与"宋代的浪漫主义和个人主义"（p. 250）进行对比时，他遵循了风格样式的用法；当他说"中国和印度的古典文明"可与希腊罗马文明相媲美（p. 178 f.），以及当他称明治维新是"东洋的古典主义理想"的复兴时（p. 240），我们可以读出规范性含义；当冈仓谈到"我们的古典文学"（our classic literature）（p. 245）时，他还提到了大量的女性作家，这与作为记叙性概念的"古典"是相吻合的。并且，冈仓还将儒家的"古学"（以山鹿素行等人为代表）译为"School of Classic Learning"（p. 204），将"国学派"译为"Historical School"（p. 209），这便表明冈仓是持有儒家的经典才是"古典"这一传统认识的。

⑤ 关于本次课程，冈仓留下了许多自己的笔记，并且还基于听讲学生的笔记编撰和出版了讲座记录。另外，值得一提的是，下节将要讨论的和辻哲郎也选修了这门课程。

式进行了如下批评：

> 不仅是艺术史，划分时期就像把一个人的躯干从中间切开，鲜血淋漓却无法分割干净。……像黑格尔那样，把艺术划分为象征、古典和浪漫的三个阶段，就好像在说世界就此终结一样，没有益处。然而对于艺术来说，任何的倾向都可能在同一时期并存。①

在冈仓自己的备忘录中，也记录着"向来分类的弊病/一例 一、象征 古典 浪漫"等话语，明显地表明了他对于黑格尔三分法的不满。虽说如此，但他还是将美术区分为"东亚三大时期：古代、中世和近世/汉式、唐式和宋式"，并在这三个时期中高度评价"宋代的文艺"。② 在这一点上，冈仓从 1890 年开设日本艺术史课程以来，始终是一致的。因此，与其说冈仓批评的是将时代划分为三个阶段的发展方式本身，倒不如说他针对的是这种将每个时期截然分开的时代区分法的结果，即每个时期内风格多层性的丧失。

那么，冈仓将黑格尔图式应用到包含日本在内的东亚的美术发展之中，究竟具有何种意义？众所周知，黑格尔将东方的美术定义为"象征性的艺术形式"，并将其历史性地置于希腊之前。在这一点上，吕普克的美术史构想亦是如此。

> 在东方广袤的土地上，我们看到了一幅陌生的文明形态。这主要是因为它们受到大江大河的影响，因此显现出忍耐力极强的不动性和不变性。但只要一踏上欧洲大陆，呈现在眼前的则是一个充满了活力和生动的历史生命的世界。在这样的世界里，我们立刻就能获得归乡般的情感。③

换言之，在吕普克看来，狭义的"美术史"只有在"欧洲大陆"这个"家"中才能成立。针对这种东方观，冈仓的观点是，东方也有一个能与之

---

① 隈元谦次郎等编《冈仓天心全集》第 4 卷，第 334 页。
② 隈元谦次郎等编《冈仓天心全集》第 4 卷，第 334 页。
③ Wilhelm Lübke, *Outlines of the History of Art*, A New Translation from the Seventh German Edition, edited by Clarence Cook. New York, 1888. vol. 1, p. 94.

媲美的古典主义阶段，甚至在浪漫主义阶段，东方还早于或优于西方。① 冈仓之所以指出东亚美术中也存在着"古典主义"乃至是"浪漫主义"阶段，正是源于他对黑格尔立场的批评，即将美术的"古典"及历史看成西方所特有的产物。

三 规范性意义上的用法

最后，让我们对"古典"一词规范性意义上的用法的建立过程，加以考察。19 世纪末 20 世纪初，在确立"古典"的规范性价值方面，大概无人能比凯倍尔更有影响力。凯倍尔是俄裔德国人，曾在莫斯科音乐学院跟随柴可夫斯基（Pyotr Ilyich Tchaikovsky，1840—1893）和鲁宾斯坦（Nikolay Rubinstein，1835—1881）学习，后转入德国的耶拿大学，师从鲁道夫（Rudolf Christoph Eucken，1846—1926）学习哲学。1893 年在哈特曼（Eduard Hartmann，1842—1906）的举荐下来到日本，于东京大学教授哲学和美学，于东京音乐学校教授钢琴，直至 1914 年。在 19 世纪末 20 世纪初，他被许多日本知识分子和文化人士尊称为"凯倍尔先生"。据西田几多郎（1870—1945）回忆，凯倍尔在东京大学讲课时，强调西方古典知识的重要性，大力宣扬"不懂古典语言而试图理解西方哲学是轻率的"②。另外，和辻哲郎也曾谈道："先生身上展现了丰厚的德国古典时代的教养，但更进一步看，在他人生艺术的根基中贯穿的是希腊哲学家的风范。"③ 通过再现德国或古希腊的古典精神，让生活本身成为艺术，这是和辻对凯倍尔的评价。

那么，凯倍尔自身是如何看待"古典"的？由于他个人的作品极少，我们无法从他在东京大学的哲学、哲学史以及美学的讲义中，寻找到他关

---

① 这在东京美术学校的"日本美术史"和东京大学的"东亚巧艺史"讲义中尤为明显。例如，"东亚巧艺史"中说："唐式可以说是与希腊、意大利式相对照的，但宋式风格则是一种与西方思想毫无共通之处的艺术。"参见限元谦次郎等编《冈仓天心全集》第 4 卷，第 308 页。另可参见该书第 109 页。

② 西田几多郎：《追忆凯倍尔先生》（1923），《西田几多郎全集》第 11 卷，岩波书店，2005，第 232 页。

③ 和辻哲郎：《凯倍尔先生》（1923），《和辻哲郎全集》第 6 卷，岩波书店，1991，第 26 ~ 27 页。

于"古典"的论述。① 然而，在他从东京大学退休后为岩波书店发行的杂志《思想》提供的散文中，我们能找到一些他在东京大学任职期间可能与学生讨论过的观点（这些文章后来以《小品集》《续小品集》《再续小品集》的形式出版，德文版也曾在日本出版）。

凯倍尔是一位喜爱让·保尔（Jean Paul，1763—1825）、霍夫曼（Ernst Theodor Amadeus Hoffmann，1776—1822）、艾兴多夫（Joseph von Eichendorff，1788—1857）等人的浪漫主义者。他在散文《什么是浪漫主义》（《思想》1917 年 8 月号）中，概念性地阐述了"浪漫主义"，并赋予其"接受了'无限'观念的危险礼物"的特质。以这种方式来看，"浪漫主义"就不再是某个特定时期所特有的，而是与动物相区别，植根于人类本性的。因此，凯倍尔甚至声称"苏格拉底和柏拉图，以及新柏拉图主义学派，都是……浪漫主义者"。那么，"古典主义"又是什么？乍一看它似乎是"浪漫主义的对立面"，但实际上它意味着"典型"（das Mustergiltige［sic］），"浪漫主义同时也可以是典型"②。这种将"浪漫主义"和"古典主义"综合起来的凯倍尔的用法，强调将样式史的观点与规范性联结起来。

尽管长年居住在日本的凯倍尔对日本文化完全没有兴趣，但他关于"古典"的规范性看法，却对那个时代的美学乃至哲学性的日本文化论产生了很大影响。这一点，我们可以从以《古寺巡礼》为代表的年轻的和辻哲郎的思想中得到验证。学生时代的和辻，曾在 1910 年，选修了冈仓天心的"东亚巧艺史"课程，在撰写《古寺巡礼》时也曾参考还未公刊的《东亚美术史纲》，与上文所考察的各位理论家的言论有着千丝万缕的联系。

《古寺巡礼》是一本以 1917 年和辻在奈良的旅行体验为主题的游记。③ 在书中，他自由地讨论了定都于奈良的 7 世纪至 8 世纪的日本美术，并称其为"古典主义"。这主要有两个原因：首先，这一时期的美术受到初唐的强烈影响，并通过犍陀罗的佛教艺术，与希腊的古典美术相联结。和辻以

---

① 值得注意的是，在他的"美学和艺术史讲义"中，在讨论康德的天才论时，凯倍尔用"classicality"一词来指称康德的想法，即"天才的产出是其他艺术家的范式（example）"（*Lectures on Aesthetics and History of Art*，Tokyo，p. 23）。可以说，凯倍尔后来对"古典性"的思考在这里得到了凝练。

② 久保勉译：《凯倍尔博士小品集》，岩波书店，1919，第 251、257~258 页。

③ 现今使用最广泛的《古寺巡礼》的版本为 1946 年的改订版，收录载全集之中。初版与改订版差异较大，故此处引的是 1919 年的初版。

药师寺的圣观音像为例，认为"圣观音的古典力量"是"印度（父）和希腊（母）结合后所诞下的全新的生命"。在这里，对于"古典"的使用虽然仍旧是样式意义上的，但对于希腊美术在东方生出了佛教美术，在西方生出了基督教美术的论述，却具有了一种世界性的视角。其次，和辻赋予 7 世纪至 8 世纪的美术某种规范性。在他看来，法隆寺金堂壁画是"东方绘画的顶峰"。他在称赞其"在无拘无束的挥洒中充溢着古典的力量"①的同时，谴责后来的艺术家们因无法理解这幅画的古典性，而陷入描线游戏之中。

> 现在，这种具有强大的古典力量的艺术，需要成为我们艺术的正统。我们必须要通过这只（阿弥陀佛的）"手"的精神，在线画中开辟出一条新路。对那只手，特别是那只左手的热情爱恋，同样也构成了一种对现代日本绘画的谴责之心。②

和辻所寻找到的日本文化的"古典"，并非一般所谓的"原日本"的时代。对他来说，无论是摆脱了中国的影响并创造出日本式文化的平安中后期的"国风文化"，还是在闭关锁国的状态下孕育出的北斋的"町人文化"，都不足冠以"古典"之名。相反，在中国和朝鲜半岛的深刻的影响下，身处源于希腊的"世界潮流"③之中的、作为国际都市蓬勃发展的奈良的艺术，才值得称为"古典"。这种"古典观"的产生，正是源于他对当时身处的时代的看法，即通过将其置入——各种文化以不同方式交融的——"世界潮流"之中，而达到振兴的目的。换言之，这种重新发现 7 世纪至 8 世纪日本古代美术所蕴藏的古希腊的古典理念的做法，在和辻那里，就等同于当时的时代主题——提升近代日本文化在世界的地位。

最后，让我们重新回到本文开头所引用的三木清的文字。和辻在 20 世纪 10 年代末的言论与三木清在 30 年代中期的言论，存在着相当大的差距，特别是不能忘记 30 年代中期有关"日本特性"的讨论甚嚣尘上的社会背

---

① 和辻哲郎：《古寺巡礼》，岩波书店，1919，第 305、306 页。

② 和辻哲郎：《古寺巡礼》，第 307 页。

③ 和辻哲郎：《被埋藏的艺术品》（1918），《和辻哲郎全集》第 22 卷，岩波书店，1991，第 6 页。有关这一点可以参阅拙作（《〈世界性的潮流〉中的日本艺术——对和辻哲郎〈古寺巡礼〉的文明论之思考》，《文明与哲学》第 2 卷，2009，第 74～86 页）。

景。而且，我们也不能说在"何为古典时期"的讨论上，和辻与三木达成了一致。但和辻的某些基本论点，却成为三木议论这个话题的先决条件。这是因为三木清所说的"将过去的某个时代作为古典再发现，这是出自创造性的精神"，在和辻的论述中也曾明确地表露过。而和辻乃至三木的这种洞察，在今天也依然是妥当的。

韩国传统舞蹈的现代转型

——传统与现代的双重意义

〔韩〕朴商焕（著）[*]   杨 硕（通讯作者）   刘 铭（译）^{**}

　　摘要：在近代韩国社会，自 20 世纪 10 年代开始从宫中艺人传统舞蹈表演过渡到都市近代剧场空间表演的变化，可视为传统舞蹈现代化过程中取得的成就。20 年代以后，传统舞蹈被边缘化为艺伎舞蹈。在社会的呼吁下，20 年代至 30 年代以崔承喜（1911—1967）为代表的新舞蹈，将西方舞蹈和传统舞蹈融合，成功实现传统舞蹈的现代化。舞蹈作为一种艺术媒介被分为舞伎舞和艺术舞，前者与妓院文化有关，处于边缘地位；后者则是韩国、朝鲜和中国延边现代传统舞蹈的基本模式。本文从分析传统舞蹈内在发展的意义及局限性和从艺术哲学的角度分析新舞蹈在公共空间中的影响力两个方面，考察 20 世纪初韩国传统舞蹈的现代转型过程。

　　关键词：传统舞蹈　近代舞蹈　新舞蹈　形式　身体

Modern Transformation of Korean Traditional Dance: the Double Meaning of Tradition and Modernity

Park Sang-hwan   Translated by Yang Shuo, Liu Ming

　　Abstract: In modern Korean society, traditional dance performances in

---

* 朴商焕，鲁迅美术学院特聘教授、韩国成均馆大学东洋哲学系教授。
** 杨硕，鲁迅美术学院副教授；刘铭，鲁迅美术学院。

the 1910s can be understood as a certain achievement in the modernization process of traditional dance, but after the 20s, traditional dance traditional dances have been marginalized in the form of gisaeng (Korean geisha) dance. Meanwhile, the new dance, represented by Choi Seunghee (1911—1967) in the 20s and 30s, is successful in modernizing a kind of traditional dance by combining Western dance and traditional dance in the midst of social response. Dance with the same body as an artistic medium is differentiated into gisaeng dance and art dance. While the former is connected with brothel culture and marginalized, the latter has served as an important basic model of modern traditional dance in South Korea, North Korea and the Korean autonomous regions of China. This article examines the modern transformation process of Korean traditional dance, which took place in the early 20th century, in two aspects. First, we analyze the meaning and limitations of the inner development of traditional dance. The other aspect is analyzed from an artistic philosophy point of view that the impact of new dances in public spaces.

Keywords: Traditional Dance; Modern Dance; New Dance; Form; Body

一　提出问题

本文从两个方面入手，考察了 20 世纪初韩国传统舞蹈的现代性转变过程。第一，将宫廷舞蹈的典型化解释为一种现代性的表现，并考察其双重性（"现代性的悖论"）。第二，在文明开化的时代条件下发展的舞蹈变用（艺妓舞蹈和新舞蹈），从社会对身体约束性质的变化方面进行分析。

传统舞蹈的创造源头可以追溯到 20 世纪 10 年代，由艺妓将宫廷舞蹈和民俗舞蹈融合而成。20 年代至 30 年代发展的新舞蹈是西方舞蹈的韩国化，也是传统舞蹈的创新，在此过程中暴露出传统和文明的关系引发的尖锐矛盾。传统舞蹈被社会贬低并艺妓化，那些接受西欧舞蹈形式的新舞蹈被大众所肯定。两者虽然同样都是由身体作为艺术表现的媒介，但是身份却被分为艺妓和艺术家，其原因是什么呢？

追溯其原因，首先了解到的就是时代条件，当时社会将日本和西欧传来的新式文化视为文明化，西欧传入的舞蹈与那些通过表演传承艺术的人身份不同，存在与既得权力出身、新式教育和海外留学艺术家之间的社会差别，以及期待通过高级文化提高身份地位的普通观众的默许同意，在当时文明化的时代要求框架下发挥了作用，这是众所周知的事实。但是仅凭当时想要接受西欧文化的社会条件即现代化理论和日本帝国主义殖民统治的外在条件，要充分说明其矛盾是很难的。在朝鲜时代发展的舞蹈逻辑本身也保有一定的内在原因，某种内在原因制约了传承下来的舞蹈向现代化道路发展。

本文从基于礼乐思想的艺术规范过程中寻找其理由。世宗、成宗或英正时代整改的性理学式社会和文化的规制化以及伦理的强大实体化具有双重意义。绝对王政成功树立的合理性，其特点是提供人类对事物进展认识的可预测性。用韦伯的方式来表示，这是现代性的一种积极因素。但现代性同时蕴含着因形式过度制约个人自由空间发展的消极因素。这种现代性的悖论被称为韦伯的"铁笼现象"。在这里，我们试图对现代性做出超出一般判断的不同解释，即拓展现代解读的视野，而不是在同一背景下否定现代社会和资本主义的普遍观点。虽然是悖论式的表现，但是我想分析的是全社会（非资本主义社会）的内在现代性，从艺术哲学的角度来看，从西方古代到现代主义、东方天人合一的审美价值核心形式以及内容一致的传统美学角度来看，应该更关注程式化的层面。从现代美学的观点来看，艺术作品的内容被赋予了沟通的意义和存在的意义，而不是精神的体现，之所以具有可比性，是因为艺术形式只能在时空差异下从社会交往的角度来提及。一方面，虽然朝鲜时代宫廷舞和宫廷宴会歌舞早早定型，确保了沟通的场所条件；但另一方面，舞蹈的创造者和接受者均未能充分开发审美感性的创作精神和自律的个人空间，最终在世纪末剧变的时代，韩国舞蹈在现代化的创造过程中被判定为内在动力不足。在这个过程中，舞蹈的表现媒介主体并没有发展成个人，而是作为社会（伦理、宗教）约束的对象，只是其约束主体从朝鲜的绝对王政转变为日本帝国主义殖民统治支配势力而已，一般接受者内心都赞同这种对艺术的社会学调控。从这个意义上讲，艺术创作过程中需要认识的个人自律空间的意义，特别是对舞蹈表现媒介的省察，即个人意识和对身体的社会约束的意义超越了艺术和理论的范畴，是关系到个人和社会发展认识全局的现阶段课题。

二　传统舞蹈的程式化和身体的社会规制化

作为艺术表现的媒介，身体与"传统社会"的伦理有着非常尖锐的利害关系，因此有必要从多方面分析社会对身体的约束因素，以从相互关联的角度分析舞蹈程式化所包含的现代性的矛盾特征。

儒家思想是一种不承认舞蹈和身体存在的、反肉体的否定性思考，它在西洋的身体文化传入的现代化过程中得到了解放。① 代表性的现象有 20 世纪 20 年代至 20 世纪 30 年代新女性的短发形象和恋爱自由等，均意味着对传统陋习和枷锁的摈弃。② 儒家思想与以男性为中心的父权制及道德的严肃性有着密切的关系，这一点毋庸置疑，但是我们有必要做更加细致和多角度的分析，且对东西方的比较也有必要考虑到时代的差异性。对于舞蹈和身体文化，也并非像金末福主张的那样消极。儒家思想的反身体性质不仅仅局限于东方社会的特征，在西方的前近代社会中也能发现类似的情况。众所周知，性理学在朝鲜开始普及的时间是朝鲜王朝中期以后，初期性理学严肃主义尚未对普通人产生支配性影响，社会相对自由奔放。

研究成果表明，朝鲜王朝初期的情况与大家所了解的情况截然不同，现做简要介绍：赵庆娥在朝鲜王朝实录中搜索与舞蹈相关的报道（约 1640 件），分析了各个时代的特征和变化情况，得出朝鲜初期是国王和臣子自由"劝舞的时代"（太祖—燕山君），中期以后是"不跳舞的时代"的结论。③据悉，太祖可以让身为开国功臣兼同僚的郑道传脱掉上衣跳舞［《太祖实录》卷 8，太祖四年十月三十日（庚申）］④，还称正宗和太祖李成桂在宫中一起舞蹈。实录根据当时情况引用唐代太宗和高祖一起跳舞的往事［《正宗实录》卷 1，正宗一年六月一日（庚子）］。⑤ 这种朝野氛围在太宗时期也在持续。当然也有对舞蹈进行警戒、训诫的记载，在不合适的场所饮酒作乐

---

① 金末福，「从压迫到解放」，咸仁熙外，『韩国日常文化与身体』（梨花女子大学出版社，2006），第 114 页。
② 研骆斋，「舞蹈与叙事」2 号（民俗院，2008），第 160 页。
③ 赵庆娥，「从舞蹈时代到非舞蹈时代」，韩国音乐史学会，第六届音乐研讨会，（2006）。
④ 转引自赵庆娥「从舞蹈时代到非舞蹈时代」，韩国音乐史学会，第六届音乐研讨会，（2006），第 70 页。
⑤ 转引自赵庆娥「从舞蹈时代到非舞蹈时代」，韩国音乐史学会，第六届音乐研讨会，（2006）。

不仅会被伦理利用，还会被政治利用，因此予以训诫。从饮酒歌舞的顺序可见，快乐是舞蹈情感的表达，舞蹈是人类快乐的表现。过分强调"乐"，容易使人流连忘返。过分讲究礼，则使人隔阂不亲。① 快乐通过身体的动作表现出来，这在古今中外都是一样的。举几个中国古典的代表性作品《礼记》、《诗经》和《孟子》中的例子。

> 悦之，故言之，言之不足，故长言之。长言之不足，故嗟叹之，嗟叹之不足，故不知手之舞之，足之蹈之也。（《礼记·乐记》）
>
> 咏歌之不足，不知手之舞之，足之蹈之。（《诗经·序》）
>
> 不知足之蹈之，手之舞之。（《孟子·离娄上》）

世宗年间持续着非常自由的舞蹈文化，在朴堧的辅佐下，乐制得以完善。作为音乐专业演奏者、舞蹈专家，他完善了包括艺妓和舞童的登场、演行规定、服饰、待遇等在内的各种制度形式，首次采用让女乐代替童男模仿艺妓舞蹈的舞童制度。② 随着儒教典章制度的建立，社会文化体制向伦理严格主义发展，舞蹈演行者从女性转变为男性。此外，舞蹈的形式逐渐程式化即合理化。成宗年间制定的经国大典虽然证明了性理学具有国学巩固地位的情况，但同时也意味着程式化过度即刻板僵化现象的发生。正是从此开始，身体和舞蹈开始产生负面影响。据赵庆娥介绍，当时社会从燕山君时代起发生决定性的转变，即从"劝舞的时代"进入"不跳舞的时代"。

> 朝鲜后期由于受到性理学巩固化影响，进入了自由跳舞会受到指责的刻板时代。国王和官僚们不愿跳舞的时代到来了。那么舞蹈不见了吗？答案是否定的。舞蹈走近了公共空间，在公共空间里，跳舞是一种享受，但不会过为已甚。朝鲜后期出现在礼乐器皿中的舞姿都很整齐。③

---

① 乐胜则流，礼胜则离。（《礼记·乐记》）

② 赵庆娥，「从舞蹈时代到非舞蹈时代」，韩国音乐史学会，第六届音乐研讨会，（2006），第80页。

③ 赵庆娥，「从舞蹈时代到非舞蹈时代」，韩国音乐史学会，第六届音乐研讨会，（2006），第94页。

　　宫廷宴会歌舞的舞蹈动作有来自高丽史乐志、朝鲜前期的乐学轨范和朝鲜后期宫廷宴会歌舞舞蹈笏记（其中收录 50 余种舞蹈动作），记录了宫廷宴会歌舞实演的理论和实际技术内容。成宗时期编纂的真实记录宫廷宴会歌舞内容的乐学轨范，收录了舞蹈、音乐和歌词的文献，特别是舞蹈动作的细微部分被模式化。如果说世宗时期编纂的高丽史乐志的宫廷宴会歌舞记录是简略的，那么乐学轨范的规定则是将舞蹈动作以及胳膊、腿的位置详细地进行了规范。[①] 到了朝鲜后期宫廷宴会歌舞舞蹈笏记的内容又再次简略。

　　制度的完善即是形式的完善，是运营的合理化。现代性的特征以韦伯的方式可理解为合理性，合理性的核心是可预测性。从宫廷宴会歌舞的执行过程来看，"在舞蹈过程中，可以预测动作的先后顺序"，可以具体提示向左舞和向右舞旋转的方向和位置，掌握舞者的移动过程，而且动作也可以提前知道。"记录着'收紧手走，站在原地，张开手臂，然后重新收紧'，甚至还提示了走路时和站到原地时的收尾动作。"[②]

　　朝鲜王朝接受儒教体系的过程也是绝对王政程式化的过程，是一种现代性的体现。朝鲜的绝对王政通过性理学的社会秩序规范，形成了控制身体行为的意识，同时情绪感情也会相应发生变化。朱子家礼强调了亲民的社会伦理和复杂精细的身体行为的社会礼仪标准，并将其凝缩在人们的意识中，即身体的合理化与意识的教养化以及规制化同时进行。在这里，充满激情的情感表露被视为文化和教育的匮乏。舞蹈应该在"礼乐的制度中细致地整顿"，不能漫溢。我们可以将之称为"文明化"，通过完善典章制度约束艺术行为的可预测性和合理性，反之也缩小了艺术家在艺术范畴中生存所必需的自主性、创造性空间。对于这一矛盾的合理性，特纳认为："道德取向的缺失是由生产世界官僚结构的内在意义所制约的，不是别的，而是合理化的结果。"[③] 韦伯将这种形式上的合理性和实际上的合理性的矛盾称为"铁笼现象"。

---

① 孙善淑，「宫廷宴会歌舞舞蹈动作的变化和传承」，宫廷宴会歌舞舞蹈研究会，「近代宫廷舞蹈的传承和变化」（报告社，2007）。

② 孙善淑，「宫廷宴会歌舞舞蹈动作的变化和传承」，宫廷宴会歌舞舞蹈研究会，「近代宫廷舞蹈的传承和变化」（报告社，2007），第 63～64 页。

③ Bryan S. Turner, *Max Weber: From History to Modernity*（Routledge, 1992），崔宇英译，『马克斯·韦伯历史社会学中的现代性与后现代性』（白山学堂，2004），第 172 页。

　　传统禁欲主义的一个重要特征是对人欲望的约束，这在东西方都有所体现。教育限制人们向外散发情绪，将欲望和热情留在体内，这是人类共通的。在控制人类内在情感结构的近代社会，如果身体被隐匿在宗教意义或社会礼仪中，对身体的支配控制和赋予的秩序就会作用于身体外部，成为感情和个人意义的世俗形态。身体的合理化和世俗化经常与我们内在的另一个殖民主义——伦理乃至信仰的绝对化发生摩擦。西方近代时期，"清教徒们一直以刺激性欲为由谴责舞蹈，但他们意识到这种柔和形态的运动对年轻人具有教育意义"①。这也是舞蹈与社会教育、体育相结合发展的原因。在舞蹈表达宗教价值或礼乐思想的限度内，两者维持和谐关系，但如果舞蹈被分化成一种艺术形式，脱离宗教或礼乐思想的社会伦理体系的意义并主张自身价值时，两者就会转换为矛盾关系。如果说把性理学的价值用人的心理或情绪感应来表现，那么这种感性认识就是一种在文化外壳下支配个人的政治行为。"宫廷宴会歌舞、乐章、唱词等都在阻止个人情感介入作品，表演者只需要再现剧本就可以了。在宫中宴享的严格纪律管束下，演出方式、祈愿国家安宁和太平盛世的主体性、禁止自由表达人为行动的强迫性等，都是在阻止外部自我因素介入作品。"② 如果要维护前近代性理学社会秩序、王朝体制的安宁、统一的礼乐形式以及传统意义上的宫廷宴会歌舞，那么就要重新诠释当今传统、创造传统舞蹈的努力应该包含什么意义。因为形式主义和精神主义的结合会约束行为者使其自愿服从，在此需要对与形式不同的现代性主体进行反省。尽管如此，如果我们仍能将舞蹈的程式化解释为现代性的特征，那么从韩国现代舞蹈的主体角度出发，至少从乐学轨范等规定和预测舞蹈动作的开始就存在现代舞的性质。

三　传统舞蹈的发明：艺妓之路或艺术家之路？

　　20 世纪初期，朝鲜的舞蹈界试图在文明开化的时代条件下，将西方舞蹈和传统舞蹈融合起来。为了接纳西方舞蹈，朝鲜舞蹈界进行了积极的创

① Bryan S. Turner, *Max Weber: From History to Modernity* (Routledge, 1992)，崔宇英译，『马克斯·韦伯历史社会学中的现代性与后现代性』（白山学堂，2004），第 178 页。
② 成基淑，『韩国近代舞蹈的展开与近代性的实现过程研究』（成均馆大学博士学位申请论文，2004），第 163～164 页。

造活动。在此过程中，对"传统舞蹈"作两个解释，即传统艺妓的工作被社会贬低，沦为低级文化乃至游廓文化。另外，受到新式教育的新舞蹈家的创作被理解为高级文化，身份地位上升并被大众文明接受。① 通过新闻媒体可以了解当时变化的情况。"报纸上有关妓房舞的报道只有 1910 年代和 1920 年代，在石井漠和崔承喜、赵泽元等近代舞蹈家出现后，便从报纸上消失了。"② 简而言之，传统艺人们的传统舞蹈创造到 1920 年为止取得了一些成功，但很快衰落走向艺妓之路，而努力创造新舞蹈的传统舞蹈将走向文明艺术家的道路。

艺妓和艺妓舞蹈在学术方面并没有太久的历史，成基淑提出，在近代舞蹈研究中，"韩国近代舞蹈的重要主体经常将艺妓、戏子、倡优等排除在外，并强烈主张将他们贬低为无法融入韩国现代舞历史的特殊阶层"③。剧变期艺妓的角色是积极接受日本主导的现代化并保持文化主体性的职业艺术家。李梅芳回忆说："券番现在来说相当于国乐院。"④ 掌管宫廷舞蹈的机构自成宗以来一直为掌乐院，1897 年更名为教坊司，1907 年更名为掌乐科，此后又多次更名和规模缩小为雅乐队、雅乐部等，殖民地时代以李王职雅乐部维持命脉，1951 年在避难所釜山更名为国立国乐院并发展至今。⑤

艺妓素有女乐之称，艺妓一词自英祖时代起就开始使用。⑥ 1902 年，协律社举办的小春大游戏表演成为延续宫廷女乐脉络的女伶们最后一届宫廷进宴。宫廷中出来的宫妓将成为新设剧场的专属艺人或加入艺妓组合。因社会地位较低的宫妓在宫廷内演出的宫廷宴会歌舞现今在公共场所演出，⑦

---

① 朝鲜的舞蹈家崔承喜堪称传奇。作为舞蹈家，她的人气来源于近代剧场舞台；一头象征新女性的短发，穿着半裸的衣服跳舞，她的专业创作精神结合了感性的舞台艺术和东西方舞蹈风格。据郑炳浩的研究，崔承喜从 1927 年开始跳舞，到 1964 年最后一场演出，37 年间共进行了 2500 场到 3000 场演出。郑炳浩《跳舞的崔承喜》（根深的树，1997 年）说，其中仅西方国立剧场和大剧场演出就有 150 场，是世界级舞姬，崔承喜将朝鲜的舞蹈风格从传统舞蹈划时代地转变成了现代舞蹈。

② 李炳玉，「近代舞中出现的传统传承的现状和问题」，高承吉、成基淑『亚洲舞蹈的近代化和韩国的近代舞』（民俗院，2005），第 178～179、186 页。

③ 成基淑，『韩国近代舞蹈家研究』（民俗院，2004），第 5 页。

④ 李梅芳，「通过证言聆听的近现代舞蹈史」，『舞蹈艺术学研究』14 辑，（2004），第 333 页。

⑤ 李炳玉，「近代舞出现的传统传承现状与问题」，高胜吉、成基淑『亚洲舞蹈的近代化和韩国的近代舞』（民俗院，2005），第 178～179 页。

⑥ 宋芳松，『韩国音乐通史』（一潮阁，1984），第 559 页。

⑦ 金暎希，「宫廷宴会歌舞研究会 10 周年的意义」，宫廷宴会歌舞研究会，『近代宫廷舞蹈的传承和变化』（报告社，2007）。

传承下来的舞蹈被创造为传统舞蹈，1909 年宫妓制度被废除后，她们成立艺妓组合，在民间继续进行公共艺术活动，并跨越从前宫廷宴会歌舞的传统艺术观，作为专业舞蹈家创造了自己的美学观点，通过观众的批评指正努力确保传统舞蹈的现代化和大众性，在 20 世纪 10 年代取得了一定程度上的成功。① 但 20 世纪 20 年代，在日本帝国主义文化政治的时代条件下，经由日本传播的西方舞蹈以新舞蹈之名在公共场所表演时获得盛赞。延续传统舞蹈命脉的艺妓舞蹈在私人空间与娱乐相关场所表演，结果传统舞蹈的演出和支持者开始全面衰退。1911 年茶洞组合是艺妓组合的开端，20 世纪 20 年代艺妓组合在全国范围内更名为日本式名称——券番。她们将宫廷舞蹈和艺妓舞蹈一同在剧场舞台表演，为普通人提供观看宫廷舞蹈的机会，为舞蹈的大众化做出了贡献。但是与艺妓在社会上受到的歧视一样，韩国的传统舞蹈被认为是旧时代的遗物。作为象征现代化的文化现象，人们以新式的西方舞蹈为中心发展了接受传统舞蹈形式的新舞蹈。即到了 20 世纪 20 年代，社会等级较低的妓女们比起创造传统舞蹈，更多地体验了西方舞蹈。"新式舞蹈家"们创造的传统舞蹈开始被公认为是具有现代性的韩国舞蹈。"文化即现代性"的社会观念就从那个时代开始形成。②

在 20 世纪初期的文明化理论中，传统与现代被理解为尖锐的对立关系。以朝鲜舞蹈为中心，创造传统舞蹈的艺妓们所付出的努力虽然失败了，但注重文明化的西方舞蹈的新舞蹈家们一定程度上成功地接受了朝鲜舞蹈。两者都在连接断裂的文化方面做出了卓越努力，即 20 世纪 10 年代在剧场表演的艺妓舞蹈和 20 世纪 20 年代至 30 年代的新舞蹈可以归结为创造传统舞的两条道路。

四　结语

本文以舞蹈是社会、历史和艺术哲学认识的总体反映的问题意识开始，认为所有社会、人性的矛盾都集中体现在以身体为表现媒介的舞蹈中。分析从以最直观也最有难度的肢体语言作为自我表达手段的舞蹈传播视角入

---

① 李文浩，「韩国的近代化和韩国传统舞蹈丧失自生能力的背景」，『表演文化研究』15 辑（韩国表演文化学会，2007），第 226 页。
② 李文浩，「韩国的近代化和韩国传统舞蹈丧失自生能力的背景」，『表演文化研究』15 辑（韩国表演文化学会，2007），第 229 页。

手，与过渡时期韩国现代性的哲学问题并驾齐驱。

与以艺妓为中心的传统舞蹈不同，崔承喜式的新舞蹈被大众所接受。在这一点上，我们可以发现身体对社会约束的双重性。换句话说，这是时代的二元性：前现代的身体对应用于后者的传统舞蹈的控制，以及前者接受"西方"（现代）导向的身体解放。舞蹈作为表现媒介对身体的艺术性、哲学性评价与韩国社会经历的"近代"价值观有着密切的内在联系，这是不言而喻的。另外，传统舞蹈现代化的失败可以从过早的舞蹈定势化（"现代化"）中找到原因。15 世纪朝鲜中期，定势化即理性化的舞蹈妨碍了个人空间领域（自我介入），最终未能摆脱前现代的身体管束（社会伦理）。综上所述，现代化失败的"铁笼现象"是由于程式化过度而产生的。

与其他传统艺术领域相比，关于舞蹈和身体方面不完整的学术分析和不成熟的判断更加突出。从这个意义上讲，我认为对舞蹈的认识水平与社会多元价值观的发展水平是一样的。

美学视角下"写生"概念的文化张力[*]

——评《东方古典画论研究》

〔日〕青木孝夫（著）^{**}　　臧新明（译）^{***}

摘要："写生"作为近现代惯用的高频词语，语意不言自明，然而经过对文献的梳理与深入研究，臧新明教授却发现了"写生"本身具有的两栖意义与双重文化显现。其不仅仅是近现代绘画观中的"肖似原物"的模仿意义，彰显西方近现代的科学视野与主体精神，还是东亚古典绘画观中"生命征象"的表现意义，承载的是东亚传统中境界寻求与情感升华的内在超越。可见，"写生"无疑是一个明显的文化观隐喻词语，其语义与精神的变迁见证了传统与现代、东亚与西方的文化交流与思想碰撞。基于此，臧新明教授从近代价值观出发，阐明了容易消极对待的东亚古典"写生"概念，将美学作为近现代"西学"接受的同时，从美学角度探究了立足于自身传统的"写生"精神与文化旨趣。

关键词：美学视角　写生　古典　现代　文化张力

---

* 此文为日本广岛大学青木孝夫教授读臧新明日文版著作后所写，特此说明。

** 青木孝夫，广岛大学名誉教授，广岛艺术学会会长。

*** 臧新明，山西大学美术学院教授，博士生导师。

The Cultural Tension of the Concept of "Sketching" from the Perspective of Aesthetics: On the Study of Oriental Classical Painting Theory, Some Words about Sketching either in China and Japan

Takao Aoki and translated by Zang Xinming

Abstract: The meaning of "sketching", one of the frequently used high-frequency words in modern times, is self-evident. However, Professor Zang Xinming's findings that, through literature review and in-depth research, "sketching" itself has amphibious significance and dual cultural manifestations indicate it is not only the imitative significance of the expression "closeness to what is being painted" or "Xiao like yuan wu" in Chinese in the modern painting view, highlighting the scientific vision and subject spirit of the West in modern times on the one hand, but also, on the other, it is the expressive significance of "life symbol" in the classical painting view of East Asia, which carries the internal transcendence of artistic conception quest and emotional sublimation in the tradition of East Asia. It can be seen that "sketching" is undoubtedly an obvious Metaphorical Vocabulary of cultural view. Its semantic and spiritual changes have witnessed the cultural exchange and ideological collision between tradition and modernity, East Asia and the West. Based on this, Professor Zang Xinming expounded the concept of East Asian classical "sketching", which is prone to be treated negatively from the perspective of modern values, accepted aesthetics as modern "Western learning", and explored the spirit and cultural purport of "sketching" based on his individual tradition from the perspective of aesthetics.

Keywords: Aesthetic Perspective; Sketching; Classical; Modern; Cultural Tension

此次，得知臧新明教授的著作《东方古典画论研究》即将付梓，甚为幸事，特作此评。

臧新明教授本科毕业于山西大学艺术系，专修国画专业；硕士毕业于日本多摩美术大学，主修日本画专业，毕业后驻野吕山艺术村从事职业画家的工作，对中西方艺术创作及方法有着丰富的实践经验和理论思考。随着实践的拓展和思考的深入，他对于"艺术"深层的文化与精神思考时刻盘旋于心中，于是决定返回校园进行思想沉淀。其在广岛大学攻读博士期间，潜思精研，关注艺术前沿，着重于中日古典艺术理论话语的现代转型问题的研究，最终将研究视角聚焦在"写生"这个极具张力性意义的绘画术语上，对古典画论中"写生问题的嬗变"进行了深入研究，试图在"模仿—写生"盛行的思维定式下探讨古典画论中"表现—写生"的生成过程及意义价值。经过多年研究与不断挖掘，其于 2009 年春以《"写生"概念的形成和变迁之研究》的毕业论文获得了博士学位。至今业已过去十多年，想必其在此研究领域有了更进一步的成果。在我看来，臧新明教授关于"写生"论题的著作，理应更早得到出版，这一著作不但系统阐述了中国古典画论中"写生"概念的历史源流与文化变迁，辨明了日本古典与现代"写生"概念精神意涵与文化所指，而且重申了中国古典"写生"概念的现代意义以及中国现代艺术理论构建核心话语资源，强调艺术理论话语构建的民族性与世界性。更甚之，其通过研究推翻了河野元昭关于"写生"概念最早起源于宋代的定论，将概念的提出向前推至了隋末唐初的高僧彦悰，逻辑清晰地论证了从写貌、写真到写生的变迁。我作为其指导教师，主要在相邻领域展开研究，关于写生领域的新研究进展，还请参照臧新明教授的力作。在此，我仅以审查博士论文时的观点和现在的立场发表一些看法。

宏观地讲，对东亚来说，近代化是西学东渐的过程。日本地处东亚一隅，最迟从 6 世纪就已经接受了中国的汉字与佛教思想，开启了文明化的发展历程。与此同时，在那之后一千多年，日本受中国文明的影响，逐渐形成了基于本国风土人情的"新"文化。近代之前，日本把中国文明当作榜样，但是进入江户时代末期之后，特别是 1868 年明治维新之后，西欧文明成为榜样。日本、中国、韩国等东亚各国，在坚守自己精神传统的前提下，开始积极学习西方最先进的科学技术与现代文化。但是，当从西欧学习——包括美学在内的——近代学问时，日本断然采取了如同学习科学技术一样的"拿来主义"方式，忽略人文学科的精神承继性与地域文化性，尝试挣脱或切断东亚共有的道德精神（仁义、道德）和艺术传统。基于此，西欧近代文明和东亚文化传统的交流碰撞中，一种双重文化观应运而生，即基本上把西欧文明当作可以学习的文化，而把东亚的传统文化当作应当脱离的过时文化。这种双重文化观在文化精神构建与社会文化实践中显示出了高度的一致性与价值导向性。就艺术理论与实践领域而言，"写生"无疑是一个明显的文化观隐喻语，不仅隐喻了传统文化精神的失落与"壮士断腕"的决绝，而且明示了对西欧近现代精神的拥抱与"迎接曙光"的狂喜。"一词两意"既呈现出了关联，又表明了差异，更显示了文化精神与民族文化建构的"辞旧迎新"。

近现代意义上的"写生"的词语和概念，广泛应用于东亚各国。此概念诞生于近代日本对西方对应词语的翻译，意指模仿自然的"再现"，通常以"肖似原物"为视觉表征，呈现出主客对立的世界观，凸显的是主体精神与人的绝对价值。但是，翻检古典画论，"写生"概念早已存之，是来自东亚的古典用语，指向了与西方截然不同的艺术语言与文化精神。日本近现代艺术中所使用的"写生"词语是古典与现代的杂合体，从精神上来说，取的是"舶来意义"，即翻译词语的"写生"根植于西欧近代美学的文脉中；从词语选择上来说，取的是传统既有词语，即日本近代所使用的"写生"源于中国古典的概念。换而言之，这个因表示西欧近代艺术表现观而诞生的词语"写生"不是新造出来的，而是借用自中国古典话语。原词深深根植于中国的艺术文化当中，翻译词语则是根植于西欧近代，表面上看起来是同一个词语，但是概念却隶属于两个源流。翻译词语是新杯装新酒，代表着新的内在含义，但是"写生"这个汉字标记的含义，必然又是根植于近代之前的东亚艺术文化和艺术观、创作理论以及表现观的；翻译词语"写生"来自西方近代美学，其背后是蕴含了由个性、进步、自由、独创性、天才型等一连串的概念所构成的近代思想，渗透着基于自然科学精神的观察、分析、归纳等客观主义倾向，但正如"胸有成竹"这个成语所示，尊重经过陶冶后的人类精神对物体本质的把握，这一点成为写生概念的另一个根源，而这正是东亚的艺术精神。

臧新明教授所论及的"写生"概念背景，限定在中日东亚传统和西欧近现代的联系与冲突之中，故具有潜在表里两面性的意义，既表现为表面的近代化美学理论，也内含着东亚传统艺术观。他从近代化的脉络或价值观出发，阐明了容易消极对待的、内在的东亚古典的"写生"概念，将美学作为近现代"西学"接受的同时，从美学角度探究了立足于自身传统的"写生"精神与文化旨趣，即在东亚中设定对象，以此来理解概念及事象，在这一点上具有独创性。除此之外其论著的创新之处还表现在以下三个方面：一者，其对古今文明碰撞中的中西方"写生"概念的历史沿革及文化精神展开系统的研究，阐明日本"写生"概念的双重源流与价值系统，辨清"写生"在日本绘画发展中的演进历程与思想转换，这在日本美学，乃至世界美学研究界尚属先例。二者，其对古典画论中写生的缘起、生成与思想内涵通过实证研究的方式进行了质性研究，完整地论述了传统"写生"概念是如何一步一步从写貌、写真转换为写生的，又揭示了传统写生概念是如何被转换成现代写生概念的，以及"写生"如何突破其专业局限而进入日常生活与大众视野之中，最终将写生概念的缘起推到了隋末唐初的彦悰，改变了日本学界的通行认知与既定观点。三者，其以看似不证自明的"写生"概念入手，分析了"写生"概念自身所具有的模糊性与矛盾性，既阐明了"写生"的传统语意与精神内涵，又分析了西来"写生"的现代语意与价值导向，从而揭示出"写生"概念自身所潜在具有的东亚文化建构价值与民族话语资源意义，从而为国际视野下东亚艺术理论话语的建构提供了理论支点和切入路径。

《东方古典画论研究》在其博士论文基础上完成，依照历史发展的时间顺序，以中国古典绘画理论的"写生"研究为起点，接着导入日本江户时代的绘画理论的写生观，最后探讨明治之后西来影响的写生变迁，运用文献学、文化研究以及实证研究的方法，从美学视角对其展开系统研究，阐明其蕴含的文化精神与美学旨趣。论著整体由上篇、中篇和下篇三个部分构成。上篇和中篇阐述近代之前写生观念的形成和变迁。其中，上篇以中国古典画论的考察为中心，论述了"写生"概念的发生、变化和变迁。具体而言，第一章阐述了"'写生'概念的成立及其传统含义"；第二章探讨了"写真""写貌""写生"这些用词的变迁和"写生"概念的形成；第三章论述了"'六法论'中的'写生'"；第四章基于文人画分析了"'写实'和'写意'"，探讨了"写生"的概念。中篇主要是围绕日本江户时代展开的，论述了从中国传入日本的"写生"概念是怎样在江户时代被逐渐地理解并接受为西化的"写生"概念。具体而言，第五章把传统"写生"概念最后的辉煌归结为江户后期的写生观；第六章分析了兰学研究对"写生"概念的影响；第七章探讨了"佐竹曙山的画论"，考察了基于"西欧合理主义的导入的'写生'概念的变化"；第八章探讨了"司马江汉的绘画论"，发现了新的"写生"论的展开。下篇部分主要对近代化以来的"写生"进行研究。具体而言，第九章探讨了基于明治初期"学制"的采用而产生的绘画教育西方化与"写生"概念近代化的关联；第十章总结了日本"写生"概念的先行研究，分析了其不足；第十一章以东山魁夷为东西"写生"概念交流融合的典型案例，分析了其以"写生"为核心的艺术思想。从历史的观点出发，站在体系化的观点去看，后三章探讨近代化之"写生"的论述也是非常重要的，一者，分析了从传统到近代的转换，指出了写生概念的现代意义和先行研究的不足，以及本论著的意义；二者，通过探讨东山魁夷，揭示了写生概念的新的展开。

在日本近代，"写生"的概念非常重要。这个词语，原本使用于江户时代绘画论领域。但是，进入明治、大正时期之后，美术或美术教育方面的"写生"概念转化成了近代化的含义，常见于写生画这种常识性的用法。在日本近代文艺史中，这个词语也是以正冈子规或斋藤茂吉的写生论为代表的重要的艺术论中的评论用语，同时也是一个论点。

在中国，和写生相关的研究还没有前例。在日本的先行研究，以往都是以北川或片野达郎等在文艺方面的"写生"概念的研究为主。美术方面的研究，重点有河野元昭的研究，但还远远不足。因此，本论著刷新了绘画领域中的先行研究。比如，关于"写生"这个词语的初次出现，日本既有观点认为"写生"概念最早出现于宋朝，臧新明教授却将其追溯并确定到了隋末唐初——比河野元昭确定的宋代起源早四百多年，并且结合"写真""写貌"等用语，联系艺术思想和艺术动向，分析这四百多年间写生概念的变化与内蕴，获得了独创性的真知灼见。本论著不仅充当了日本和中国之间的艺术论桥梁，也连接了西欧近代和东亚的艺术论。论著整体框架扎实，是极具意义的论考。如果没有对写生概念的历史的、客观的理解以及紧扣绘画艺术精髓的写生概念的主体性把握，无法开展到日本江户时代为止的写生研究，以及明治时期之后的相关研究。臧新明教授作为确立写生概念的研究者，同时也是一位长期从事艺术实践与探索的画家，对"写生"的传统意涵、精神内蕴和现代转化给予了极具说服力的阐释。因此，无论是从回顾过去、厘清源流的角度来讲，还是从活用学识、明了精神流变以开来路的角度来说，这本书都是一部非常值得推荐的著作。本著作的出版，意义极为深远。

北京审美文化研究 ◀

"十七年"时期北京群众文艺创作的审美倾向

王宁宁[*]

摘要："十七年"时期（1949～1966 年）北京的文艺工作取得了卓越的成效，广大业余群众在中央的领导下，开展了轰轰烈烈的创作活动，各行各业中涌现出一批批优秀的创作人才。不同于专业化的创作机构，这一时期北京群众文艺创作在形式上呈现明显的口语化、通俗化、幽默化的审美倾向。群众文艺作品主要围绕作者的个人生活和工作环境进行创作，带有明显的浪漫主义色彩。以《北京市大中学生文艺创作观摩演出会歌曲材料》为代表的音乐创作，采用昂扬、激荡的旋律，歌颂社会主义制度下人们的美好生活。作为民间曲艺代表的快板作品创作，在这一时期也得到广泛发展。它通过韵律式的讲述方式，反映人们对生活的热爱。伴随着工人文化的开展，北京工人诗歌创作在这一时期如火如荼地进行。这些诗歌透过想象、夸张、比喻等修辞手法展现出劳动过程中的美好时刻。

关键词："十七年" 群众文艺创作 审美文化 北京

---

* 王宁宁，大连大学文学院讲师。

Aesthetic Tendency of Beijing Mass Art Creation in "17years"

Wang Ningning

Abstract：During the "seventeen Years" period（1949—1966）, outstanding achievements were made in Beijing's literary and artistic work. Under the leadership of the central government, the broad masses of amateurs launched a vigorous creative upsurge, and batches of outstanding creative talents emerged in all walks of life. Different from the professional creation institutions, the mass literary creation in Beijing during this period showed an obvious aesthetic tendency of colloquial, popular and humorous in form. Mass literary works are mainly created around the author's personal life and work environment, with obvious romantic color. The music creation represented by "Song Material" uses high-spirited and stirring melodies to praise the good life of people under the socialist system; Allegro, as a representative of folk art, was also widely developed during this period. It reflects people's love for life through rhythmic narration. With the development of workers' culture, the creation of workers' poetry in Beijing was in full swing during this period. These poems show beautiful moments in the process of labor through rhetorical devices such as imagination, exaggeration and metaphor.

Keywords：Seventeen Years; Mass Literary and Artistic Creation; Aesthetic Culture; Beijing

"十七年"时期北京的文艺工作取得了卓越的成效，广大业余群众在中央的领导下，开展了轰轰烈烈的创作活动，各行各业中涌现出一批批优秀的创作人才。这一时期，北京群众文艺异常活跃的主要原因在于中央领导在第一次、第二次、第三次全国文化代表大会上制定的一系列文化政策的实行，其中包括业余文艺活动的开展、扫盲运动的落地、工人文化的推行……"群众得到书了，也会写文章了，也经常看戏、看画、听音乐了，然后在群众中大力地开展业余文艺活动。在这里边选拔人才，将来我们的文艺家要在这里面产生出来，从业余写作者、业余表演者中间产生。所以，业余活动是很重要的。"①

　　"十七年"时期，北京群众文艺创作的组织方式主要表现为"小、土、群"，具体表现为让广大劳动群众自写、自编、自演、自唱、自画、自读、自播……让群众创作自己在生活中的所见、所闻、所感。在创作形式上，群众创作主要以小型为主，通过人们耳熟能详的艺术门类表现劳动群众的生活。在方法上，选择应用推陈出新的办法，以自己的生活和工作的环境作为创作主题，同时达到宣传新思想的目的。以北京市群众艺术馆②为代表的文化机构为群众提供展示业余创作的平台。这种上下通力的群众文艺推广方式，大大刺激了群众创作的积极性，使1949～1966年北京的群众文艺创作，尤其在音乐、曲艺、诗歌等方面取得了不错的成果。不同于专业化的创作机构，这一时期北京群众文艺创作在形式上呈现明显的口语化、通俗化、幽默化的审美倾向。群众文艺作品主要围绕作者的个人生活和工作环境进行创作，带有明显的浪漫主义色彩。以《北京市大中学生文艺创作观摩演出会歌曲材料》（以下简称《歌曲材料》）为代表的音乐创作，采用昂扬、激荡的旋律，歌颂社会主义制度下人们的美好生活。作为民间曲艺代表的快板作品创作，在这一时期也得到广泛发展。它通过韵律式的讲述方式，反映人们对生活的热爱。伴随着工人文化的开展，北京工人诗歌创作在这一时期如火如荼地进行。这些诗歌透过想象、夸张、比喻等修辞手法展现出劳动过程中的美好时刻。

一　天真烂漫的《歌曲材料》③

　　《歌曲材料》是1955年北京市大中学生集体创作的结晶，洋溢着青年人天真烂漫的思想感情。在创作题材上，这些歌曲一般都是在表达年轻人对祖国的热爱和对未来的向往。《歌曲材料》以明快、昂扬的基调表现新中国成立初期青少年群体的生命体验和思想情感。

　　首先，青少年群体的生命体验主要表现在创作者以颂歌的形式展现自己的生活方式。创作者将自己对外部世界的感知移情到作品中，将自然界

---

①　《周扬文集》（第3卷），中国人民文学出版社，1985，第97～98页。

②　北京群众艺术馆说明材料，档号164-001-00176，1958，北京档案馆藏。

③　《北京市大中学生文艺创作观摩演出会歌曲材料》，1955，档号100-001-00264，北京档案馆藏。

中没有生命的事物赋予了生命气息。在《歌曲材料》所收录的歌曲中，有 3 首直接以劳动命名的作品，它们分别是《愉快的劳动》《劳动的歌声》《参加义务劳动》，在这三首歌中有对劳动过程的详细记录。《愉快的劳动》中有，"拿起铁锹铲泥土，装满一筐又一筐；哪怕太阳当头晒，擦把汗呀，加油干……"《劳动的歌声》中有，"肩上的扁担两头弯，前筐后筐都装满，碎砖挑了一百斤，一步一步往前赶……"《参加义务劳动》中有"美丽的首都树像海洋，一队队的青年走在广阔的道路上，高举着红旗齐欢畅，奔向劳动的战场……"① 在这几首歌里可以发现青年人对劳动的热情，通过歌曲，个人的生命体验变成了群体的生命体验，这是一种将"小我"转化为"大我"的颂歌式歌曲。在遣词造句方面有极强的节奏感，仿佛劳动并不是抽象意义的生产，而是具有生命的事物——年轻人将自己的生命热情融入其中。虽然还有标语、口号的罗列，但是也可从歌词中感受到青年人的爱国热情以及劳动生产的炙热氛围。其次，在《歌曲材料》中还可以看到展现创作者群体风貌的作品，如《高一六歌声》《野外实习——广阔大宇宙是我们的课堂》《我们的前程广阔无边》《我们的歌》《我们是青年学生》《我们是明天的人民教师》，这几首歌强调作者对自己工农兵身份的感慨。"我们在一起生活，我们在一起学习，全班团结的紧密，都热爱自己的班级，高一六的荣誉要我们齐心来争取……""我们穿过公路沿着小河旁，一面欢笑一面走，心里多欢畅啊……""阳光透过了晨雾照在前进的道路上，我们健壮的青年团员高举着红旗走在田野上，我们脸上放着幸福的红光，一面走着一面歌唱……""我们的青春像篝火燃烧，我们的生活里充满了欢笑，我们的前程无限宽广，幸福的大道为我们开放……""朝阳放射炫目的金光，彩云在天空飘扬，我们是新中国的青年学生，生活在毛主席的身旁……""我们是明天的人民教师充满着无比的力量，我们要传播米丘林的学说，建设祖国繁荣富强……"② 从这几首歌的歌词可以看到创作者将自己的事业同祖国的未来联系起来，并且感受到无上的光荣与喜悦。这几首作品通过描述作者所熟悉的环境，展现对新生活的热爱，歌曲中的自然景物也充满朝气并富有感召力。最后，《歌曲材料》通过托物言志的修辞方式抒发作者的情

---

① 《北京市大中学生文艺创作观摩演出会歌曲材料》，1955，档号 100 - 001 - 00264，北京档案馆藏。

② 《北京市大中学生文艺创作观摩演出会歌曲材料》，1955，档号 100 - 001 - 00264，北京档案馆藏。

感。在歌曲《正当杏花二月天》《东方升起了金黄色的太阳》《风》中，"风啊风，小心地从街上走过来，敲敲门又在屋顶上逗留了一会儿，远远地飞翔，远远地飞翔……"这里面杏花、太阳、风等意象反映了创作者充满乐观主义的浪漫情怀。

《歌曲材料》在作曲方面大多围绕主旋律及其变化进行创作。这种进行曲式的循环往复有助于作品主题思想的传播。首先，《歌曲材料》常用律动鲜明的四分之二拍，通过规整的结构组合曲调中表现前行的动力音符，展现青年学生团体紧张、团结、严肃、活泼的校园生活。作品《走向遥远的边疆》的旋律气息悠长、跌宕起伏、流畅自然，其情感的波动像大海的波涛，汹涌澎湃。这首歌在开始的抒情段落后，又出现了一个节奏较为明快，且略带进行曲风格的中间段落，传递出豪迈并且颇具战斗性的气质。在作品的结构布局和组织安排上，作曲者开始讲究歌曲声区和音域上的突破，追求更容易吟唱的音调性。其次，《歌曲材料》通常以明朗、清新的大调式旋律烘托朝气蓬勃的青年形象。在歌曲《我们是青年学生》中，歌词只有4句，曲子应用三段体的形式，凸显学生生活的天真可爱，展现青年学生对美好生活的向往。在作品《我们的前程广阔无边》中，词作者忘情地勾画出天人合一、情景交融的意境，以此表达对祖国山河的热爱，对坚守不同岗位、为国家和平富强而努力工作的人们的赞颂。歌曲的音乐部分由三个派生的乐句构成，每句依照歌词字数及内部字词的长短构造乐章，韵律鲜明、节奏规整，明晰、严整的乐句划分凸显了明朗清新的田野气息。多样化的音程使旋律跌宕起伏，折射出青年人纯真、浪漫的情感。

在审美表现上，《歌曲材料》中的作品的抒情性比斗争性更为强烈，其歌曲整体上反映了青年学生在学习、劳动、生活上的集体主义观念，代表了劳动群众对于当下生活的热爱和对美好未来的浪漫向往。虽然歌曲形式略显粗糙，缺乏个人情感体验的表达，在艺术价值方面略有欠缺，但是作为群众创作的结晶，它反映了广大人民热爱祖国、热爱学习、热爱工作的良好道德风尚，以及乐观积极的生活态度。

二 喜闻乐见的快板作品

曲艺历来受到国家的重视，新中国成立后伴随群众运动的开展，北京在曲艺这方面有较为快速的发展。1958 年陈克寒在北京市文化会议上针对群众创作形式说："……在形式上要百花齐放，推陈出新，小型为主，多种多样，为劳动群众所喜闻乐见，并且便于它们掌握和运用。因此，要动用民族的、民间的文艺形式，同时充分地发扬劳动群众的独创性，利用一切有利于人民的宣传活动的形式和方法……"① 具有"革命兴奋剂"之称的快板作品，以其明快的节奏与铿锵的韵律，深受人民群众的喜爱。"把快板写在大街上就是街头诗，写在枪杆上就叫它枪杆诗。""十七年"时期，北京市的快板创作，数量多到难以统计。在创作主题上，表现工农兵、反映工农兵生活和斗争、对工农兵起教育作用的作品被广泛提倡。快板作品多以歌颂毛主席、共产党，歌颂新生活、新时代为主。北京地区的群众快板创作流行于 1949 年以后，因其具有歌颂新事物快而且及时，表演形式幽默、风趣等特点深受群众的欢迎。

　　群众的快板创作以简洁、灵动的语言讲述劳动生产的故事。北京群众表演的快板往往以"数来宝"方式讲故事。"数来宝"，又叫"练子嘴"和"顺口溜"，后来流入城市。北京话里把急快而又有节奏的念唱称为"数"，"来宝"就是来钱的意思。在矿业学院学生创作的快板作品《劳动后备军》② 中可以看到这种形式的应用。

> 甲：调戏用途巨重要，冶炼过程的实在繁。
> 乙：原料厂一大片……云一石柱面装。
> 甲：连里边还不算完，破碎师分把料配齐全。
> 乙：卷扬机，把料来添，加入高炉把铁炼。
> 甲：叫高炉真壮观，高大的个子入云间，
> 上面装料下出铁，一次出铁就是百吨来计算。
> 乙：练完戏，话说完，铁水送到平炉间。
> 甲：说平炉，少平炉，平炉面庞，好像个大房间。
> 铃声哨声四边响，正是出钢的好时间。
> 甲：说出钢真好看，好像早晨的太阳。挂天边。
> 乙：红火花，金光闪，钢花好像江水滚滚淌。

---

① 陈克寒：《全党全民办文化，开展群众业余文化活动，实行文化大普及——1958 年 11 月 3 日在北京市文化工作会议上的报告提纲》，1958，北京档案馆藏，档号 001 - 024 - 00010。

② 《群众创作歌舞剧本》，1955，北京市档案馆藏，档号 100 - 003 - 00303。

甲：出了钢铸了锭，钢锭装上大车，送往轧钢间。

我回头瞧，高声叫（众应当互相找）哎，咱们请哪位

个儿高的表一表，（空两拍）大家个个的真叫高，相信

你能说的好……

这部作品由北京矿业学院轧四集体创作，快板作品"短""明""快"的写作特色十分明显，"短"指使用简短的语言；"明"指表达意思清楚、直接，不拐弯抹角；"快"指表达的主题和反映的内容与时俱进，选取生活的热点及时事，与观众产生强烈的共鸣。在作品中，可以看到类似"叫高炉真壮观，高大的个子入云间，上面装料下出铁，一次出铁就是百吨来计算"的直白的语言。此外，快板作品为了配合打竹板的节奏，一般都采用"三三七"的说话方式，即每句话三字一停顿，三字一停顿，七字一停顿。应用这样的节奏可以使大多数人都能听懂，因为快板演唱的速度都比较快，这种断句方式更容易让观众接收作品里面的内容，做到一听就懂。"卷扬机，把料来添，加入高炉把铁炼""练完戏，话说完，铁水送到平炉间""红火花，金光闪，钢花好像江水滚滚淌"……这几句都是讲炼钢过程的，它们在整个段落里的穿插塑造出劳动生产过程，使观众在听的同时产生画面感。

群众快板创作采用群众的语言，塑造让观众熟悉又亲切的形象。王老九创作的快板《七一歌颂毛主席、共产党》中有"一颗珍珠地内埋，挤出土来把花开"[1]。通过将"珍珠""土""花"这样人民群众熟悉的意象写出来，让观众听过以后立刻就能联想到伟大的领袖毛主席与共产党。快板强调语言的通俗性与幽默性，常采用对话的方式以及重复的语言构成情节的幽默，如"群众甲：选煤厂。群众：增添又扩建。群众乙：要说那选煤厂。群众：扩建又增添"[2]，"群众：一边干，一边走。群众女：边干，边走。群众男：边走，边干"，等等。这样回环往复地说一种情景既强调了故事中的行动，又使语言显得风趣幽默。这里面群众的形象通过动作被生动活泼地塑造出来。

群众快板创作在语言上体现出简洁、明快的美感，折射出生活的美好。

---

① 中国曲艺研究会主编《快板创作选集》，作家出版社，1958，第7页。

② 北京矿业学院机电系集体《我们的事业》，1958，北京档案馆藏，档号 100 - 003 - 00303。

在文艺为工农兵服务的文艺政策的引导下以及文艺普及运动的开展，写自己的生活成为这个时候的人民群众写手写作时的主要内容。新中国的成立使人民群众体验到翻身农奴把歌唱的感觉，他们热爱来之不易的生活，他们愿意为之奋斗，因此在快板创作中，作者愿意把自己对生活的观察写到作品中来，让观看他们作品的人也能感受到生活的美妙。源于生活进入生活、体悟生活感染生活，这就是群众快板艺术创作的真谛。群众作者在劳动过程中体悟到了生活的真、善、美，并把这种体验通过快板口语化、通俗化的形式转换出来，使观众体验到了生活之美。

在作品《小王的梦》中，作者通过小王所做的工程师的梦，比较工人和工程师之间孰轻孰重，最后得出要看国家的需要这样的结论。从"小王想当工程师，心里带甜嘴上带笑，于是他的美梦就开始了"转变为"醒了，醒了，小王现在知道了，工程师重要，工人也重要，重要不重要看国家的需要"①。作品反映了新中国成立初期工业的发展和建设的突出地位，其中也提到了苏联对于国家建设的帮助，"小王的脸上浮起啦得意的微笑，会上的苏联专家也会说我一声好好好……"这种以小见大的表现手法，反映了人民群众在工作时常会碰到的问题，是安于做一名工人还是做一名工程师。工人需要在基层集体操作，工程师需要制定方法和路线，这两个职业无论哪一个都重要，工程师的身份似乎看着更为光鲜一些，因为他可以获得很多的成就，"今天我这个最主要的工程师，来读一遍我的最新设计，首先是科学上的成绩，其次是技术上的创造，最后代表我个人对同志们的鼓掌表示感谢……"②并且还会得到苏联专家的夸奖，这是作为一名普通人的一个美好的梦。"说来也奇妙，矿上也是静悄悄，管他三七二十一，小王就往井下跑，还好，迎面又是块儿大布告，我们不重要，请您自己干，瞧！全体工人……"当全体工人都罢工时，作为工程师的小王没有办法完成自己的项目，于是便经历了"顶棚没架好，矿中要塌了，不好……"作品讲述了作为工程师的小王，因为没有认清工人的价值而失败最后醒悟的过程，通过小王做梦的经历反映了工人阶级巨大的力量。

这个快板作品是值得深思的，从审美的角度看，它真实地反映了社会现实，带有批判现实主义的风格。同其他的快板作品相比，更能反映出当

①　群众创作的歌舞相声《小王的梦》，1958，北京档案馆藏，档号 100 - 003 - 00302。
②　群众创作的歌舞相声《小王的梦》，1958，北京档案馆藏，档号 100 - 003 - 00302。

时的大学生在面对选择时的矛盾心理,是当一颗螺丝钉,还是当设计螺丝钉的人,而这两个职业选择又是缺一不可的。因此,全文得出的结论是国家需要什么,我们就做什么,这里个体的价值是需要国家的认可的,而作者的选择也同国家紧密相连。群众快板创作以生活为依据,反映生活的真善美,在语言上通过对快板台词口语化、通俗化的应用,使观众容易理解故事并起到寓教于乐的作用。

三　有声有色的工人诗歌

工人阶级的文学创作始终与国家命运、社会政治、经济生活息息相关。将诗歌从象牙塔中解放出来,是北京工人诗歌创作的宗旨。工人诗歌应用革命现实主义和浪漫主义相结合的创作方法,通过合理想象,应用口语化的表达方式以及民歌的韵律结构,以夸张为主要修辞手法,展现如火如荼的工厂生活。工人诗歌通过运用比喻、拟人等写作方法,打破文人诗歌束之高阁的表达方式;通过选取工作的片段,塑造新鲜生动的形象,别开生面地描述工厂生活。在工人作者创作的诗歌中,可以看到他们将自己的劳动使命化,并赋予劳动崇高的意义,表达自己的感恩与快乐。所谓使命化是指工人作者将自己的生产劳动同祖国的未来并置在一起,从而赋予劳动神圣的意义。他们将劳动看作一项崇高的事业,作为这项事业的一分子,他们的个人价值被提升,于是便产生了自豪感。这些诗篇歌颂了在党的总路线光辉照耀下工人阶级的革命干劲,表现了工人阶级的英雄气概。

北京工人诗歌创作体现了群众文艺创作的口语化倾向。口语化的表达易于朗诵,方便传播,人们一听就懂。工人诗歌的作者都是在工厂里工作的工人,因此在诗歌的语言表达上偏向直白、简洁。比如,诗歌《致炉边英雄》中的"半炉矿石半炉碳,熊熊烈火身身汗",《到处出现新鲁班》中的"依靠进口成过去,大型客车自己干",《我们欢呼特钢诞生》中的"钢水照的厂房通明,掌声盖过机器的响声",等等。这些诗句通过直白的语言描述了工人们生活的环境和工作态度。"一条金龙锤下滚,赤鳞片片落地上""推开长江千层浪,踢倒拦路万重山"等句子捕捉到了劳动中闪现的灵感,具有古典诗文的意象。他们使用的语言都比较简洁清楚,但是却富有感染力。"块块煤炭颗颗心,滚滚煤浪向前奔""天车隆隆响,转炉轰轰转""移出棵棵摇钱树,抱出个个聚宝盆"等诗句,通过叠词、拟声词烘托出工人阶级那股战无不胜的力量和所创造的丰富无比的社会财富。诗中还运用警句的书写方式增加语言传递的力量感，如"熊熊炉火映红天，小小高温把铁炼""一面面红旗挂满墙，一声声歌颂共产党"①，这些读起来朗朗上口的警句传递出劳动人民对待工作的崇高的使命感。

工人诗歌作品受民歌创作的影响，反映了人民大众对传统音韵的继承和发扬。工人诗歌创作喜欢采用民歌体，民间的歌谣、快板和各种曲艺形式是工人所熟悉的，他们觉得用民歌形式便于演唱，写作时也更得心应手一些。工人诗歌创作结合民歌体裁，作品大多数都遵循词句整齐、合辙押韵、节奏鲜明、朗朗上口的创作形态。在传递思想感情方面更自由、奔放。比如，"铁锤落，震天响，一锤是一个革命的音符，锤是一片灿烂的朝阳"这节，开头是三字句的民歌体例，每句是两个音节："铁锤/落，震天/响"，这和第一节开头"丁丁/锵，丁丁/锵"，在音节和音韵上都押的 ang 韵互相呼应，这就给读者制造出一种音乐上的和谐之美，但就整个诗来看除了韵律之外还有修辞上的变化，最后两句"一锤/是一个/革命的/音符""一锤/是一片/灿烂的/朝阳"应用对仗式的语言结构，通过对工作氛围的营造，使读者联想到车间里的轰响是一首鼓舞人心的革命进行曲，让读者从车间的火花中，看出朝阳所带给人们的更美好的明天。作者没有局限于三字句和七字句，他选择每句四个音节的十字句，使作品具有民歌的基调和风格，并在民歌的基础上进行新的创造和发展。在诗中采用民间常用的信天游进行创作，"块块煤炭颗颗心，滚滚煤浪向前奔……"② 形容煤矿工人采煤速度惊人，煤产量之增多，他用"黑龙"做比喻，用"冲""堆""赛""飞"等动词制造栩栩如生的动态形象，彰显新中国工人阶级的豪情和气魄以及革命乐观主义精神。

工人诗歌通过塑造生动的人物形象和书写美好的劳动片段，传递作者的思想感情。在诗歌《黑金》中，可以看到作者民歌式的写作方式以及新鲜生动的意象塑造。"地层千丈万丈深，千层万层有黑金。"这两行诗作者用夸张的手法展开想象，表达对伟大祖国的热爱。作者透过黑色的煤田创造出"千层万层"耀眼炫目的"黑金"的形象。诗歌通过拟人化的手法，使想象插上翅膀，把读者带到一个庄严宏大、优美如画的世界中去。"黑金

---

① 北京出版社编《光辉颂——北京工人诗歌选集》，北京出版社，1960，第 3 页。
② 北京出版社编《光辉颂——北京工人诗歌选集》，第 16 页。

向我伸出手,快拿钥匙打开门!"这里作者所要表达的是历代劳动者希望翻身做主的理想和愿望。这里指的是工人阶级,更确切地说是日日夜夜奋战在巷道里的矿工们。作者这样写是为了烘托出矿工们战无不胜的力量。作者用带有象征意味的手法结尾,保留了民歌常用的排比、对仗的格调,使作品朗读起来节奏鲜明、韵律自然。这种表现手法构成了富丽堂皇、令人神往的巨幅图画。在工人诗歌里,作者善于用朴实的语言从生活中捕捉美好的事物,塑造鲜活的人物形象。在《老检验员的话》中,"当我走进装配车间,一排排崭新的机床立在眼前。像一个个正要出征的战士,等待着我的检验。我不客气的命令报数,再听听他们的身体是否康健。明明检验单上报的是100,为什么150,200,300报个没完……"① 诗中以老检验员的视角描写装配车间的工作流程,诗歌将"机床"比作"战士",在等待着检验员的检验,从侧面反映了检验员工作的自豪感,同时也表现了老检验员乐观的人物形象。在作品《她们》中,"她们像喜鹊般涌进了车间,车间里充满了春天。这里的春天播种着奇异的种子,幸福的种子撒在纱锭上边,纱锭像清风在银锭上飞旋……"将纺纱女工比喻成喜鹊,将车间比作春天,作者把纺纱女工的工作比作播种,将劳动升华并赋予意义,体现了作者高度的使命感、自豪感与荣誉感。

工人诗歌是特定时代的产物,它使诗歌的表现对象得到延展,开始关注工人的生产劳动。在作品中,工人运用自己的想象力将日常生活同家国情怀紧密地联系起来,作品生动活泼、通俗易懂。在写作方式上,作者多采用现实主义的创作手法,通过塑造典型形象的方式,展现工厂、车间的生活;在他们的作品中也可以看到建立在内容真实基础上的想象和夸张,包含着作者的劳动自豪感和喜悦感。工人诗歌以无穷的想象力描述着工人们的精神世界。作品将个人的情感经验融入集体主义的大范畴中,非理性的乐观主义精神在作品中得到完美的诠释。

结　语

群众创作构成了"十七年"北京审美文化发展的独特景观,它是文艺普及运动的一部分,它通过有组织的培训、创作与活动,展现群众生活中

---

① 北京出版社编《光辉颂——北京工人诗歌选集》,第17页。

的快乐与喜悦，提高群众的创作积极性，提升民众的审美能力。群众参与创作的作品虽然还存在很多技术上的不足，但是从作品中不难看出他们对新中国的热爱以及对所从事事业的自豪感。群众创作的文艺作品多采用革命现实主义和浪漫主义相结合的创作方式，虽然不具备专业作者的写作技巧，但是它的存在大大拓展了文艺作品的表现对象。此外，它的价值还在于展现人民群众的精神面貌——对工作的热爱和自豪以及对美好生活的向往。群众文艺创作促进了艺术形式及内容的多样化发展，扩展了人们的审美经验，体现了创作者不怕苦累、无私奉献的品质和真挚的爱国情怀。

《中国美学》稿约

　　《中国美学》是以研究中国美学（包括古代和现代两大部分）为主的学术辑刊，尤其侧重中国古代美学和审美文化的研究，兼及中西美学比较研究。

　　本刊热诚欢迎海内外专家学者赐稿。

　　来稿注意事项：

　　1. 论文须严格遵守学术规范。

　　2. 除本刊特约稿件外，以不超过 10000 字为宜，并附作者简介。

　　3. 为方便联系，请作者投稿时提供方便快捷的联系方式，包括作者的真实姓名、工作单位、职务职称、通信地址、邮政编码、联系电话和电子邮箱等。

　　4. 本刊保留在不违背作者基本观点的前提下对稿件进行删改的权利，如不同意删改，请在投稿时予以说明。

　　5. 限于人力等原因，本刊不予退稿，敬请作者谅解并请自留底稿。

　　6. 格式要求：

　　（1）中文文字，除个别情况下须用繁体或异体外，一律使用简化汉字。正文用五号宋体，成段落的引文退 2 格排版，用五号楷体。

　　（2）请在正文前提供论文提要 300 字左右，关键词 3~5 个。

　　（3）请提供论文题目、摘要、关键词的英文译文。

　　（4）文中大段落的小标题居中，序号与标题之间空一格，不用标点。

　　（5）注释请一律使用脚注，每页重新编号。

　　格式举例：

　　著作：①陈寅恪：《隋唐政治史论述》，上海古籍出版社，1997，第 3 页。

译著：〔英〕蔼理士：《性心理学》，潘光旦译，商务印书馆，1999，第739 页。注意：国家用〔〕而非（）。

古籍抄、刻本：（清）钱谦益：《牧斋初学集》卷 29《洪武正韵笺序》，《四部丛刊本》。

古籍排印本：（清）钱谦益：《牧斋有学集》卷 34，上海古籍出版社，1996 年影印本，第 1 页。

论文：邓立光：《从〈孝经〉说中国传统文化的精神》，《中国文化研究》2006 年第 1 期。

论文集论文：巨涛：《论〈金瓶梅〉中的西门氏族社会》，见杜维沫、刘辉编《金瓶梅研究》，齐鲁书社，1988，第 15 页。

外文：按各语种规定的注释体例，比如英文，书名和杂志名用斜体，论文用引号等。

注释中文文献卷、册、期等采用阿拉伯数字，比如，王船山：《读通鉴论》卷 27，《船山全书》第 10 册，岳麓书社，1992，第 123 页。

7. 来稿可直接发送至《中国美学》电子邮箱 zgmxjk@163.com。

《中国美学》编辑部

图书在版编目（CIP）数据

中国美学. 第 11 辑 / 邹华主编. -- 北京：社会科
学文献出版社，2022.7
　ISBN 978 - 7 - 5228 - 0413 - 2

　Ⅰ. ①中… Ⅱ. ①邹… Ⅲ. ①美学 - 中国 - 文集
Ⅳ. ①B83 - 53

中国版本图书馆 CIP 数据核字（2022）第 120120 号

中国美学（第 11 辑）

主　　编 / 邹　华

出 版 人 / 王利民
责任编辑 / 罗卫平
责任印制 / 王京美

出　　版 / 社会科学文献出版社·人文分社 （010）59367215
　　　　　　地址：北京市北三环中路甲 29 号院华龙大厦　邮编：100029
　　　　　　网址：www. ssap. com. cn
发　　行 / 社会科学文献出版社 （010）59367028
印　　装 / 三河市龙林印务有限公司

规　　格 / 开　本：787mm × 1092mm　1/16
　　　　　　印　张：19.5　字　数：319 千字
版　　次 / 2022 年 7 月第 1 版　2022 年 7 月第 1 次印刷
书　　号 / ISBN 978 - 7 - 5228 - 0413 - 2
定　　价 / 128.00 元

读者服务电话：4008918866

版权所有 翻印必究